U0218281

TEXTBOOK SERIES FOR THE CULTIVATION OF GRADUATE INNOVATIVE TALENTS

研究生创新人才培养系列教材

工程中的流动测试技术及应用

FLOW MEASUREMENT TECHNIQUES AND APPLICATIONS IN ENGINEERING

姜楠　田砚　唐湛棋　编著

内 容 提 要

工程技术中的大量问题与流动密切相关,用实验测试的方法研究工程中的流动机理是工程技术发展的基础,工程流动测试技术的发展必将在诸多工程技术领域引起重大的科技进步并产生深远影响。

本书以实训专题的形式,对工程中的流动实验设备、流动显示、流动物理量测量等流动测试技术进行了介绍,并根据以往承担的工程应用型科研项目,总结提炼出了有关工程流动测试的10个应用案例。全书分为原理设计型实验、操作技能型实验、综合研究型实验、工程应用型实验四个层次,以适应不同专业、不同学科、不同层次人才培养的需要。

本书可供力学、航空航天、工程热物理、动力机械、自动化仪表、环境工程、化工、机械、土木、水利、船舶、海洋工程等专业的本科生和研究生在学习实验流体力学时选用,也可供科研人员和工程技术人员在解决相关问题时参考。

图书在版编目(CIP)数据

工程中的流动测试技术及应用 / 姜楠,田砚,唐湛棋编著. — 天津 :天津大学出版社, 2018.11(2022.1重印)
研究生创新人才培养系列教材
ISBN 978-7-5618-6288-9

Ⅰ.①工… Ⅱ.①姜… ②田… ③唐… Ⅲ.①工程测试-流动特性-研究生-教材 Ⅳ.①TB22

中国版本图书馆 CIP 数据核字(2018)第 256349 号

工程中的流动测试技术及应用
GONGCHENG ZHONG DE LIUDONG CESHI JISHU JI YINGYONG

出版发行 天津大学出版社
地　　址 天津市卫津路92号天津大学内(邮编:300072)
电　　话 发行部:022-27403647
网　　址 publish. tju. edu. cn
印　　刷 廊坊市海涛印刷有限公司
经　　销 全国各地新华书店
开　　本 185mm×260mm
印　　张 15.25
字　　数 381千
版　　次 2018年11月第1版
印　　次 2022年1月第2次
定　　价 65.00元

前言

工程技术中的大量问题与流动密切相关。工程流动测试技术的发展必将在国民经济的诸多工程技术领域,如航空、航天、国防、交通、建筑、土木、水利、能源、化工、冶金、轻工、机械、环境、海洋、医学、生物工程等领域引起重大的科学技术进步并产生深远影响。

用实验的方法研究工程中的流动机理是工程技术发展的基础,历史上许多工程问题都是首先从实验中发现和提出的,并贯穿于工程技术发展的各个阶段,渗透到工程技术的各个分支学科,对推动工程技术的发展起到十分重要的作用,在工程技术领域中也具有广泛的应用价值。通过实验发现流动中的新现象,揭示流动的本质和机理,验证理论和数值模拟结果,为工程技术提供和验证可靠的设计方案,开拓工程技术研究的新领域,发展新的测试技术,是工程测试的中心任务。

工程技术的发展日新月异,新发现、新成果、新应用层出不穷。人们对复杂流体流动机理的认识也在不断深化和发展,需要不断更新对复杂流体流动本质机理的认识和理解。工程技术发展的这些特点给工程流动测试理论与技术课程的教学改革提供了难得的机遇,同时也提出了更高的要求和挑战。用发展的、与时俱进的观点进行创新和改革,跟踪世界工程流动测试理论与技术的最新成果,不断更新教学内容和教学手段是我们永恒追求的理念和目标。应该充分认识到工程流动测试理论与技术的综合性、实践性和应用性,在教学改革中以科研为依托,及时将科研成果转化到教学实践中去,注重在教学中树立以学生为主体,融知识传授、创新能力培养和科学素质提高于一体的综合协调发展的教学理念,以培养学生的探索精神、科学思维、实践能力和创新能力为核心,加强实验教学内容与科研、工程、应用的互相促进,形成教学与科研、基础与应用、经典与现代的有机结合,加强实验教学的综合性、研究性、设计性、创新性和实践性,推进学生自主学习、合作学习和研究性学习,全面提高教学水平。

《工程中的流动测试技术及应用》一书是在我们长期从事本课程教学和相关科学研究的基础上,经过挖掘、总结、提炼编写的一部实验教材。它以显示工程中的流动现象、测量流动参数、研究流动机理、揭示流动规律为题目,从而使学生巩固和加深对课堂教学内容的理解,学习和掌握实验原理、实验方法和实验技能,树立实事求是、独立思考、勇于创新的科学精神和严谨、周密、求实的科学作风。

全书分为原理设计型实验、操作技能型实验、综合研究型实验、工程应用型实验四个层次,以适应不同专业、不同学科、不同层次人才培养的需要。

通过本课程的学习要达到以下目标:(1)通过研学结合型教学实验,使学生掌握现代工程流动测试技术;(2)通过流动显示和流动测量实验,使学生认识流动机理和规律,熟悉流动控制技术;(3)通过研学结合型实验,使学生了解流体力学在工程中的应用背景;(4)培养学生用实验研究的方法开展科学研究的能力和创新能力。

通过这些综合性、研究性教学实验的实践,更新实验教学的内容和手段,激发学生学习本课程的积极性、主动性和创造性;使学生掌握现代先进的工程流动测试方法和实验技能,了解流动测试技术发展的最新动态和前沿,激发学生学习的兴趣;提高学生发现问题、提出问题、分析问题、解决问题和实践、观察、动手、动脑的能力,使学生具备开展科学研究的创新能力和素质,为今后开展科学研究奠定良好的基础。

本书可供力学、航空航天、工程热物理、动力机械、自动化仪表、环境工程、化工、机械、土木、水利、船舶、海洋工程等专业的本科生和研究生在学习实验流体力学时选用,也可供科研人员和工程技术人员在解决相关问题时参考。由于时间仓促和编者水平所限,书中一定存在不少缺点和错误,恳请读者不吝指正。

本书植入9个教学视频,获取步骤如下:(1)刮开封底二维码的涂层,打开微信扫一扫,查询真伪并获取扫码权限;(2)扫描书中的二维码,即可免费浏览流动测试技术应用视频。

编者
2018年10月

目　　录

第一篇　原理设计型实验

实验 1-1　流体静力学实验

一、实验原理

1. 流体静压强测量原理

在重力作用下不可压缩流体的静力学基本方程为

$$z + \frac{p}{\rho g} = C \qquad 或 \qquad p = p_0 + \rho g h \tag{1-1-1}$$

式中　z——被测点相对于基准面的位置高度；

p——被测点的静水压强(用相对压强表示，以下同)；

p_0——水箱中液体的表面压强；

ρ——液体密度；

g——重力加速度；

h——被测点的液体深度。

压强的测量方法有机械式测量方法与电测法,测量的仪器有静态与动态之分。测量流体点压强的测压管属机械式静态测量仪器。测压管是一端连通于流体被测点,另一端开口于大气的透明管,适用于测量流体测点在静态低压范围的相对压强,测量精度为 1 mm。测压管分直管和 U 形管。直管如图 1-1-1 中管 2 所示,其测点压强公式为 $p=\rho gh$,h 为测压管液面至测点的竖直高度。U 形管如图 1-1-1 中管 1 与管 8 所示。直管测压管要求液体测点的绝对压强大于当地大气压,否则会因气体流入测点而无法测压。U 形测压管可测量液体测点的负压,如管 1 中当测压管液面低于测点时的情况;U 形测压管还可测量气体测点的压强,如管 8 所示,一般 U 形测压管中为单一液体(本装置因其他实验需要在管 8 中装有油和水两种液体),测点气压 $p=\rho g\Delta h$,Δh 为 U 形测压管两液面的高度差,当管中接触大气的自由液面高于另一液面时 Δh 为“+”,反之 Δh 为“-”。由于受毛细管作用影响,测压管内径应为 8 ~ 10 mm。本装置采用毛细现象弱于玻璃管的透明有机玻璃管作为测压管,内径为 8 mm,毛细高度仅为 1 mm 左右。

测量液体恒定水位的连通管属机械式静态测量仪器。连通管是一端连接于被测液体,另一端开口于被测液体表面空腔的透明管,如图 1-1-1 中管 3 所示。敞口容器中的测压管也是测量液位的连通管。连通管中的液体直接显示了容器中的液位,用 mm 刻度标尺即可测读液位值。本装置中连通管与各测压管同为等径透明有机玻璃管,液位测量精度为 1 mm。

说明：

(1)下述仪器部件编号均指实验装置图 1-1-1 中的编号,如测管 2 即为图 1-1-1 中的“2—带标尺测压管”,后述各实验中述及的仪器部件编号也均指相应实验装置图中的编号;

(2)所有测压管液面标高均以带标尺测压管 2 的零点高程为基准;

(3)测点 B、C、D 位置高程的标尺读数值分别以 ∇_B、∇_C、∇_D 表示,若同时取标尺零点作为静力学基本方程的基准,则 ∇_B、∇_C、∇_D 亦为 z_B、z_C、z_D;

(4)本仪器中所有阀门旋柄均以顺管轴线为打开。

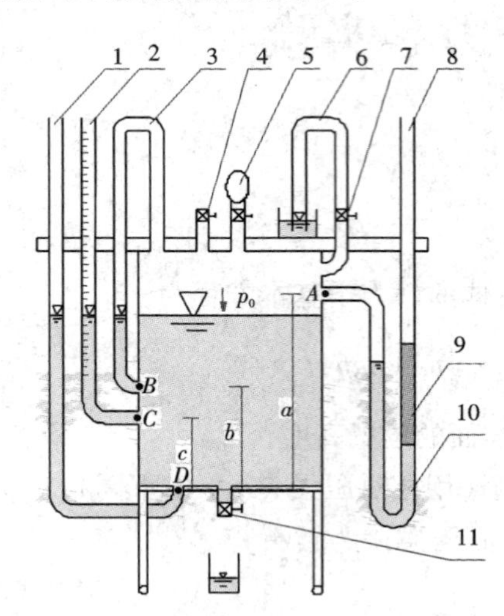

图 1-1-1　流体静力学综合型实验装置图

1—测压管;2—带标尺测压管;3—连通管;4—通气阀;5—加压打气球;6—真空测压管;7—截止阀;8—U 形测压管;9—油柱;10—水柱;11—减压放水阀

2. 油密度测量原理

方法一:测定油的密度 ρ_o,简单的方法是利用图 1-1-1 所示实验装置的 U 形测压管 8,再另备一根直尺进行直接测量。实验时需打开通气阀 4,使 $p_0 = 0$。若水的密度 ρ_w 为已知值,如图 1-1-2 所示,由等压面原理则有

$$\frac{\rho_o}{\rho_w} = \frac{h_1}{H} \tag{1-1-2}$$

方法二:不另备测量尺,只利用图 1-1-1 中测压管 2 的自带标尺测量。先用加压打气球 5 打气加压使 U 形测压管 8 中的水面与油水交界面齐平,如图 1-1-3(a)所示,有

$$p_{01} = \rho_w g h_1 = \rho_o g H \tag{1-1-3}$$

再打开减压放水阀 11 降压,使 U 形测压管 8 中的水面与油面齐平,如图 1-1-3(b)所示,有

$$p_{02} = -\rho_w g h_2 = \rho_o g H - \rho_w g H \tag{1-1-4}$$

联立式(1-1-3)和式(1-1-4)则有

$$\frac{\rho_o}{\rho_w} = \frac{h_1}{h_1 + h_2} \tag{1-1-5}$$

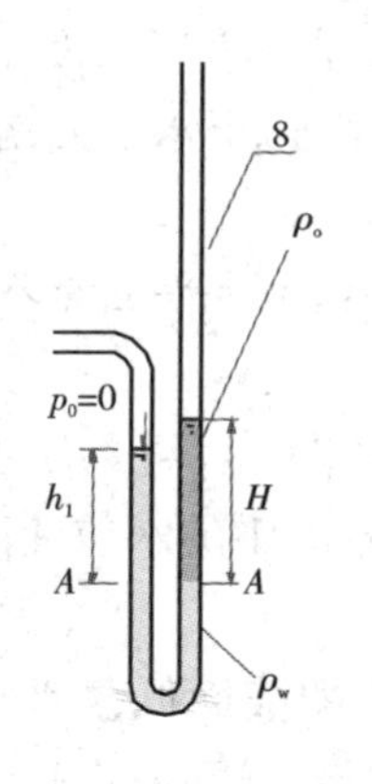

图 1-1-2　油密度测量方法一

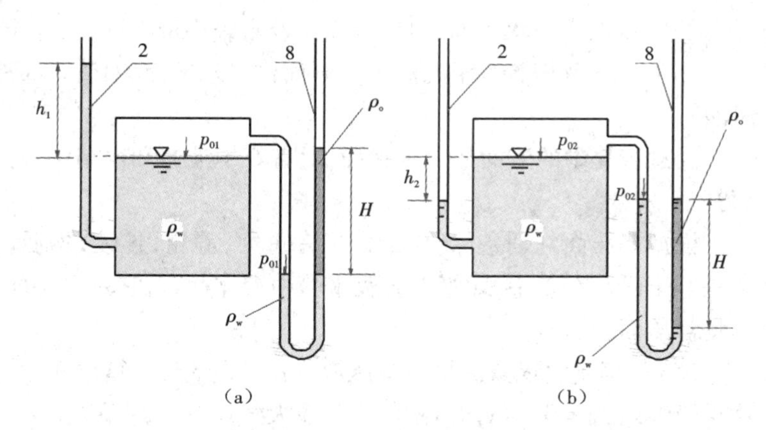

图 1-1-3　油密度测量方法二

二、实验仪器和设备

(1)流体静力学实验仪。

(2)500 mm 直尺。

(3)250 mL 量杯。

三、实验目的和要求

(1)掌握用测压管测量流体静压强的技能。

(2)验证不可压缩流体静力学基本方程。

(3)测定油的密度。

(4)通过对诸多流体静力学现象的实验观察分析,加深对流体静力学基本概念的理解,提高解决静力学实际问题的能力。

四、实验内容

1. 定性分析实验

(1)测压管和连通管判定。按测压管和连通管的定义,实验装置中管 1、2、6、8 都是测压管,当通气阀关闭时,管 3 无自由液面,故是连通管。

(2)测压管高度、压强水头、位置水头和测压管水头判定。测点的测压管高度即为压强水头$\frac{p}{\rho g}$,不随基准面的选择而变,位置水头 z 和测压管水头 $z+\frac{p}{\rho g}$随基准面的选择而变。

(3)观察测压管水头线。测压管液面的连线就是测压管水头线。打开通气阀 4,此时 $p_0=0$,那么管 1、2、3 均为测压管,从这三管液面的连线可以看出,对于同一静止液体,测压管水头线是一条水平线。

(4)判别等压面。关闭通气阀 4,打开截止阀 7,用加压打气球 5 稍加压,使$\frac{p_0}{\rho g}$为 0.02 m 左右,判别下列几个平面是不是等压面。

①过 C 点作一水平面,对管1、2、8及水箱中液体而言,这个水平面是不是等压面?

②过U形测压管8中的油水分界面作一水平面,对管8中液体而言,这个水平面是不是等压面?

③过管6中的液面作一水平面,对管6中液体和水箱中液体而言,这个水平面是不是等压面?

根据等压面判别条件(质量力只有重力,静止,连续,均质,同一水平面),可判定上述②、③是等压面。在①中,对管1、2及水箱中液体而言,它是等压面,但对管8中的水或油而言,它不是等压面。

(5)观察真空现象。打开减压放水阀11降低水箱内压强,使管2的液面低于水箱液面,这时箱体内 $p_0<0$,再打开截止阀7,在大气压力作用下,管6中的液面会升到一定高度,说明箱体内出现了真空区域(即负压区域)。

(6)观察负压下管6中液位的变化。关闭通气阀4,开启截止阀7和减压放水阀11,待空气自管2进入水箱后,观察管6中的液面变化。

2. 定量分析实验

(1)测点静压强测量。根据基本操作方法,分别在 $p_0=0$、$p_0>0$、$p_0<0$ 与 $p_B<0$ 的条件下测量水箱液面标高 ∇_0 和测压管2液面标高 ∇_H,分别确定测点 A、B、C、D 的压强 p_A、p_B、p_C、p_D。

(2)油的密度测定拓展实验。按实验原理,分别用方法一与方法二测定油的容重。

五、实验步骤

(1)设置 $p_0=0$ 条件。打开通气阀4,此时实验装置内压强 $p_0=0$。

(2)设置 $p_0>0$ 条件。关闭通气阀4、减压放水阀11,通过加压打气球5对装置打气,可对装置内部加压,形成正压。

(3)设置 $p_0<0$ 条件。关闭通气阀4、加压打气球5底部阀门,开启减压放水阀11放水,可对装置内部减压,形成真空。

(4)水箱液位测量。在 $p_0=0$ 条件下读取测压管2的液位值,即为水箱液位值。

六、数据处理及成果要求

1. 记录有关信息及实验常数

各测点高程:$\nabla_B=$ ______ $\times10^{-2}$ m;$\nabla_C=$ ______ $\times10^{-2}$ m;$\nabla_D=$ ______ $\times10^{-2}$ m。

基准面选在____________________;$z_C=$ ______ $\times10^{-2}$ m;$z_D=$ ______ $\times10^{-2}$ m。

2. 实验数据记录及计算结果

实验数据记录及计算结果见表1-1-1和表1-1-2。

3. 成果要求

(1)回答定性分析实验中的有关问题。

(2)由表中计算的 $z_C+\frac{p_C}{\rho g}$、$z_D+\frac{p_D}{\rho g}$,验证流体静力学基本方程。

（3）测定油的密度，对两种实验结果进行比较。

七、问题讨论与思考

（1）相对压强与绝对压强、相对压强与真空度之间有什么关系？测压管能测量何种压强？

（2）测压管太细，会对测压管液面读数造成什么影响？

（3）本仪器测压管内径为 0.8×10^{-2} m，圆筒内径为 2.0×10^{-1} m，仪器在加气增压后，水箱液面将下降 δ 而测压管液面将升高 H。实验时，若近似以 $p_0=0$ 时的水箱液面读数作为加压后的水箱液位值，那么测量误差 δ/H 为多少？

八、注意事项

（1）用加压打气球加压、减压需缓慢，以防液体溢出及油柱吸附在管壁上；打气后务必关闭加压打气球下端阀门，以防漏气。

（2）真空实验时，放出的水应通过水箱顶部的漏斗倒回水箱中。

（3）在实验过程中，装置的气密性要求保持良好。

表 1-1-1　流体静压强测量记录及计算表

实验条件	次序	水箱液面 ∇_0 /(10^{-2} m)	测压管2液面 ∇_H /(10^{-2} m)	压强水头				测压管水头	
				$\frac{p_A}{\rho g}=\nabla_H-\nabla_0$ /(10^{-2} m)	$\frac{p_B}{\rho g}=\nabla_H-\nabla_B$ /(10^{-2} m)	$\frac{p_C}{\rho g}=\nabla_H-\nabla_C$ /(10^{-2} m)	$\frac{p_D}{\rho g}=\nabla_H-\nabla_D$ /(10^{-2} m)	$z_C+\frac{p_C}{\rho g}$ /(10^{-2} m)	$z_D+\frac{p_D}{\rho g}$ /(10^{-2} m)
$p_0=0$									
$p_0>0$									
$p_0<0$									
$p_B<0$									

表 1-1-2　油密度测定记录及计算表

条件	次序	水箱液面 ∇_0 /(10^{-2} m)	测压管2液面 ∇_H /(10^{-2} m)	$h_1=\nabla_H-\nabla_0$ /(10^{-2} m)	$\bar{h}_1$ /(10^{-2} m)	$h_2=\nabla_0-\nabla_H$ /(10^{-2} m)	$\bar{h}_2$ /(10^{-2} m)	$\frac{\rho_o}{\rho_w}=\frac{\bar{h}_1}{\bar{h}_1+\bar{h}_2}$
$p_0>0$，且U形管中水面与油水交界面齐平								
$p_0<0$，且U形管中水面与油面齐平								

实验 1-2 用精密压力检验天平标定微差压计

一、实验原理

压力(压差)测量是流体力学实验的重要内容之一,精密压力检验天平(图 1-2-1)是专门用于标定或检查压力计刻度的精密检验仪器。压力范围是从 0 起至 150 mm 水柱或从 0 起至 100 mm 水柱。在 0.01 ~ 1 mm 水柱间误差为 0.003 mm,在 1 ~ 150 mm 水柱间误差为 0.15%。

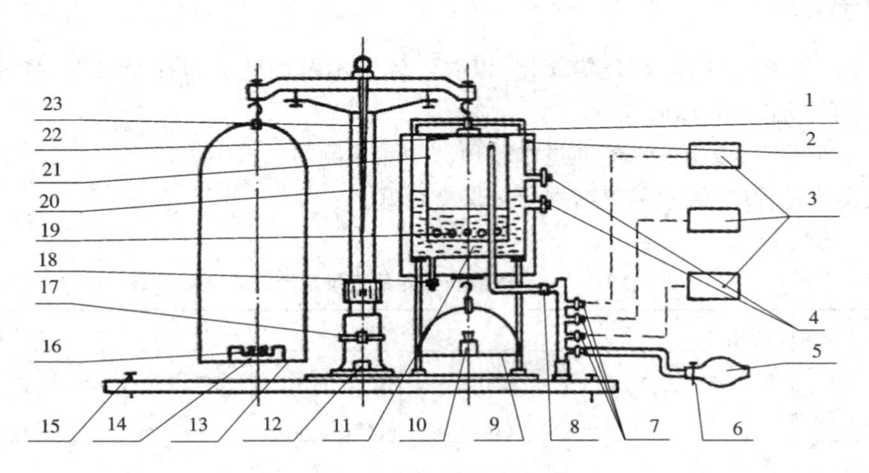

图 1-2-1 精密压力检验天平构造图

1—盖板;2—贮液罐;3—被校微压计;4—溢出阀门;5—充气球;6—单向阀门;7—外接阀门;8—总阀门;9—右砝码盘;10,16—砝码;11—工作液体;12—水平指示;13—左砝码盘;14—砝码托盘;15—水平调节螺钉;17—天平悬起手柄;18—排液阀;19—钟罩连通口;20—天平支杆;21—钟罩;22—钟罩内上受压面;23—指针

此天平的主要构件包括一个灵敏度很高的精密天平和一个光滑镀镍的储液容器,工作溶液是“Dekalin0.89”。在储液容器内悬浮有一个钟罩,它的有效向上受压面制作极其精确,保证了产生 1 mm 水柱压力恰好需要在天平右砝码盘加上 20 g 重的砝码。

二、实验仪器和设备

(1)精密压力检验天平。

(2)各种微压计。

(3)计算器。

三、实验目的和要求

要求用所给实验仪器,设计一套用精密压力检验天平检验微压计的实验装置和实验方案,画出实验装置图,并按照操作步骤进行实验。通过本实验,达到以下目的:

(1)了解用精密压力检验天平检验微压计的原理;
(2)掌握用精密压力检验天平检验微压计的方法;
(3)了解几种常见微压计的测压原理;
(4)掌握几种常见微压计的使用方法。

四、问题讨论与思考

(1)用漏斗将"Dekalin0.89"溶液灌入储液罐时需要注意哪些问题?
(2)为什么需要调整天平的零位?如何调整?调整天平的零位时需要注意哪些问题?
(3)为什么需要调整压力计水平和零位?如何调整?
(4)工作溶液由"Dekalin0.89"改变成水,会有什么影响?
(5)产生实验误差的主要因素有哪些?

实验 1-3　弯道压力分布测量

一、实验原理

流体流经弯道时,气流方向偏转,产生离心力,当弯道曲率比较大时,流体与固壁还会发生分离,使得沿弯道径向压力逐渐增大,加之管壁上存在边界层,会在横断面内形成二次流,二次流与主流叠加,实际的流线是螺旋线,流动情况相当复杂。本实验是将势流解与实测结果作比较。

忽略二次流,仅按势流分析,设来流速度为 U_∞,则弯道径向的速度分布规律为

$$U=\frac{C}{r} \tag{1-3-1}$$

式中　U——曲率半径 r 处的流速;
　　　C——常数,可根据连续性方程确定。

$$Q=U_\infty b(r_2-r_1)=b\int_{r_1}^{r_2}U\mathrm{d}r \tag{1-3-2}$$

式中　b——弯道过流断面的宽度。

将式(1-3-1)代入式(1-3-2),积分可得

$$C=U_\infty\frac{r_2-r_1}{\ln(r_2/r_1)} \tag{1-3-3}$$

因而,沿径向无量纲速度分布为

$$\frac{U}{U_\infty}=\frac{r_2-r_1}{r\ln(r_2/r_1)} \tag{1-3-4}$$

给出曲率半径 r,即可计算无量纲速度$\frac{U}{U_\infty}$。

由于稳压箱体积很大,可认为其中的压力为总压 P_0。对稳压箱及收缩段出口两截面运用伯努利方程,则可得来流的动压为

$$P_0 - P_\infty = \frac{1}{2}\rho U_\infty^2 \tag{1-3-5}$$

弯道内任意一点的压力系数为

$$\bar{P} = \frac{P - P_\infty}{\frac{1}{2}\rho U_\infty^2} \tag{1-3-6}$$

沿弯道径向各点的压力系数 $\bar{P}$ 可表示为

$$\bar{P} = 1 - \left(\frac{U}{U_\infty}\right)^2 = 1 - \frac{(r_2 - r_1)^2}{\left[r\ln\left(\frac{r_2}{r_1}\right)\right]^2} \tag{1-3-7}$$

二、实验仪器和设备

实验仪器和设备如图 1-3-1 和图 1-3-2 所示。

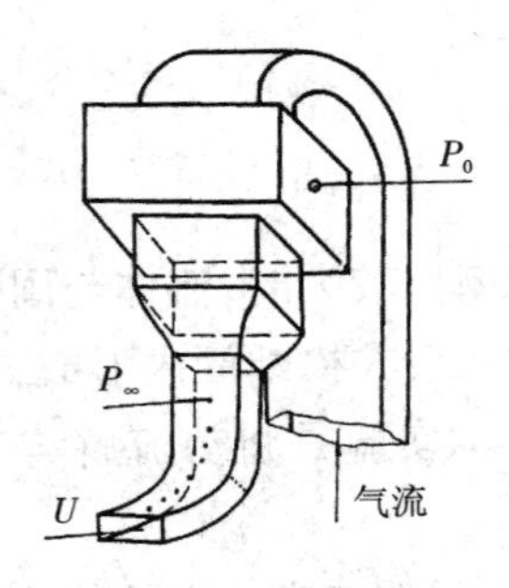

图 1-3-1 空气动力学多功能实验装置及弯道实验段模型

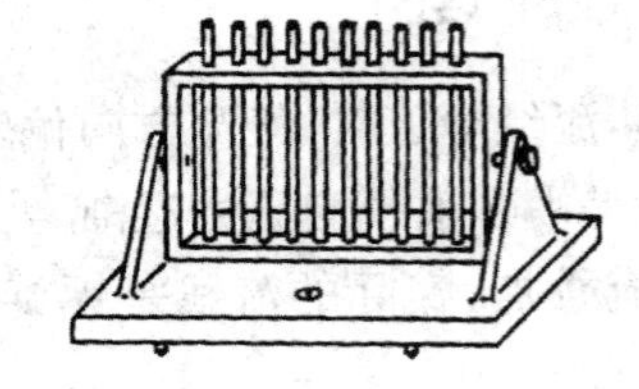

图 1-3-2 多管压力计

三、实验目的和要求

要求用所给实验仪器,设计一套测量弯道压力分布的实验装置和实验方案,画出实验装置图,并按照操作步骤进行实验。通过本实验,达到以下目的:

(1)学习用多管压力计测定管道中流动的压力分布;

(2)通过实验加深对弯道内流动规律的理解;

(3)根据实测数据计算各点的压力系数 $\bar{P}$ 及径向无量纲速度$\frac{U}{U_\infty}$,并绘制曲线。

四、问题讨论与思考

(1)流体流经弯道时,沿流动方向管道内、外侧静压如何变化?

(2)弯道径向静压如何变化?

(3)流体流经弯道时流动状态如何?为什么会产生压力损失?

实验 1-4 二维机翼表面压力分布测量

一、实验原理

测定物体表面压力分布有三个方面的意义：其一，有了物体表面的压力分布曲线，就可以了解物体上各部分的载荷分布，为强度设计提供基本数据；其二，有助于了解气流绕过物体时的物理现象，如判断激波、分离点的位置等；其三，还可以利用压力分布曲线，计算出物体所受的力。

二维机翼模型的某一剖面上根据需要设置若干测压孔，每个测压孔连接模型内的金属细管，各金属细管均由模型一端引出，通过测压胶管接到多管压力计上。也可以通过多点压力传感器，将压力信号转换为电信号，由计算机进行数据处理。

压力通常表示为压力系数 C_p（或 $\bar{P}$）

$$C_p = \frac{P_i - P_\infty}{\frac{1}{2}\rho U_\infty^2} \tag{1-4-1}$$

式中 P_i——机翼表面上某点的静压；

P_∞——来流的静压；

U_∞——来流速度。

若将测来流速度的毕托管的总压 P_0 及静压 P_∞ 分别接到多管压力计上，则各待测点的压力系数可表示为

$$C_p = \frac{P_i - P_\infty}{\frac{1}{2}\rho U_\infty^2} = \frac{a_i - a_\infty}{a_0 - a_\infty} \tag{1-4-2}$$

为消除多管压力计各管在初始状态下液面不在同一水平面上的影响，可事先读出各管的初读数，则有

$$C_p = \frac{(a_i - a_{i初}) - (a_\infty - a_{\infty 初})}{(a_0 - a_{0初}) - (a_\infty - a_{\infty 初})} \tag{1-4-3}$$

二、实验仪器和设备

实验仪器和设备如图 1-4-1 所示。

三、实验目的和要求

要求用所给实验仪器，设计一套测量二维机翼表面压力分布的实验装置和实验方案，画出实验装置图，并按照操作步骤进行实验。通过本实验，达到以下目的：

（1）掌握测定绕流物体表面压力分布的方法；

（2）测定二维机翼在不同冲角下的压力分布曲线；

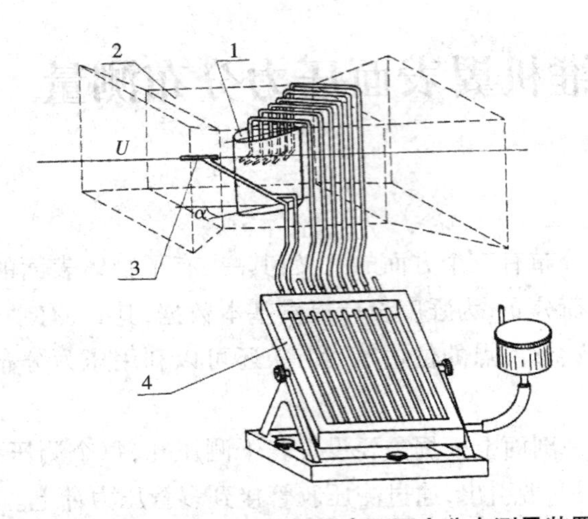

图1-4-1　风洞实验段中二维机翼表面压力分布测量装置图

1—低速回流式风洞;2—二维机翼模型;3—毕托管;4—多管压力计

(3)观察失速现象。

四、实验步骤

(1)调整多管压力计,使测压管中液面至适当位置。

(2)记录各测压管的初读数及其他有关基本数据,如气温、气压、翼弦长度等。

(3)开启风洞,转动调速旋钮,使其速度达到所需风速。

(4)风速平稳后,找出零冲角 α_0 的位置,然后锁紧模型的转动机构,记录各测压管的读数。

(5)改变冲角,记录各测压管的读数,大约每次将冲角增大2°,可得出7~8组数据。

(6)缓慢增大冲角,观察失速现象。

(7)停止风洞运转,将仪器设备复原。

(8)整理数据,绘制实验曲线,编写实验报告。

五、实验数据及结果

空气温度 $T=$__________K;大气压力 $P=$____________mmHg;

空气密度 $\rho=$__________kg/m^3;空气黏度 $\mu=$____________$N\cdot s/m^2$;

毕托管修正系数 $C=$________;压差计工作液体重度 $\gamma=$________N/m^3;

翼弦长度 $b=150$ mm。

本实验所用NACA0018二维机翼模型,各测点坐标如表1-4-1所示。二维机翼表面压力测点分布如图1-4-2所示。

表1-4-1　NACA0018二维机翼模型各测点坐标

点号	0	1	2	3	4	5	6	7	8	9	10	11	12	13	14	15	16	17
x	0	6	12	20	39	54	98	118	130	138	128	103	74	44	25	15	10	5
y	0	8	10	12	13	13	9	6	4	2.5	4.5	8	12	13.5	12.5	11	9	1.5

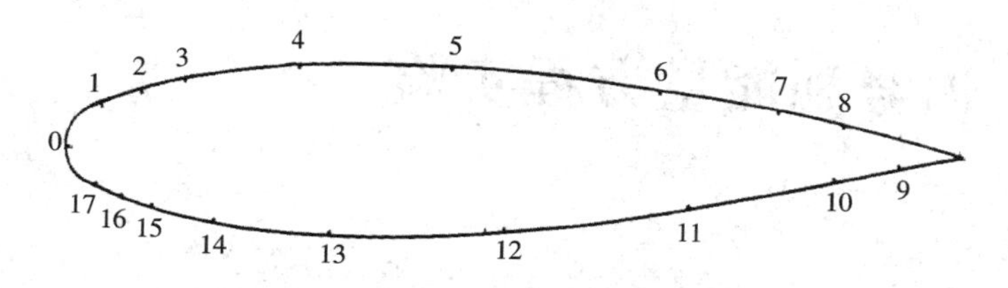

图 1-4-2　二维机翼表面压力测点分布图

要求绘制每个冲角下的压力分布曲线。根据不同冲角下的压力分布曲线求升力系数及阻力系数。阻力系数：

$$C_{y_1}=\frac{A_y}{m_p m_x},C_{x_1}=\frac{A_x}{m_p m_y} \tag{1-4-4}$$

式中　m_p——单位压力系数的厘米数；

m_x、m_y——单位无量纲弦长的厘米数；

A_y——上、下翼面压力系数曲线间的面积(cm^2)；

A_x——前、后翼面压力系数曲线间的面积(cm^2)。

升力系数(二维机翼攻角如图 1-4-3 所示)：

$$C_y=C_{y_1}\cos\alpha-C_{x_1}\sin\alpha \tag{1-4-5}$$

$$C_x=C_{x_1}\cos\alpha-C_{y_1}\sin\alpha \tag{1-4-6}$$

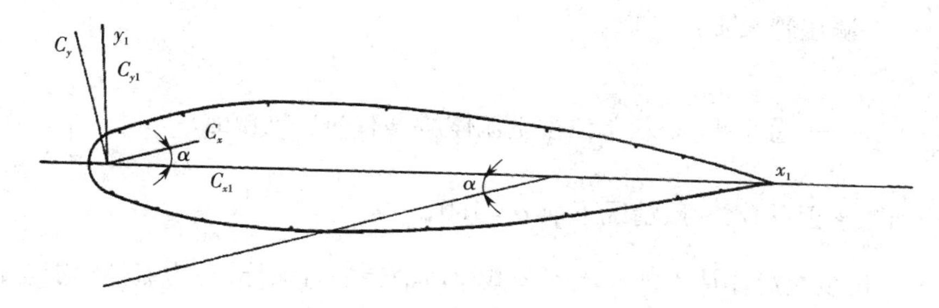

图 1-4-3　二维机翼攻角示意图

根据以上方法可求出每个攻角下的 C_y、C_x，从而绘制 $C_y-\alpha$ 和 $C_x-\alpha$ 关系曲线。

六、问题讨论与思考

(1)如何根据压力分布判断驻点位置?

(2)如何根据压力分布判断失速现象的发生?

(3)如何粗略地判断零升力角?

(4)用什么方法可以延缓边界层分离?

(5)为何二维机翼模型表面测压孔布置疏密不同?

实验 1-5 伯努利能量方程实验

一、实验原理

不可压缩流体在重力场中沿管道作定常流动时，伯努利能量方程由下式给出：

$$Z_1+\frac{P_1}{\gamma}+\frac{\alpha_1 U_1^2}{2g}=Z_2+\frac{P_2}{\gamma}+\frac{\alpha_2 U_2^2}{2g}+h_w(\mathrm{m}) \tag{1-5-1}$$

式中 下标 1、2——两个截面的参数；

U——截面平均流速；

Z——位置水头，表示单位重量流体从某一基准面算起的位势能；

$\frac{P}{\gamma}$——压力水头，表示单位重量流体所具有的压力势能；

$\frac{U^2}{2g}$——速度水头，表示单位重量流体所具有的动能；

$Z+\frac{P}{\gamma}$——测压管水头；

$Z+\frac{P}{\gamma}+\frac{U^2}{2g}$——总水头，表示单位重量流体所具有的总机械能；

α——动能修正系数，一般情况下取 $\alpha=1.0$；

h_w——单位重量流体从 1 截面流到 2 截面所消耗的机械能，称为流体的能量损失。

如果流动速度为零，则由伯努利方程可得出平衡流体的静力学基本方程：

$$Z+\frac{P}{\gamma}=C \tag{1-5-2}$$

二、实验仪器和设备

流体力学综合实验台如图 1-5-1 所示。

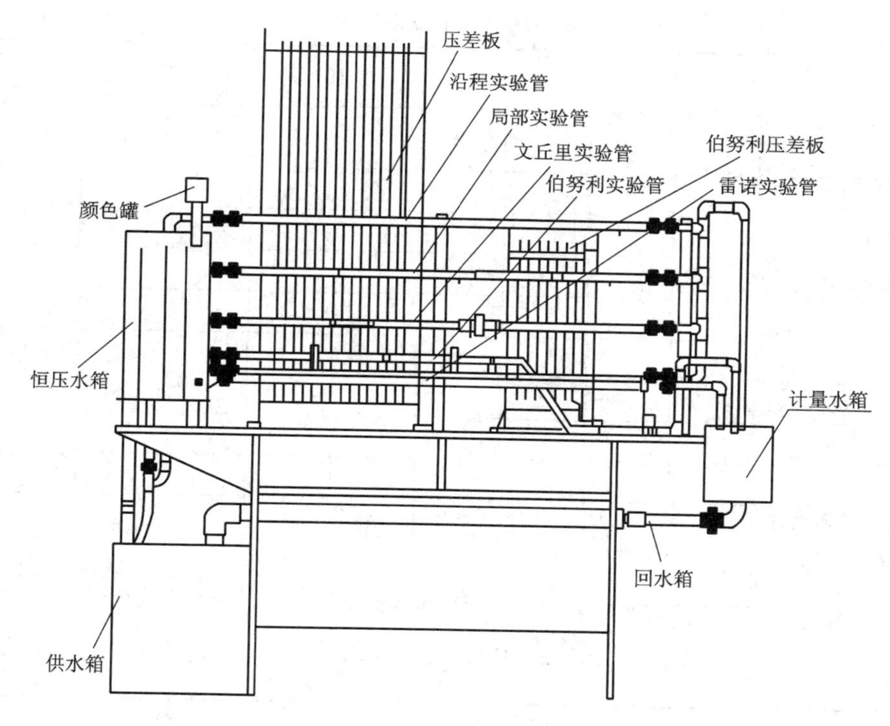

图 1-5-1　**流体力学综合实验台**

三、实验目的和要求

要求用所给实验仪器和设备，设计一套验证伯努利能量方程的实验装置和实验方案，画出实验装置图，并连接实验装置。通过本实验，达到以下目的：

(1)观察流体流经能量方程实验管时的能量转化情况，加深对能量方程的理解；

(2)学会测量截面平均流速的方法。

四、实验步骤

(1)做好实验台在实验前的准备工作。

(2)验证静压原理。关闭阀门，因管内水不流动，没有流动损失，此时能量方程实验管上各个测压管液柱高度相同。即在静止不可压缩流体中，任意一点单位重量流体的位势能和压力势能之和保持不变。

(3)能量方程实验。调节阀门至一定开度，测定能量方程实验管的四个断面上四组测压管的液柱高度，并利用水箱和秒表测定流量。改变阀门的开度，重复上述方法进行测试，将数据记入表 1-5-1 中。

表 1-5-1 实验数据记录

工况序号 \ 液柱高度 \ 测点编号		Ⅰ		Ⅱ		Ⅲ		Ⅳ		流量/(m^3/s)
		左	右	左	右	左	右	左	右	
1	总水头									
	压力水头									
	速度水头									
	能量损失									
2	总水头									
	压力水头									
	速度水头									
	能量损失									
能量方程实验管断面的中心线距基准线高度(实测)/mm										
能量方程实验管内径/mm										
静水头/mm										

根据测试数据和计算结果,绘出某一流量下的各种水头线,如图 1-5-2 所示。

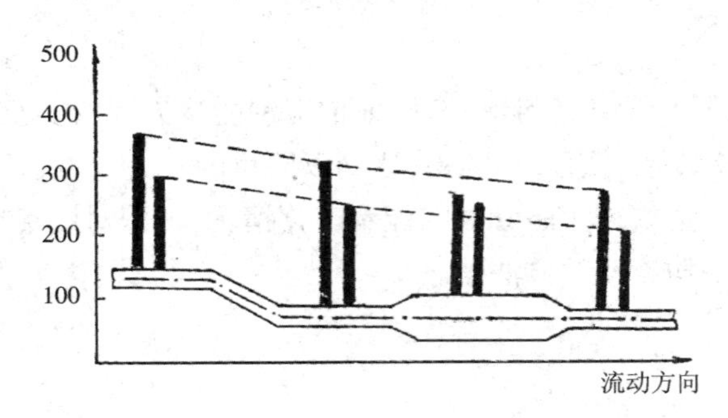

图 1-5-2 某一流量下的各种水头线分布

(4)测量截面平均速度 U。

① 能量方程实验管的四组测压管中的任一组都相当于一个毕托管,可测得管内的流体速度。因为本实验台将总压测管置于能量方程实验管的轴线上,所以测得的流速代表了截面上的最大流速 U_{max}。

$$U_{max}=\sqrt{2g\Delta H}$$

式中 U_{max}——实验管轴线上的速度(m/s);

g——重力加速度(m/s^2);

ΔH——轴线上的速度水头(m)。

由 $Re_{max}=\dfrac{\rho U_{max}d}{\mu}$ 与 $\dfrac{U}{U_{max}}$ 之间的关系，可求出 U。参考工程流体力学，有表 1-5-2 所示数据可供使用。

表 1-5-2　工程流体力学数据参考

Re_{max}	<2 300	2 700	4 000	2.3×10^4	1.1×10^5	1.1×10^6	2.0×10^6	10^8
U/U_{max}	0.5	0.75	0.791	0.808	0.817	0.849	0.865	0.9

② 管道截面平均流速也可通过流量计算，即

$$U=Q/A \tag{1-5-3}$$

式中　Q——体积流量（m^3/s）；

A——管内截面面积（m^2）。

（5）停止实验台的运行，整理仪器设备。

（6）编写实验报告。

五、问题讨论与思考

（1）运用伯努利能量方程进行分析，并解释各测点各种水头的变化规律。

（2）$\dfrac{U}{U_{max}}$ 随 Re 数增大越来越接近 1，应当如何理解？

（3）伯努利能量方程的适用条件是什么？实验中哪些条件满足、哪些条件不满足？

（4）讨论产生实验误差的主要原因。

（5）哪种方法测量管道断面平均流速更准确？

实验 1-6　文丘里流量计测量原理实验

一、实验原理

用文丘里管来测量管道中的流量，称为文丘里流量计（图 1-6-1）。其前部为圆锥形收缩管，中间喉部为等直径圆管，后部为圆锥形扩张管，两端直径应与待测管道的管径相同。

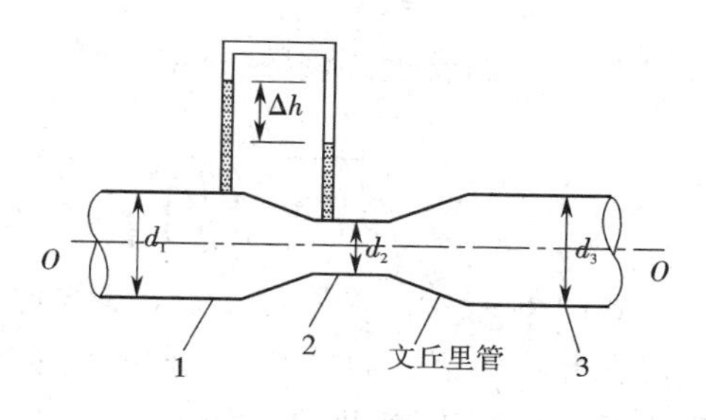

图 1-6-1　文丘里管示意图

以管轴为基准，设断面 1 和断面 2 上的流速和断面面积分别为 U_1、A_1 和 U_2、A_2，根据伯努利方程有

$$\frac{P_1}{\gamma_1}+\frac{\alpha_1U_1^2}{2g}=\frac{P_2}{\gamma_2}+\frac{\alpha_2U_2^2}{2g}+h_w \tag{1-6-1}$$

因为小风洞气流速度很低，按不可压缩流体考虑 $\gamma_1=\gamma_2=\gamma_{气}$；动能修正系数取 1，即 $\alpha_1=\alpha_2=1$；暂不考虑水头损失 h_w，式（1-6-1）可简化为

$$\frac{P_1 - P_2}{\gamma_{气}} = \frac{U_2^2 - U_1^2}{2g} \tag{1-6-2}$$

根据连续性方程

$$U_1 = \frac{A_2}{A_1} U_2 \tag{1-6-3}$$

即 $$U_1 = U_2 \frac{d_2^2}{d_1^2}$$

于是

$$U_2 = \sqrt{\frac{2g(P_1 - P_2)}{\gamma_{气}\left[1 - \left(\frac{d_2}{d_1}\right)^4\right]}} \tag{1-6-4}$$

通过文丘里管的体积流量 $Q = U_2 A_2$，则

$$Q = A_2 \sqrt{\frac{2g(P_1 - P_2)}{\gamma_{气}\left[1 - \left(\frac{d_2}{d_1}\right)^4\right]}} \tag{1-6-5}$$

在实际应用中，应乘上修正系数 β 来考虑断面 1 至 2 间的水头损失，即

$$Q = \beta A_2 \sqrt{\frac{2g(P_1 - P_2)}{\gamma_{气}\left[1 - \left(\frac{d_2}{d_1}\right)^4\right]}} = \beta A_2 \sqrt{\frac{2(P_1 - P_2)}{\rho_{气}\left[1 - \left(\frac{d_2}{d_1}\right)^4\right]}} \tag{1-6-6}$$

式中，β 称为文丘里管的流量修正系数，可通过实验确定。

压力差$(P_1 - P_2)$可用倾斜式微压计中斜管内液面的变化表示：

$$P_1 - P_2 = \gamma_{液} h = l\gamma_{液}\left(\sin\alpha + \frac{F_{管}}{F_{杯}}\right) \tag{1-6-7}$$

令 $K = \gamma_{液}\left(\sin\alpha + \frac{F_{管}}{F_{杯}}\right)$，称为常数因子，具有重度的单位（克重/$cm^3$），其值刻在倾斜式微压计的弧形支架上。则

$$P_1 - P_2 = Kl \tag{1-6-8}$$

式中 l——斜管上的读数（mm）。

$$Q = \beta A_2 \sqrt{\frac{2Kl}{\rho_{气}\left[1 - \left(\frac{d_2}{d_1}\right)^4\right]}} \tag{1-6-9}$$

式(1-6-9)中，A_2、K、l、$\rho_{气}$、d_2、d_1 均为已知或可知的数，若 β 也已知，则 Q 就容易计算出来。但现在并不知道 β 的数值，可通过其他流量计测出流量与之比较后求得 β；或通过毕托管测出某断面中心的流速，即最大流速，再求出该断面的平均流速，计算出流量与之比较后求得。

利用位于断面 3 的毕托管，参照实验四中介绍的原理，求出 U_3，此即断面 3 的最大流速 U_{3max}。取断面平均流速 $U_3 = 0.82U_{3max}$，则有

$$Q = A_3 U_3 = \beta A_2 \sqrt{\frac{2Kl}{\rho_{气}\left[1 - \left(\frac{d_2}{d_1}\right)^4\right]}} \tag{1-6-10}$$

$$\beta = 0.82\left(\frac{d_3}{d_2}\right)^2 U_3 \sqrt{\frac{\rho_{气}\left[1-\left(\frac{d_2}{d_1}\right)^4\right]}{2Kl}} \tag{1-6-11}$$

将 $U_3 = \sqrt{\frac{2\gamma_{水}\Delta h}{C\rho_{气}}}$ 代入式(1-6-11),得

$$\beta = 0.82\left(\frac{d_3}{d_2}\right)^2 \sqrt{\frac{\gamma_{水}\Delta h\left[1-\left(\frac{d_2}{d_1}\right)^4\right]}{CKl}} \tag{1-6-12}$$

已知:$d_1 = 155$ mm,$d_2 = 105$ mm,$d_3 = 184$ mm,$\gamma_{水} = 1$ 克重/cm^3,$C = 1.130$(毕托管基本系数)。计算得到

$$\beta = 2.11\sqrt{\frac{\Delta h}{Kl}} \tag{1-6-13}$$

式中　Δh——补偿式微压计读数;

l——倾斜式微压计读数;

K——倾斜式微压计常数因子的数值。

二、实验仪器和设备

(1)小风洞。

(2)文丘里管实验模型。

(3)倾斜式微压计。

(4)补偿式微压计(或数字精密微压计)。

三、实验目的和要求

要求用所给实验仪器和设备,设计一套验证文丘里流量计测量原理的实验装置和实验方案,画出实验装置图,并连接实验装置。通过本实验,达到以下目的:

(1)了解文丘里管测量流量的基本原理;

(2)求出文丘里管的流量系数。

四、问题讨论与思考

(1)文丘里流量计的测量原理是什么?

(2)文丘里管的流量系数受到哪些因素的影响?

(3)讨论产生实验误差的主要原因。

(4)如何提高文丘里流量计的测量精度?

实验 1-7 管道沿程阻力测量

一、实验原理

管道阻力 $h_w = h_f + h_j$,其中 h_f表示沿程阻力,由摩擦力引起;h_j 表示局部阻力,是流体流经局部障碍(管接头、弯头、阀门及管径突变处)时,因边界形状急剧变化,流体微团发生碰撞、产生旋涡等引起的。

1. 沿程阻力系数

流体沿等直径管道流动时,产生的沿程阻力 h_f是一个与管长 L、管径 d、管壁粗糙度 k、流体的截面平均速度 U、密度 ρ、黏度 μ 以及流态有关的复杂变量。

$$h_f = \lambda \frac{L}{d} \frac{U^2}{2g} \tag{1-7-1}$$

式中,λ 称为沿程阻力系数,它是雷诺数 Re 和管壁相对粗糙度$\frac{k}{d}$的函数,用由实验数据整理而成的实验曲线或经验公式表示。

在本实验中限于条件,只能对一种$\frac{k}{d}$的管道,在不同的 Re 下做若干个实验点。由式(1-7-1)得

$$\lambda = \frac{2gd}{LU^2} h_f = \frac{2g\pi^2 d^5}{16LQ^2} h_f = 12.1 \frac{d^5}{LQ^2} h_f \tag{1-7-2}$$

而

$$Re = \frac{Ud}{\nu} = \frac{4Q}{\pi d\nu} = 1.273 \frac{Q}{d\nu} \tag{1-7-3}$$

再以 $\lg(100\lambda)$为纵坐标,以 $\lg Re$ 为横坐标或用对数坐标纸画曲线,与经验公式进行比较并分析实验曲线。

在 $Re < 2\ 300$($\lg Re < 3.36$)时,流态是层流。

$$\lambda = \frac{64}{Re} \tag{1-7-4}$$

此时,λ 仅与 Re 有关,而与管壁的粗糙度无关。

在 $2\ 300 < Re < 4\ 000$($3.36 < \lg Re < 3.6$)范围内,属层流向湍流转变的过渡区,λ 值很不稳定。

在 $4\ 000 < Re < 8\ 000$($3.6 < \lg Re < 3.9$)范围内,属湍流光滑区,有勃拉修斯公式

$$\lambda = \frac{0.316\ 4}{Re^{0.25}} \tag{1-7-5}$$

由于水泵及实验台结构的限制,不能得出更高雷诺数 Re、不同管壁粗糙度的管道与沿程阻力系数 λ 的关系。

2. 阀门的局部阻力系数

实验管 2 上的阀门为被测阀门，阀门两侧的压力信号在测压板上所指示的水柱差 h_j，即表示流体流经阀门时的能量损失。

$$h_j = \zeta \frac{U^2}{2g} \tag{1-7-6}$$

式中，$\zeta = \frac{2g}{U^2} h_j$，称为阀门的局部阻力系数。

调节阀门开度，测得若干个实验工况下的 h_j 和 Q，即可计算出 ζ 和 Re，并画出实验曲线。

$$\zeta = \frac{2g}{U^2} h_j = \frac{2g\pi^2 d^4}{16Q^2} h_j = 12.1 \frac{d^4}{Q^2} h_j \tag{1-7-7}$$

$$Re = \frac{Ud}{\nu} = \frac{4Q}{\pi d\nu} = 1.273 \frac{Q}{d\nu} \tag{1-7-8}$$

二、实验仪器和设备

沿程阻力损失实验台如图 1-7-1 所示。局部阻力损失实验台如图 1-7-2 所示。

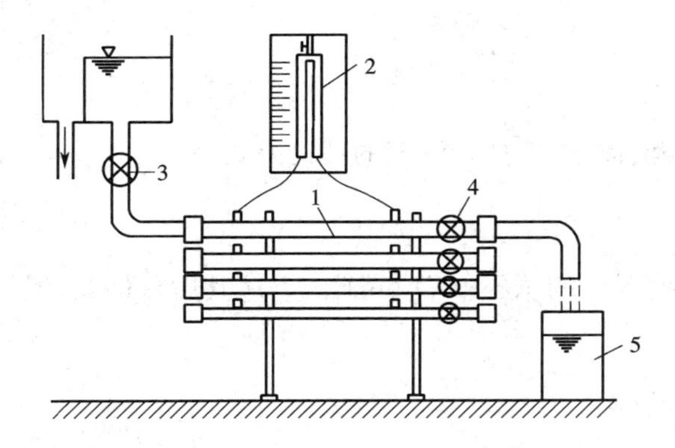

图 1-7-1　沿程阻力损失实验台

1—水管；2—测压管；3—进水阀门；4—出水阀门；5—计量水箱

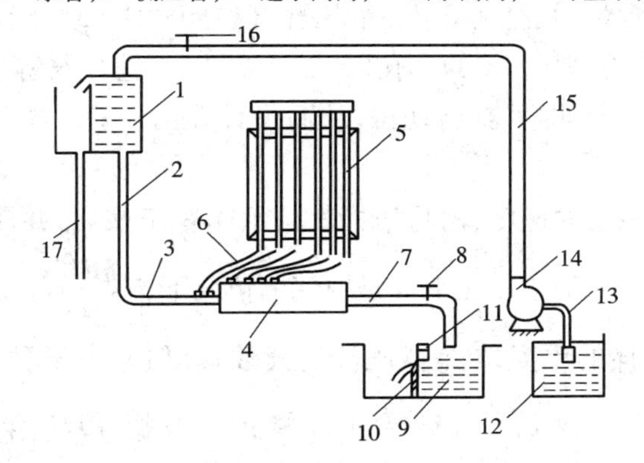

图 1-7-2　局部阻力损失实验台

1—高位水箱；2、3—水管；4—粗管；5—多管压力计；6—压力导管；7—细水管；8—阀门；9—回水箱；10—三角堰；11—水位仪；12—供水箱；13—吸水管；14—水泵；15—供水管；16—阀门；17—溢流管

三、实验目的和要求

要求用所给实验仪器和设备,设计一套测定管道沿程阻力系数和阀门的局部阻力系数的实验装置和实验方案,画出实验装置图,并连接实验装置。通过本实验,达到以下目的:

(1)观察和测试流体在等直径管道中流动及通过阀门时的能量损失情况;

(2)掌握管道沿程阻力系数和阀门的局部阻力系数的测定方法;

(3)了解阻力系数在不同流态、不同雷诺数下的变化情况。

四、问题讨论与思考

(1)绘制 $\lambda = f(Re)$ 曲线,为什么要选用对数坐标?

(2)怎样由 $\lambda = f(Re)$ 曲线判断流动形态?

(3)说明 ζ 与 Re 的关系。

实验 1-8 毕托管的标定

一、实验原理

在理想的不可压缩流体中,毕托管测速的理论公式为

$$P_0 - P = \frac{\rho U^2}{2} \tag{1-8-1}$$

此式表明:知道了流场中的总压(P_0)和静压(P),其压差即为动压;由动压可算出流体速度,即

$$U = \sqrt{\frac{2(P_0 - P)}{\rho}} \tag{1-8-2}$$

毕托管的头部通常为半球形或半椭球形,直径应选用 $d \leqslant 0.035D$(D 为被测流体管道的内径),总压孔开在头部的顶端,孔径为 $0.3d$;静压孔开在距顶端 $(3 \sim 5)d$、距支柄 $(8 \sim 10)d$ 处,一般为 8 个均匀分布的直径为 $0.1d$ 的小孔(NPL 为 7 孔)。总压与静压分别由两个细管引出,再用胶皮管连接到微压计上,即可测出动压,从而可计算出流速。毕托管测速原理如图 1-8-1 所示。

若要测量流场中某一点的速度,需将毕托管的顶端置于该点,并使总压孔正对来流方向,通过微压计就能得到该点的动压。在来流是空气的情况下,有 $\frac{\rho U^2}{2} = P_0 - P = \gamma h$($\rho$ 是空气的密度,γ 是微压计中工作液体的重度,h 是微压计的读数)。但是由于黏性及毕托管的加工等原因,$P_0 - P = \frac{\rho U^2}{2}$ 不是正好满足的,需要进行修正。根据 1973 年英国标准 BS - 1042:Part2A1973 的定义:

$$P_0 - P = \frac{1}{2} C \rho U^2 \tag{1-8-3}$$

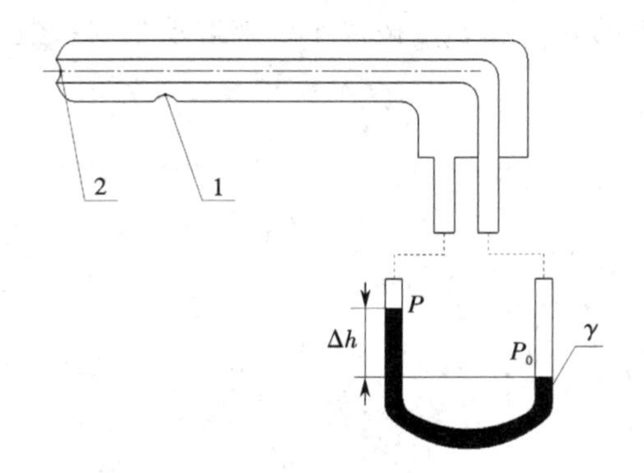

图 1-8-1　毕托管测速原理图

1—毕托管静压孔;2—毕托管总压孔

式中,C 称为毕托管系数。所谓毕托管标定,就是要把 C 的数值通过实验确定下来。

标定毕托管一般在风洞中进行,要求:

(1)风洞实验段气流均匀,湍流度小于 0.3%;

(2)毕托管的堵塞面积小于实验段截面面积的 1/200;

(3)毕托管插入深度 $h>2nd$($n=8$,d 为毕托管直径);

(4)安装偏斜角小于 2°;

(5)以 d 为特征长度的雷诺数必须大于 250;

(6)最大风速不能超过$\dfrac{2\,000\mu}{\rho d_S}$($\mu$ 为空气动力黏度,d_S 为静压孔直径)。

以上几点如能得到满足,C 就取决于毕托管的结构,此时 $C=C_0$,称为毕托管的基本系数。天津大学流体力学实验室从英国进口了一支经过标定的 NPL 毕托管,$C=0.998$。

进行毕托管标定时,将待标定的毕托管与 NPL 标准管安装在风洞实验段的适当位置上(总的原则是让两支管处于同一均匀气流区),因为是均匀流,则有

$$\frac{C_{标准}}{2}\rho U^2=\Delta P_{标准}=h_{标准}\gamma \tag{1-8-4}$$

$$\frac{C_{待标}}{2}\rho U^2=\Delta P_{待标}=h_{待标}\gamma \tag{1-8-5}$$

式(1-8-4)和式(1-8-5)中,ρ、U、γ 均是相同的。两式相除,得

$$\frac{C_{待标}}{C_{标准}}=\frac{h_{待标}}{h_{标准}} \tag{1-8-6}$$

则

$$C_{待标}=C_{标准}\frac{h_{待标}}{h_{标准}} \tag{1-8-7}$$

由于 $C_{标准}=0.998$,则

$$C_{待标}=0.998\frac{h_{待标}}{h_{标准}} \tag{1-8-8}$$

式(1-8-8)是毕托管标定的基本公式。通常在 10 个不同风速下测量其 $C_{待标}$ 再取平均值,

也可以用 10 种不同风速下的 $h_{待标}$ 和 $h_{标准}$ 按最小二乘法求基本系数。

二、实验仪器和设备

(1)低速回流式风洞。

(2)NPL 标准毕托管。

(3)待标定毕托管。

(4)钟罩式精密微压计。

(5)空气温度计。

(6)气压表。

三、实验目的和要求

要求用所给实验仪器和设备，设计一套标定毕托管的实验装置和实验方案，画出实验装置图，并连接实验装置。通过本实验，达到以下目的：

(1)了解毕托管测速原理；

(2)掌握毕托管标定方法；

(3)学会求毕托管系数的方法。

四、实验装置

毕托管标定实验装置如图 1-8-2 所示。

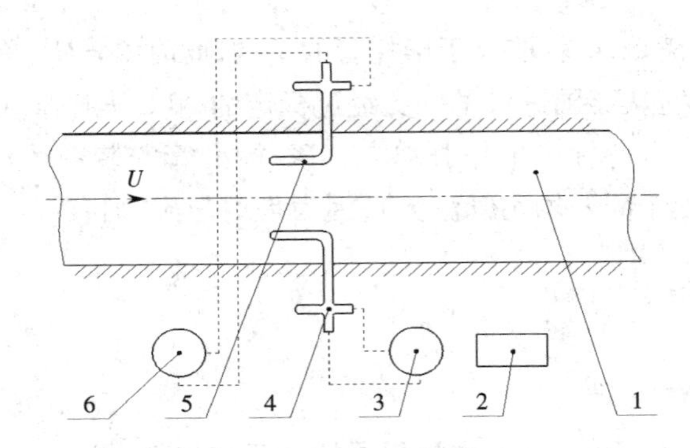

图 1-8-2　毕托管标定实验装置图

1—风洞实验段；2—计算机；3、6—微压计；4—待标定毕托管；5—标准毕托管

五、问题讨论与思考

(1)毕托管测速的基本原理是什么？

(2)在实验前应做好哪些准备工作？

(3)影响毕托管系数的因素有哪些？

(4)讨论产生实验误差的主要原因。

(5)如何提高用毕托管测速的精度？

扫一扫:毕托管测速原理(视频)

实验1-9　用毕托管测量风洞实验段平均速度及其均匀度

一、实验原理

风洞实验段平均流速分布的空间均匀性是衡量风洞性能优劣的指标之一。应用毕托管测定各点气流的平均速度时,根据伯努利方程,流速可通过压差计算出来。

$$U=\sqrt{\frac{2(P_0-P)}{C\rho_{气}}}=4.04\sqrt{\frac{760}{B}\frac{273+t}{293}\Delta h}\,(\mathrm{m/s}) \tag{1-9-1}$$

式中　C——毕托管系数;

B——当时当地大气压(mmHg);

t——气流的温度(℃);

Δh——压差计读数($\mathrm{mmH_2O}$)。

按下式计算流场的不均匀度:

$$\mu=\sqrt{\frac{\sum_{i=1}^{n}\left(\frac{U_i-U}{U}\right)^2}{n-1}} \tag{1-9-2}$$

式中　n——测点数;

U_i——测点i的平均速度(m/s);

U——各空间点速度的平均值(m/s),有

$$U=\frac{\sum_{i=1}^{n}U_i}{n}\,(\mathrm{m/s}) \tag{1-9-3}$$

毕托管A固定在洞壁上测量来流速度作参考;毕托管B装在可作y,z方向移动的坐标架上,测量各测点的流速。

二、实验仪器和设备

(1)低速回流式风洞。

(2)毕托管两支。

(3)补偿式微压计(或数字式微压计)两台。

(4)小型坐标架。

(5)空气温度计。

(6)气压表。

三、实验目的和要求

要求用所给实验仪器和设备,设计一套测量风洞实验段一个横截面上各点平均流速及其空间分布均匀性的实验装置和实验方案,画出实验装置图,并连接实验装置。通过本实验,测量风洞实验段一个横截面上两正交轴上各点的平均流速,并计算各空间点平均速度分布的不均匀性,画出两轴线上的平均速度及其均匀度空间分布曲线。通过本实验,达到以下目的:

(1)学会用毕托管测量气流的平均速度;

(2)了解风洞实验段气流平均速度的空间分布情况;

(3)学会用毕托管测量平均流速空间分布的不均匀度;

(4)了解风洞实验段壁面边界层厚度的空间分布情况。

四、问题讨论与思考

(1)影响风洞实验段平均流速分布均匀性的因素有哪些?

(2)如何改善风洞实验段平均流速分布的不均匀性?

(3)为什么要求风洞实验段平均流速保持均匀?

实验 1-10 用湍流球测量风洞实验段湍流度

一、实验原理

在风洞中,湍流度的定义是

$$\varepsilon = \frac{\sqrt{\overline{U'^2}}}{U} \tag{1-10-1}$$

式中 U——时间平均流速;

$\sqrt{\overline{U'^2}}$——脉动流速的均方根值。

湍流度是衡量风洞性能的重要指标之一。进行模型实验,或对仪器、仪表进行检验、标定,对风洞实验段气流的湍流度都有一定要求。因此,需要准确地测出风洞的湍流度,以决定是否对实验结果进行某些修正,或对风洞的有关部位进行改进。

风洞湍流度可用“湍流球”测出,其结构如图 1-10-1 所示。在一个直径约为 15 cm 的光滑圆球上,前驻点处开设总压孔,在距离理论后驻点 22.5°处开设互相连通且等距离排列的四个背压孔。总压孔与背压孔分别与细铜管连接,从支杆中引出,通过导管接到微压计的高压、低压测孔上。

黏性流体绕圆球流动时,其边界层的流动状态与雷诺数和湍流度密切相关。

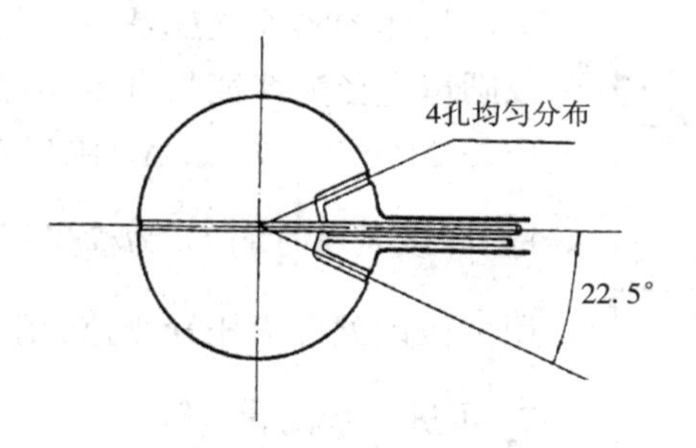

图 1-10-1　湍流球结构示意图

雷诺数较小时，边界层为层流形态，将在距离前驻点约 83°处发生分离（称为层流分离）。不断增大雷诺数，层流边界层就转化为湍流边界层，达到某一雷诺数时，整个边界层都是湍流形态，称此雷诺数为“临界雷诺数”，记为 Re_c。湍流边界层的分离点一下子推后到离前驻点 140°处。由于分离点后移很多，大大减小了分离区，圆球的阻力显著下降。但这种边界层的转变并不是某一瞬间突然完成的，因此人们规定圆球阻力系数为 0.3 时所对应的雷诺数为 Re_c。实验指出，阻力系数等于 0.3 的点，相当于压力系数 $C_p = 1.22$ 的点。

$$C_p = \frac{P_0 - P}{\frac{1}{2}\rho U^2} \tag{1-10-2}$$

式中　P_0——圆球总压孔压力；

P——圆球背压孔压力；

$\frac{1}{2}\rho U^2$——来流动压，可用 q 表示。

湍流度对 Re_c 的影响十分明显，湍流度大的气流，Re_c 较小；湍流度小的气流，Re_c 较大。实验发现，风洞中的流谱与在较大雷诺数下自由大气中的流谱相似。因此，可以说风洞实验雷诺数有较高的“有效雷诺数”，记为 Re_e。两者的关系为

$$Re_e = TF \times Re \tag{1-10-3}$$

式中，Re_e 为有效雷诺数；Re 为实验雷诺数；TF 称为湍流系数，它的定义为

$$TF = \frac{(Re_c)_{大气}}{(Re_c)_{风洞}} \tag{1-10-4}$$

经实验确定，圆球在自由大气中的 $Re_c = 3.85 \times 10^5$。所以

$$TF = \frac{3.85 \times 10^5}{(Re_c)_{风洞}} \tag{1-10-5}$$

显然，TF 是大于 1 的数，湍流度 ε 越小，$(Re_c)_{风洞}$越大，越接近 3.85×10^5，TF 也就越来越接近 1。

在《低速风洞实验》一书 133 页图 3.34 中，绘出了 TF 与 ε 的关系曲线。知道了 TF，可从中查出 ε。为便于使用，将该曲线复制如图 1-10-2 所示。

通过以上介绍，可将求风洞湍流度的过程概括为先作出 $C_p - Re$ 曲线，由 $C_p = 1.22$ 找出风洞的 Re_c，再求得 TF，最后由 $\varepsilon - TF$ 曲线查出 ε。

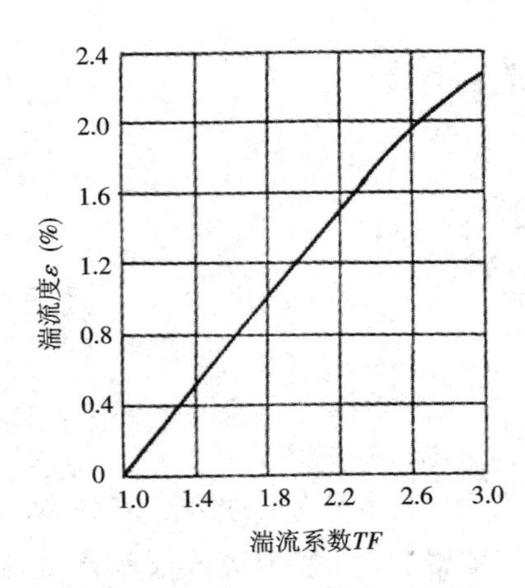

图 1-10-2　TF 与 ε 的关系曲线

具体的实验做法是，对于一个风速 U，可算出相应的以圆球直径为特征长度的雷诺数 Re，对应一个湍流球的压差 $\Delta P = P_0 - P$，以 ΔP 除以对应风速下的动压 q 为纵坐标，以该风速时的 Re 为横坐标，可画出$\frac{\Delta P}{q} - Re$ 曲线。当用微压计配合毕托管测速，用微压计测量湍流球压差时，$\frac{\Delta P}{q}$可进一步简化。

$$\Delta P = \Delta h_2 \gamma_{水}, q = \frac{1}{2}\rho U^2，而 U = \sqrt{\frac{2\Delta h_1 \gamma_{水}}{C\rho}}，因此$$

$$q = \frac{1}{2}\rho \times \frac{2\Delta h_1 \gamma_{水}}{C\rho} = \frac{\Delta h_1 \gamma_{水}}{C} \tag{1-10-6}$$

$$C_p = \frac{\Delta P}{q} = \frac{\Delta h_2}{\Delta h_1} \times C \tag{1-10-7}$$

式中：Δh_1、Δh_2分别为与毕托管和湍流球相连接的微压计的读数，C 为毕托管的标定系数，这样 $C_p - Re$ 曲线简化成为$\frac{\Delta h_2}{\Delta h_1} C - Re$ 曲线，在此曲线上，由$\frac{C\ \Delta h_2}{\Delta h_1} = 1.22$，查出对应的雷诺数即为 Re_c，由公式 $TF = \frac{3.85 \times 10^5}{Re_c}$，计算出 TF，最后由给定的 $\varepsilon - TF$ 曲线即可查出以百分数表示的风洞湍流度 ε。

下面简要说明雷诺数计算的实用公式。根据定义

$$Re = \frac{\rho U L}{\mu} \tag{1-10-8}$$

式中：ρ 是气流密度，U 是气流速度，L 是特征长度，μ 是气流的动力黏度。ρ 和 μ 可分别表示为

$$\rho = \frac{0.464B}{273 + t} (\mathrm{kg/m^3}) \tag{1-10-9}$$

$$\mu = (1.749 + 0.00482t) \times 10^{-5} (\mathrm{N \cdot s/m^2}) \tag{1-10-10}$$

$$Re = \frac{D \times B \times 0.464 \times 10^5}{(273 + t)(1.749 + 0.00482t)} U \tag{1-10-11}$$

式中　D——湍流球直径(m)；

B——大气压强(mmHg)；

t——气流温度(℃)；

U——气流速度(m/s)。

二、实验仪器和设备

(1)低速回流式风洞。

(2)湍流球。

(3)毕托管。

(4)钟罩式精密微压计。

(5)空气温度计。

(6)气压表。

三、实验目的和要求

(1)了解用湍流球测量风洞湍流度的原理。

(2)学会风洞原始湍流度的经典测量法。

(3)按照图 1-10-3 所示实验装置从风速为 25 m/s 左右开始,按 $\Delta U = 1$ m/s 的间距递增,直至 40 m/s 左右,测量风洞原始湍流度随风速的变化规律。

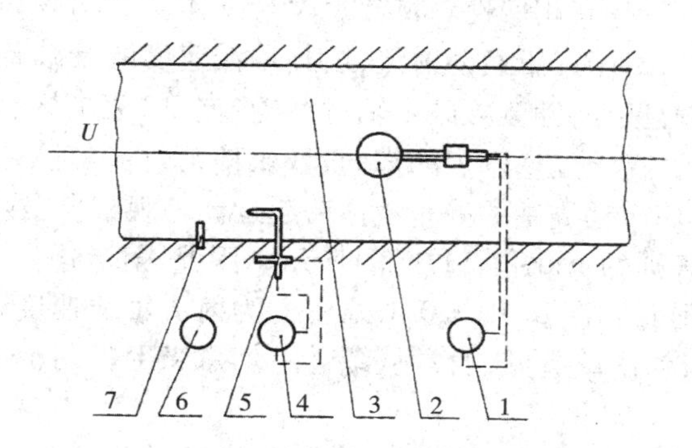

图 1-10-3　用湍流球测量风洞实验段湍流度装置

1、4—微压计;2—湍流球;3—风洞实验段;5—毕托管;6—气压表;7—温度计

四、问题讨论与思考

(1)为什么说湍流度是衡量风洞性能的重要指标之一?

(2)临界雷诺数、有效雷诺数、湍流系数的物理意义是什么? 它们之间有什么关系?

(3)怎样减小风洞的湍流度?

实验 1-11　圆出口自由淹没射流的流动显示

一、实验原理

自由射流是指流体在一定压力下从孔口射出,不受任何限制地流入静止流体中,并在静止流体中成为一股有界面的流动。当射流流体的密度、温度与周围环境介质的密度、温度相同,并且周围环境介质是静止不动的,射流流体经过与周围环境介质的动量、能量和质量的交换,最终“消失”在周围环境介质中,或称之为“淹没”在周围环境介质中,这种情况下的射流称为等温自由淹没射流,简称为自由淹没射流。自由淹没射流是一种典型的不受壁面限制和影响的自由剪切流动,是最简单的射流形式,对于这种射流的研究将有助于理解其他形式的射流。

如图 1-11-1(a)所示为自由紊动射流流动特征示意图。射流在一定的压力下以初始流速 U_0 从直径为 $2r_0$ 的孔口射出后,与周围静止流体间形成速度不连续的间断面。由于速度间断面是不稳定的,受到干扰后会产生波动并发展成旋涡,从而引起紊动。这样就会把原来周围处于静止状态的流体卷吸到射流中,这就是卷吸现象。旋涡卷吸周围流体进入射流,同时不断移动、变形、分裂,产生湍动,其影响逐渐向内外两侧发展形成内外两个自由湍动的混合层。由于动量的横向传递,被卷吸进入射流域的流体获得动量,并随同原来射出的流体向前流动;原来的流体失去动量而降低速度,在混合层中形成一定的速度梯度,出现剪切应力,因此也称为剪切层或混合层。卷吸和掺混的作用,使射流断面不断扩大,而流速不断降低,流量却沿程增加。当掺混到达射流中心后,射流在全断面上都发展成湍流。在射流中心部分未受掺混影响,仍保持出口速度的区域称为射流的势流核。从孔口到势流核末端之间的这一段称为射流的初始段。湍流充分发展以后的射流称为射流的主体段。在主体段中,边界层充分发展,其速度、浓度、温度等均服从高斯分布,具有相似性。在初始段与主体段之间有一个很短的过渡段,一般在分析中不予考虑。另外,对于三维紊动射流,按其轴线速度的衰减状况,也可以分为三个明显的流动区域,即势流核心区、特性衰减区及轴对称(径向型)衰减区。流体从喷管中喷出后,不仅沿喷管轴线方向运动,还会发生剧烈的横向运动,使得射流与原来静止的流体不断掺混,进行质量与动量交换,从而带动周围的静止流体一起运动。观察自由射流的瞬时流动,可以看到瞬态流动结构是极不规则的,如图 1-11-1(b)所示。因此,射流边界是一个由湍动旋涡和周围势流交错组成的不规则面。在 $U/U_m=0.1$ 处(U_m 为射流轴线速度),湍动时间约占总时间的50%。在实际分析中,为简单起见,通常从统计平均意义上把射流的边界看作线性扩展的界面。

射流是工程中广泛存在的流体流动形式,有着很大的工程应用背景,工程技术中的大量问题都与射流密切相关。射流中复杂的流动结构来源于射流边界与周围环境的强剪切作用。例如,内燃机中雾化燃料和空气的混合物从喷嘴射入燃烧室并点火燃烧就是射流,随着人们环保意识的日益提高,应提高雾化燃料和空气的混合燃烧效率,降低尾气排放,以节约能源、保护环境;在化工领域,很多化学反应都是在射流过程中完成的,控制射流边界,增强卷吸混合效果,可以加快化学反应速度,提高物料混合和传热、传质效率;在航空航天领域,射流的智能控制可以有效地提高推力矢量的精度和飞行器的机动性能。非圆形出口射流控制是进行射流被动控制的有效技术,不用付出太大的代价,仅靠改变射流出口的几何形状就可以显著改善射流及其瞬态流动结构的发展演化过程。在钻井过程中,在钻头上合理配置多个非对称加齿出口的高压泥浆射流,利用产生的非对称压力和剪切力可以有效提高钻井的速度和效率。由于激光的亮度高、方向性好,所以可以用作流动显示的光源,得到的流动图像清晰度高。而流场显示和测量经常需要在某个特殊截面上进行,如对流场中的涡和湍流量的观察,就需要照明光源呈薄平片状。而激光器直接发出的激光是一个发散的光斑,如果在激光器输出端加上片光源,激光束就可以透过柱形透镜而改变激光束的形状,成为一个平面内的光束,这样的平面光照在流场中可近似代表一个平面上的流场运动状态。

为了增强显示效果,需要在流场中投放适当的粒子,粒子的大小和浓度要达到观察或拍摄所需的散射光强度,并且粒子能够跟踪当地空间流场的流动速度,这样用高速摄像机或数字式 CCD 可以拍摄到一定时间段内某流场平面内的流动状态。家用加湿器能够产生大量的液体微粒,这些粒子的大小比较均匀,浓度也很高,在激光束照射下,散射性能较好,使得流动图像能够满足观察和分析的要求;同时其微粒质量较轻,从加湿器出口射出后能够代表当地的流

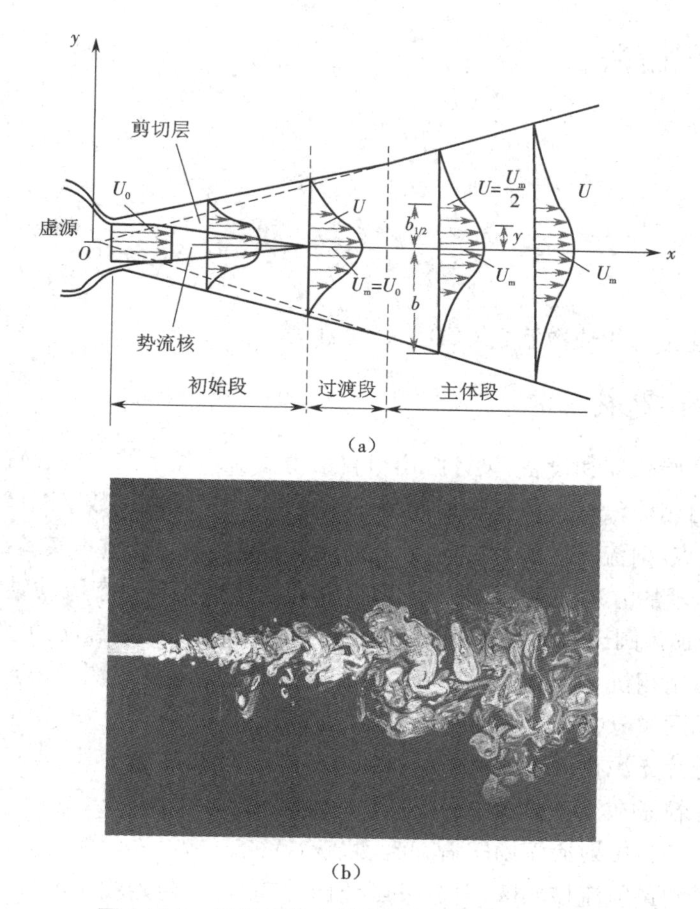

(a)

(b)

图 1-11-1 圆出口自由射流瞬态不规则流动结构

速,形成一个典型的射流场。将激光片光源和加湿器结合起来,完全可以实现对典型射流场的流动显示(图 1-11-2),通过改变加湿器出口的喷嘴形状,可以改变射流的方向,这样可以很容易地对射流的径向和轴向截面进行观察或记录。

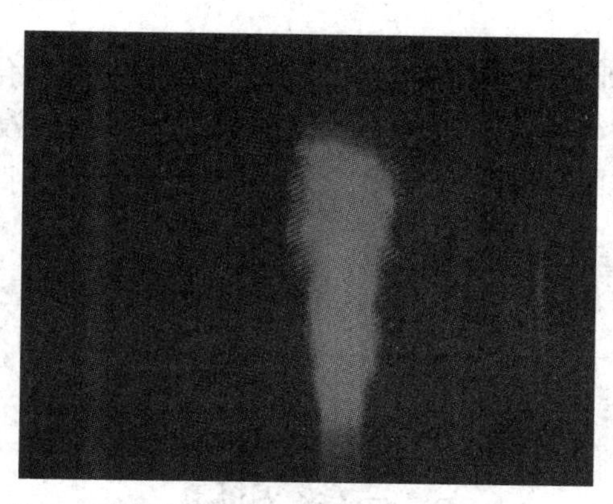

图 1-11-2 激光片光源显示的圆出口自由射流纵向截面

二、实验仪器和设备

(1)激光片光源。

(2)加湿器。

(3)射流风洞。

(4)发烟机。

(5)坐标架。

(6)相机、高速摄像机或数字式 CCD。

三、实验目的和要求

要求用所给实验仪器和设备,设计圆出口自由射流流动显示的实验装置和实验方案,拍摄出清晰的圆出口自由淹没射流纵向和横向瞬态流动结构图像,通过数字图像处理技术,测量射流核心区、射流极点、射流扩散角及初始段长度等流场特征量。通过本实验,达到以下目的:

(1)用流动显示的方法直观、形象地认识圆出口射流流场及瞬态流动结构发展、演化的特征,了解圆出口与加齿圆出口射流从层流、扰动失稳、转捩到发展为湍流的过程;

(2)熟练掌握用相机、高速摄像机或数字式 CCD 拍摄记录流动图像的技术;

(3)掌握流动图像分帧、滤波去噪等图像预处理技术;

(4)了解激光片光源在流动显示中的作用;

(5)了解示踪粒子在流动显示中的作用;

(6)了解圆出口自由射流流场的瞬态流动结构特征;

(7)掌握定量测量射流核心区、射流极点、射流扩散角及初始段长度等流场特征量的数字图像处理技术。

四、问题讨论与思考

(1)拍摄曝光时间和曝光量与哪些因素有关?如何设置曝光时间、曝光量和拍摄模式,才能够得到效果最佳的图像?

(2)为了清晰地拍摄圆出口自由射流瞬态流动结构的动态变化过程,对高速摄像机或数字式 CCD 的时间分辨率有何要求?如不满足上述要求,对拍摄的效果会有何影响?

(3)为了清晰地拍摄圆出口自由射流瞬态流动不规则结构,对高速摄像机或数字式 CCD 的空间像素分辨率有何要求?

(4)对于用 CCD 拍摄的流动图像,如何得到定量的速度及涡量分布?

扫一扫:自由射流的流动显示(视频)

实验 1-12　用毕托管测量自由淹没射流平均速度剖面

一、实验原理

通常可认为射流在喷口处的平均速度是均匀分布的，流体从喷管中喷出后，不仅沿喷管轴线方向运动，还会发生剧烈的横向运动，使得射流与原来静止的流体不断掺混，进行质量与动量交换，从而带动周围的静止流体一起运动。离喷口越远，被带动的质量越多，随着离喷口的距离增大，各截面上的速度分布逐渐改变，故射流呈扩散状。圆出口自由淹没射流平均流场示意图如图 1-12-1 所示。

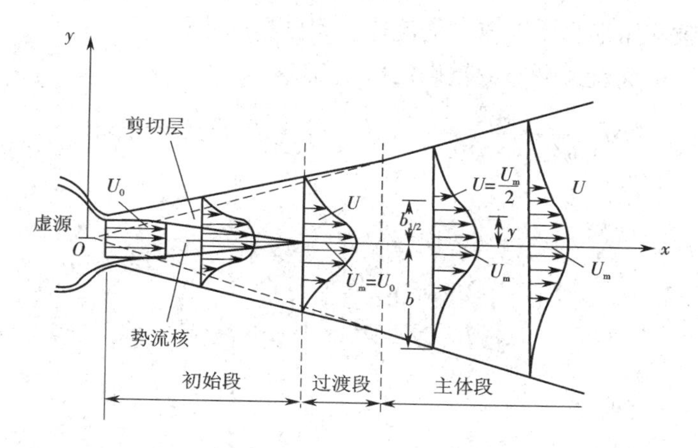

图 1-12-1　圆出口自由淹没射流平均流场示意图

二、实验仪器和设备

(1)空气动力学多功能实验装置(或低速射流风洞)。在本实验中采用 VEB 型小型吹入式直流射流风洞作为湍射流的发生装置，如图 1-12-2 所示。该射流风洞由轴流风扇动力系统、前直管段、两级收缩段以及直管喷口等几部分组成。其喷口直径 $d=80$ mm，出口流速在 0 ~ 30 m/s连续可调。

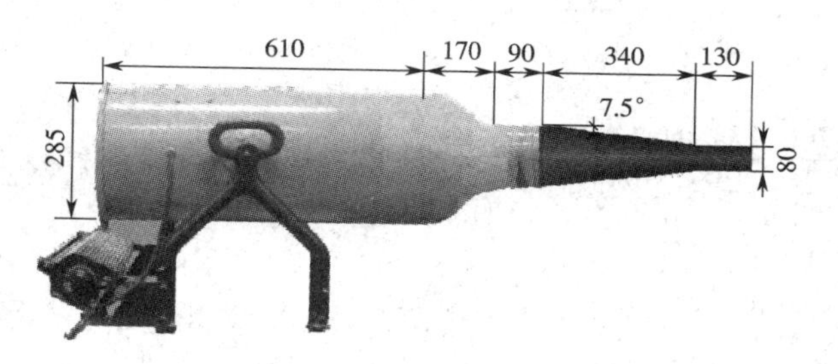

图 1-12-2　VEB 型小型吹入式直流射流风洞

(2)毕托管。

(3)微压差计。

(4)小型坐标架。

三、实验目的和要求

要求用所给实验仪器和设备,设计测量圆出口自由淹没射流各横截面上平均流速空间分布的实验装置和实验方案,画出实验装置图,并连接实验装置。要求通过本实验,测出 $x=1d$,$2d$,$3d$,$4d$,$5d$,$6d$ 各截面上的速度分布曲线;确定射流核心区、射流极点、射流扩散角及初始段长度等;画出各横截面上平均速度分布曲线,如图 1-12-3 所示。通过本实验,达到以下目的:

(1)学会用毕托管测量气流的平均速度;

(2)了解轴对称或矩形自由射流平均流速空间分布规律;

(3)通过各射流截面流速分布测量确定射流核心区。

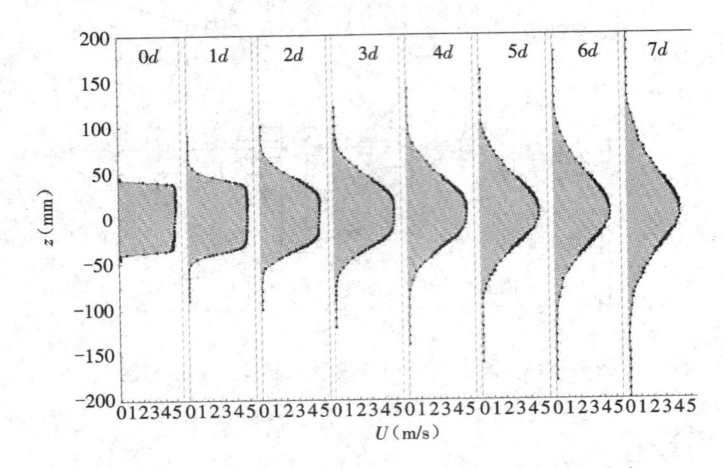

图 1-12-3 圆射流 0 ~ 7d 各截面的流向速度剖面分布

四、实验条件、参数及公式

空气温度 $t=$______℃;大气压强 $P=$______ mmHg;

喷口直径(宽度 b)$d=$______ mm。

流速计算公式:

$$U=4.04\sqrt{\frac{760}{P}\frac{273+t}{293}\Delta h}\ (\mathrm{m/s}) \tag{1-12-1}$$

射流扩散角:

$$\tan\frac{\theta}{2}=\frac{R}{x} \tag{1-12-2}$$

式中:$R=\dfrac{d}{2}$为喷口半径;x 为转折截面至射流极点的距离。

五、问题讨论与思考

(1)轴对称射流区域为什么呈喇叭形?

(2)射流各截面的流量是否相等?

(3)射流边界上流体瞬时速度是否为零?

实验 1-13 卡门涡街的流动显示

一、实验原理

黏性流体绕曲面固壁流动时,在靠近物体表面的边界层的逆压梯度区域内,某个位置会发生边界层脱离物体表面,即发生边界层分离,伴随有旋涡产生。若在一个均匀流场中放置一个圆柱体,当雷诺数 $Re>40$ 以后,会从圆柱体两侧不断交替地发射旋涡,称为卡门涡街,如图 1-13-1 所示。

图 1-13-1 圆柱体后面尾流中的卡门涡街

在水槽中放置实验模型,在适当的测量位置开若干个小孔,通过这些小孔不断释放带颜色的液体,液体随流经该孔的流体微团一起向下游流去,这样流经该孔的所有流体微团都被染上颜色,成为可视的染色线,可用于显示流动特性,如图 1-13-2 所示。

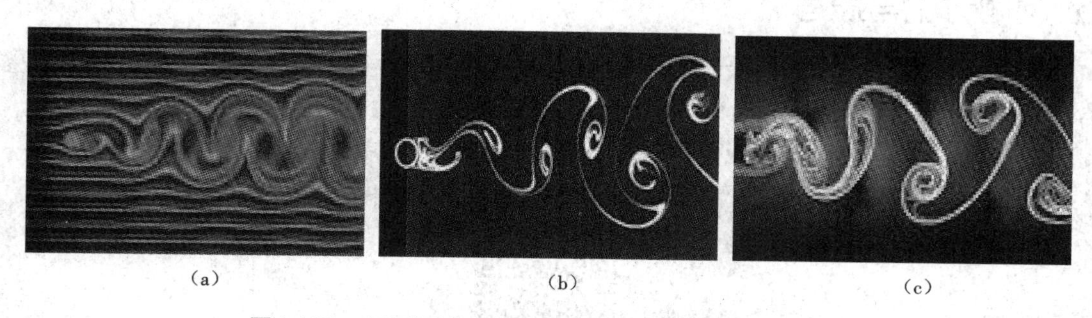

图 1-13-2 用不同流动显示方法获得卡门涡街的流动图像

(a)液晶流动显示 (b)烟线流动显示 (c)激光诱导荧光流动显示

根据脉线的定义,染色线即脉线,在 t 时刻通过流体某点的染色线是由在该点处染上颜色的所有流体微团组成的一条看得见的线。如果将染色点设置在绕流物体的分离点或分离线处，则那些染过色的带有涡量的流体微团都将随自由剪切层进入旋涡中，从而使流场中的旋涡被显示出来。所以，染色线流动显示技术是显示旋涡运动的流动结构和旋涡运动中的各种流动现象的有力工具。在水槽中染色线显示技术依然是研究复杂流动的有力工具。

二、实验仪器和设备

(1)低速水槽。

(2)染色液。

(3)储液罐及升降支架。

(4)圆柱体及不规则棱柱。

(5)数码相机或摄像机。

三、实验目的和要求

利用染色线显示技术观测圆柱体和不规则棱柱体绕流引起的卡门涡街流动现象，对绕流时的边界层分离状况、分离点位置、卡门涡街的产生与发展过程进行图像拍摄并进行分析。

四、实验步骤

(1)将水槽蓄水，保证水槽的储水量不少于50%。

(2)将实验模型(圆柱体或不规则棱柱体)固定在水槽实验段上游。

(3)将储满染色液的储液罐固定在适当高度的升降支架上，并与开孔实验模型相连接。

(4)将水槽阀门旋至最小流量，接通水槽电源，开启水槽。

(5)释放染色液，调节水槽流速和拍摄角度，将数码相机或摄像机放置在合理的拍摄位置进行现场观测和拍摄记录工作。

(6)观测和记录完毕后，更换实验模型，重新进行以上实验。

(7)待所有模型实验完毕后，关闭染色液和水槽。

五、问题讨论与思考

(1)卡门涡街具有什么特性？对绕流有什么影响？你能指出实际问题中的卡门涡街现象吗？

(2)圆柱体和不规则棱柱体绕流引起的卡门涡街有什么异同？

(3)卡门涡街的生成与哪些因素有关？这些因素将导致卡门涡街产生怎样的变化？

扫一扫：卡门涡街的流动显示(视频)

实验 1-14　卡门涡街发射频率的测量

一、实验原理

卡门证明，对圆柱体后的卡门涡街，当雷诺数 $Re > 150$ 时，两列旋涡之间的距离 h 与同列中相邻两旋涡的间距 L 之比为 0.281，涡列达到稳定状态。旋涡的脱离频率 f 与来流速度 U 及圆柱直径 d 满足下列关系：

$$f = St\frac{U}{d} \tag{1-14-1}$$

式中：St 称为斯特劳哈尔（V. Strouhal）数，与 Re 有关。当 $Re = 10^3 \sim 1.5 \times 10^5$ 时，St 为常数（约等于 0.21），此时 f 与 U 存在一一对应的关系，如果测出 f，就可以求得 U，从而可得流量 Q。利用这个原理，可制成卡门涡街流量计，其流量公式为

$$Q = Kf \tag{1-14-2}$$

式中：K 称为流量系数，与仪表和被测管道的几何尺寸有关。

本实验用的卡门涡街发生器为银河仪表厂生产的 LU－01 型气体旋涡流量检测器，直径 $d = 32$ mm。检测器由风洞实验段下壁面插入，直达实验段上壁面。这样，可将流动看作二维的。

图 1-14-1 所示是该检测器的原理图。如前所述，检测器两侧交替产生旋涡。由于产生旋涡脱落一侧的静压大于未脱落一侧的静压，因而有气流通过内部腔室。例如，1 侧旋涡脱落，则气体由 A 流到 B；4 侧旋涡脱落，则气体由 B 流到 A。检测元件（热丝）放在非对称位置，当某一侧（如图中 4 侧）气流流过热丝时，热丝受到冷却，引起电阻值变化，从而使测量电桥失去平衡，有脉冲电信号输入放大器，经放大、整流后输出，在频率计和示波器上显示出来，得到单边的旋涡脱落（习惯称为“发射”）频率。

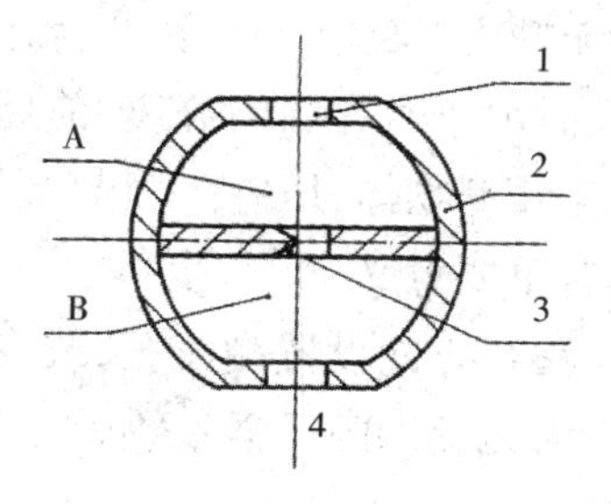

图 1-14-1　气体旋涡流量检测器示意图

1、4—导压孔；2—检测器外壳；3—检测元件（热丝）；A、B—腔室

用毕托管、微压计实现管道流速的测量，有了旋涡发射频率 f 和气流速度 U 以及已知的圆柱直径 d，可由前面介绍的公式确定斯特劳哈尔数 St。

二、实验仪器和设备

(1)低速回流式风洞。

(2)卡门涡街发生器。

(3)示波器。

(4)频率计。

(5)毕托管。

(6)微压计。

三、实验目的和要求

要求用所给实验仪器和设备,设计一套测量卡门涡街发射频率的实验装置和实验方案,画出实验装置图,并连接实验装置。通过本实验,达到以下目的:

(1)了解卡门涡街发射原理;

(2)学会旋涡发射频率的测量;

(3)测定实验的斯特劳哈尔数。

四、问题讨论与思考

(1)卡门涡街是怎样产生的?

(2)怎样通过测量频率来测量流速、流量?

(3)分析影响旋涡发射频率测定的因素。

实验 1-15　圆柱绕流阻力测量

一、实验原理

理想流体绕圆柱体流动时既无升力,又无阻力;而黏性流体绕圆柱体流动时不可避免地要在物体表面上产生摩擦切应力,同时由于边界层的分离,前后柱面上压强分布不对称,因而形成压差阻力。对于圆柱一类的非流线型物体,压差阻力起主导作用。测量圆柱表面压强分布对于我们认识圆柱绕流的特点具有重要意义。

在实验用圆柱模型上,沿柱体法线方向设置测压孔,改变测压孔与来流的相对位置,可测出压强随 θ 的变化规律,通常表示为无量纲的压强系数。

$$C_p = \frac{P - P_\infty}{\frac{1}{2}\rho U^2} \tag{1-15-1}$$

式中:C_p也是 θ 的函数。

圆柱的远前方来流是均匀的,由于边界层分离,在圆柱后形成尾迹。尾迹中流体速度不能恢复到 U,形成速度亏损。所以,如果能测出圆柱后面某过流截面的速度分布,即可根据动量定理确定气流对圆柱的作用力(阻力),如图 1-15-1 所示。本实验用毕托管测量圆柱后某截面上的速度分布,沿 x 方向作用于控制体(流体)上的力应等于该方向净流出的动量。

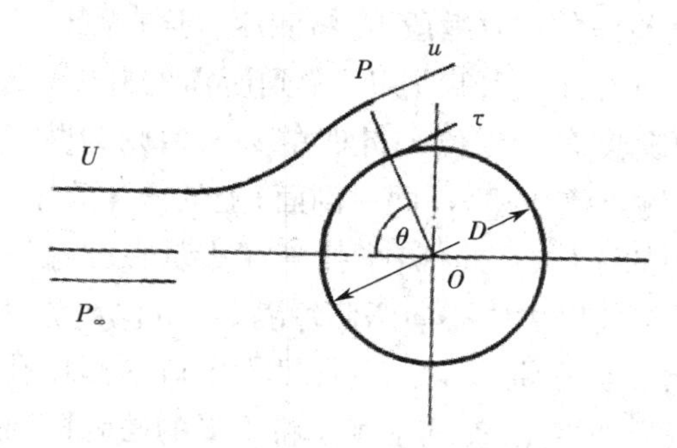

图 1-15-1　圆柱绕流阻力示意图

$$2h(P_\infty - P_e) - D = \int_{-h}^{h} \rho u^2 \mathrm{d}y - \int_{-h}^{h} \rho U^2 \mathrm{d}y \tag{1-15-2}$$

将式(1-15-2)无量纲化,得

$$C_D = \frac{D}{\frac{1}{2}\rho U^2 d} = \frac{2h}{d}\frac{P_\infty - P_e}{\frac{1}{2}\rho U^2} + \frac{2}{d}\int_{-h}^{h}\left(1 - \frac{u^2}{U^2}\right)\mathrm{d}y \tag{1-15-3}$$

式中:D 为圆柱对流体的阻力,为使积分无量纲化,令 $y = \eta h$,则有

$$C_D = \frac{2h}{d}\frac{P_\infty - P_e}{\frac{1}{2}\rho U^2} + \frac{2h}{d}\int_{-1}^{1}\left(1 - \frac{u^2}{U^2}\right)\mathrm{d}\eta \tag{1-15-4}$$

式(1-15-4)提供了一种根据压强变化及尾迹中速度分布计算阻力系数 C_D的方法。

若将圆柱一端与天平连接,当流体绕圆柱流动时,产生的阻力可通过天平测出。改变流速,可测出阻力系数随 Re 的变化。

二、实验仪器和设备

(1)空气动力学多功能实验装置。

(2)毕托管。

(3)微压差计。

三、实验目的和要求

要求用所给实验仪器和设备,设计一套测量圆柱绕流阻力的实验装置和实验方案,画出实验装置图,并连接实验装置。通过本实验,达到以下目的:

(1)测量圆柱表面上的压强分布;

(2)测量圆柱前后过流截面上的速度分布;

(3)测定圆柱体在气流中所受的阻力。

四、实验步骤

(1)将装有圆柱体的实验段装在收缩段上,将测压管连在测压计上,调平测压计。

(2)测量圆柱表面的压强分布。开启风机,调到所需的开度,旋转圆柱体,使圆柱体上的测压孔迎着气流(指针指到刻度盘的零位),此时的刻密值则为驻点压强 P_0。将圆柱旋转 5°测另一点的压强 P,如此可测出整个柱面(同一剖面)上的压强分布。

(3)测量实验段尾流中的速度分布。将毕托管探头装在圆柱体后某一截面上,测压管连接压差计。开启风机,移动毕托管由中心向两侧每隔 2 mm 测出流速。

(4)用天平测绕流阻力。首先将稳压箱和收缩段出口的测压孔用测压管连到测压计上。装好带天平的实验段,调节天平零点,使其平衡。将天平的砝码拨到一定位置,开启风机,调整流速,使天平重新平衡,测出相应流速下的阻力。重复上述动作 20 次左右,即可得出不同 Re 下的阻力。

(5)关闭风机,使所有实验设备恢复原状。

(6)编写实验报告。

五、实验数据及结果

空气温度 $t=$____℃ ;大气压强 $P=$____ mmHg;

圆柱体直径 $d=14$ mm;实验段高度 $2h=120$ mm;圆柱体长度 $L=48$ mm。

画出压强系数 C_p与 θ 的关系曲线和尾迹中流速分布曲线及阻力系数 C_D与 Re 的关系曲线。

六、问题讨论与思考

(1)如何根据压强分布曲线判断分离点的位置?

(2)尾流中的速度分布与雷诺数 Re 是否有关?

(3)如何确定圆柱体的绕流阻力?

(4)阻力系数 C_D随 Re 的变化如何变化?

实验 1-16 PIV 原理实验

一、实验原理

粒子图像测速技术(Particle Image Velocimetry,PIV)是 20 世纪 70 年代末发展起来的一种瞬态、多点、无接触式的流体力学测速方法,近几十年来得到了不断完善与发展。它综合了激光技术、数字信号处理、图像图形处理、计算机技术、现代光学应用技术和微电子等现代科学技术,可实现复杂环境下流场的无接触、无干扰、高准确度测量和显示,是研究湍流等复杂流动的有力手段。该技术突破了空间单点测量技术(如 HWA、LDA)的局限性,能在同一瞬态记录下大量空间点上的速度分布信息,并可提供丰富的流场空间结构以及流动特性,从而获得流动的瞬时速度场、脉动速度场、涡量场和雷诺应力分布等,具有数字化、高分辨率、大视场显示等突出优点,特别适用于湍流等非定常复杂流场的测量,是航空、航天、国防、交通、建筑、土木、水利、能源、化工、冶金、轻工、机械、环境、海洋、医学、生物工程等领域流场测试的重要手段。

PIV 的测速原理如图 1-16-1 和图 1-16-2 所示。实验所需的硬件为激光器、相机和同步控制器。激光器和相机连接到同步控制器上,实现了同步触发和拍摄。实验中,测量流场加入示踪粒子,粒子直接反映真实流场的运动。激光光束经过一系列的透镜组合形成片光源(或者体光源)照亮测量区域内的粒子,使其发出散射光;同时,用 CCD 相机(或者 CMOS 相机等)对流场中的粒子进行拍摄,得到粒子图像。

激光器
激光控制
相机控制
同步控制器
外同步信号输入
相机
互相关计算
积分
相关
矢量
粒子图像

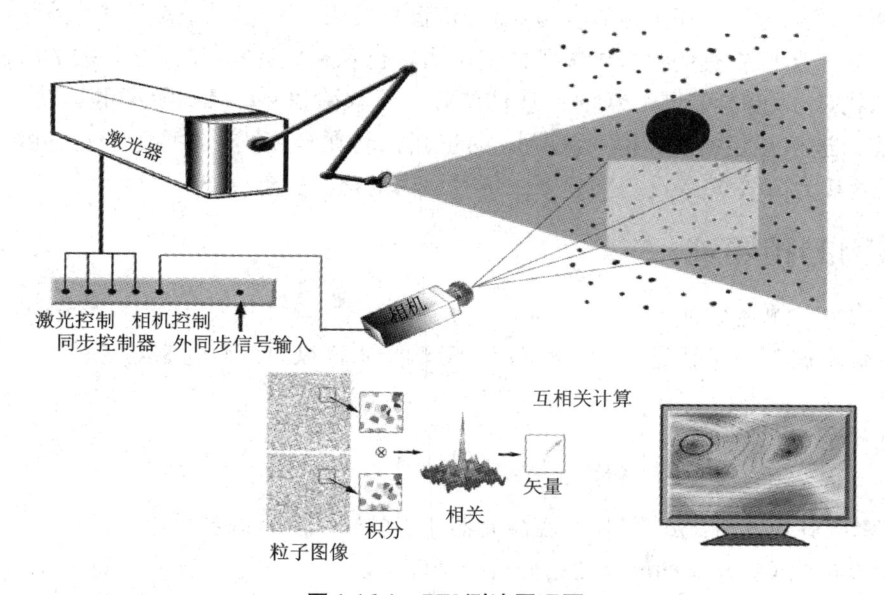

图 1-16-1　PIV 测速原理图

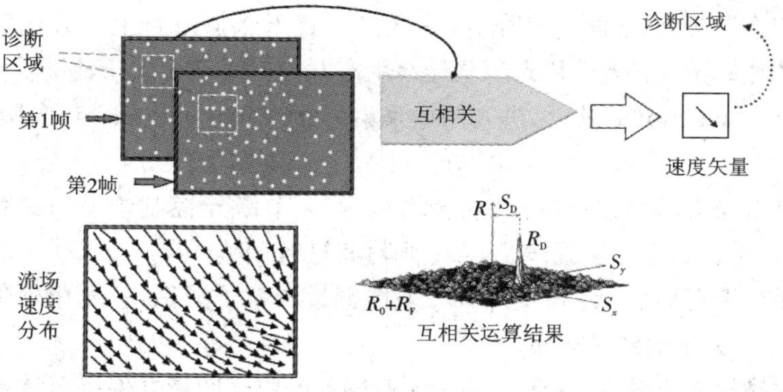

☆ 每帧图像包含一个脉冲激光形成的颗粒图像
——通过独立的两张图像之间的互相关分析得到结果
诊断区域
第1帧
第2帧
互相关
诊断区域
速度矢量
流场速度分布
R
S_D
R_D
S_y
S_x
R_0+R_F
互相关运算结果

图 1-16-2　互相关原理示意图

PIV 系统常用的激光器包括低频激光器(约 10 Hz 以下)和高频激光器(通常有效工作频率大于 1 000 Hz)。为了根据流场速度有效地控制两束激光脉冲的时间间隔,现有的激光器通常是采用双腔配置。因此,在高速流动条件下,可以通过对双腔激光器分别进行触发,从而设置合理的时间间隔,保证拍摄的两帧粒子图像在时间上具有很强的相关性。

实验中,通过有效控制激光器的触发时间间隔 Δt,并使用相机对流场进行拍摄,得到前后两帧粒子图像。为了对粒子图像进行互相关计算,需要将粒子图像按照粒子浓度划分成为一定大小的子窗口(查询窗口)。查询窗口也叫"判读区",指粒子图像中某一位置处的矩形区域,其尺寸可在计算速度场时设置(一般使用 32×32 像素或 16×16 像素),判读区内粒子图像的灰度值将会用来进行互相关运算。可见,查询窗口的大小决定了最终速度矢量的空间分辨率。从两帧粒子图像中查询窗口内粒子的灰度值进行互相关运算,得到互相关的峰值,从而得到查询窗口内粒子在时间间隔 Δt 内的移动位移。位移除以 Δt,得到粒子的运动速度。以上根据查询窗口进行互相关运算得到速度矢量的过程,将在整帧粒子图像上进行,并可以通过设置重叠率(通常为 50%),最终得到整个二维平面内的速度矢量分布。

二、实验目的和要求

(1)掌握 PIV 测速原理。

(2)熟练掌握 TRPIV 测速技术,学会用 PIV 测量水槽纵向截面的速度场。

三、实验仪器和设备

(1)低速回流式小水槽。

(2)CMOS 高速相机、Nd:YAG 双腔激光器、时间同步器、示踪粒子等。

(3)计算机及 Dynamic Studio 数据分析处理软件。

四、实验步骤

(1)记录基本实验参数:水温、室温。

(2)在低速回流式水槽中放入清水,然后启动水槽电机并调节至所需的水流速度。

(3)连接实验设备,调节激光导光臂,将激光头置于水槽垂直上方并固定,打开激光器开关,先在较小的频率下调节激光片光源至最薄状态并使其垂直照射于流场。

(4)打开 Dynamic Studio 软件,进入图像采集界面,点击"free run"对水槽中流动进行实时显示。

(5)在水槽中加入示踪粒子,待其混合均匀后,调节激光控制器至高频状态,并通过可视化界面观察粒子的浓度是否合适,若不合适则对其进行调整。

(6)在确保一切就绪后,点击"acquire"采集少量的粒子图像,并利用软件进行初步处理,若结果理想则进行大量的图像采集。

(7)调整水槽轴流泵转速,测量不同来流速度下的粒子图像并保存至计算机硬盘。

(8)结束实验,将水槽调至最低流速,激光控制器调至最低频率,关闭水槽电源、激光器电源、相机电源,卸下激光头置于实验平台上,整理仪器设备。

(9)处理实验数据,利用 Dynamic Studio 软件将测量得到的粒子图像转换为速度矢量信息。

(10)编写实验数据分析处理程序,计算各点平均速度,编写实验报告。

五、问题讨论与思考

(1)分析 PIV 测速与热线技术、激光多普勒测速相比的优越性。

(2)PIV 测速对示踪粒子有何要求?

(3)相机拍摄频率、查询窗口大小与流场流速有什么关系?

(4)确定查询窗口大小的原则是什么?

实验 1-17　各种管道的流动显示

一、实验原理

KL 型流动显示仪结构示意图如图 1-17-1 所示。该仪器以气泡为示踪介质,狭缝流道中设有特定边界,用以显示内流、外流、射流元件等多种流动图谱。半封闭状态下的工作流体(水)由水泵驱动蓄水箱 5 内的水经掺气后流经显示板,形成无数小气泡随水流流动,在仪器内的日光灯照射和显示板的衬托下,小气泡发出明亮的折射光,清楚地显示出小气泡随水流动的图像。由于气泡的粒径大小、掺气量的多少可由掺气量调节阀 4 调节,故能使小气泡相对水流动具有足够的跟随性。显示板设计成多种不同形状边界的流道,因而能十分形象、鲜明地显示不同边界流场的迹线、边界层分离、尾流、旋涡等多种流动图谱。

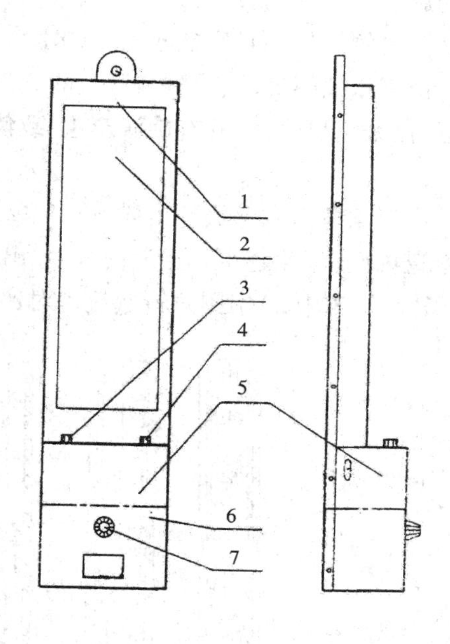

图 1-17-1　KL 型流动显示仪结构示意图

1—彩色有机玻璃面罩;2—不同边界的流动显示面;3—加水孔;4—掺气量调节阀;5—蓄水箱;6—电器、水泵室;7—晶闸管无级调速旋钮

本仪器工作流程如图 1-17-2 所示。

二、实验演示内容介绍

KL 型流动显示仪按显示面过流道分类如图 1-17-3 所示。

1. ZL－1 型(图 1-17-3 中 1)

该类型用以显示逐渐扩散、逐渐收缩、突然扩大、突然收缩、壁面冲击、直角弯道等平面上的流动图像,模拟串联管道纵剖面流谱。

在逐渐扩散段可看到由边界层分离而形成的旋涡,且靠近上游喉颈处,调节流速时可以看到流速越大,旋涡尺度越小,湍流强度越高;而在逐渐收缩段,无分离,流线均匀收缩,亦无旋涡。由此可知,逐渐扩散段局部水头损失大于逐渐收缩段。

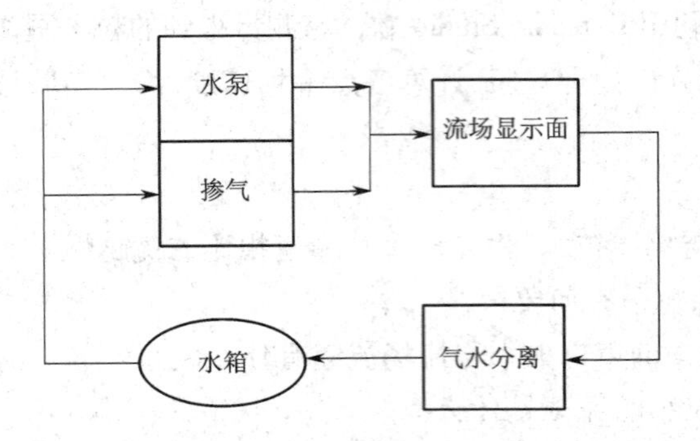

图 1-17-2　该仪器工作流程图

在突然扩大段出现较大的旋涡区,而突然收缩只在死角处和收缩断面的进口附近出现较小的旋涡区。由此表明,突然扩大段比突然收缩段有较大的局部水头损失(缩扩的直径比大于0.7时例外),而且突然收缩段的水头损失主要发生在突然收缩断面后部。

由于该仪器突然收缩段较短,故其流谱亦可视为直角进口管嘴的流动图像。在管嘴进口附近,流线明显收缩,并有旋涡产生,致使有效过流断面减小,流速增大,从而在收缩断面出现真空。

在直角弯道和壁面冲击段,也有多处旋涡区出现。尤其在弯道流中,流线弯曲更剧,越靠近弯道内侧,流速越小。且近内壁处,出现明显的回流,所形成的回流范围较大,将此与 ZL－2型(图 1-17-3 中 2)中圆角转弯流动对比,直角弯道旋涡大,回流更加明显。

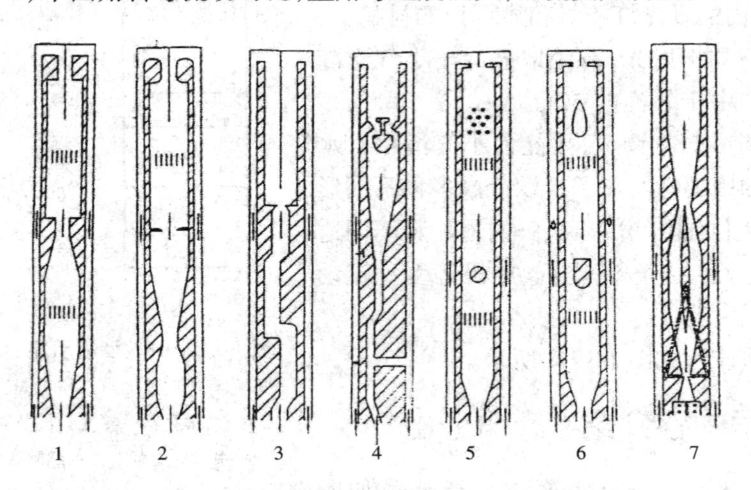

图 1-17-3　KL 型流动显示仪按显示面过流道分类

旋涡的大小和脉动强度与流速有关。可通过流量调节观察对比,例如流量减小,逐渐扩散段流速较小,其强度也较小,这时可看到在整个扩散段有明显的单个大尺度旋涡。反之,当流量增大时,这种单个大尺度旋涡随之破碎,并形成无数小尺度旋涡,且流速越高,强度越大,旋涡越小,可以看到,几乎每一个质点都在其附近激烈地旋转着。在突然扩大段,也可看到旋涡尺度的变化。据此清楚表明:脉动强度越大,旋涡尺度越小,几乎每一个质点都在其附近激烈地旋转着。由于水质点间的内摩擦越厉害,水头损失就越大。

2. ZL－2 型（图 1-17-3 中 2）

该类型用以显示文丘里流量计、孔板流量计、圆弧进口管嘴流量计以及壁面冲击、圆弧形弯道等串联流道纵剖面上的流动图像。

由显示可见，文丘里流量计的过流顺畅，流线顺直，无边界层分离和旋涡产生。在孔板前，流线逐渐收缩，汇集于孔板的孔口处，只在拐角处有小旋涡出现，孔板后的水流逐渐扩散，并在主流区的周围形成较大的旋涡区。由此可知，孔板流量计的过流阻力较大。圆弧进口管嘴流量计入流顺畅，管嘴过流段上无边界层分离和旋涡产生；在圆形弯道段，边界层分离现象及分离点明显可见，与直角弯道比较，流线较顺畅，旋涡发生区域较小。

由上所述可了解三种流量计结构、优缺点及其用途。孔板流量计结构简单，测量精度高，但水头损失很大。作为流量计损失大是缺点，但有时将其移作它用，例如工程上的孔板消能又是优点。另外，从 ZL－1 或 ZL－2 的弯道水流观察分析可知，在弯头段测压管水头不按静水压强的规律分布，其原因有：①离心惯性力的作用；②流速分布不均匀（外侧大、内侧小并产生回流）。

3. ZL－3 型（图 1-17-3 中 3）

该类型用以显示 30°弯头、直角圆弧弯头、直角弯头、45°弯头以及非自由射流等流段纵剖面上的流动图像。

由显示可见，在每一转弯的后面，都因边界层分离而产生旋涡。转弯角度不同，旋涡大小不同、形状各异。在圆弧转弯段，流线较顺畅。在非自由射流段，射流离开喷口后，不断卷吸周围的流体，形成射流的湍流扩散。在此流段上还可看到射流的“附壁效应”现象。（详细介绍见 ZL－7 型）。

4. ZL－4 型（图 1-17-3 中 4）

该类型用以显示 30°弯头、分流、合流、45°弯头、YF 溢流阀、闸阀及蝶阀等流段纵剖面上的流动图谱。其中，YF 溢流阀固定，为全开状态；蝶阀活动可调。

由显示可见，在转弯、分流、合流等过流段上，有不同形态的旋涡出现。合流旋涡较为典型，明显干扰流动，使主流受阻，这在工程上称为“水塞”现象。为避免“水塞”现象，给排水技术要求合流时用 45°三通连接。闸阀半开，尾部旋涡区较大，水头损失也大。蝶阀全开时，过流顺畅，阻力小；半开时，尾涡脉动激烈，表明阻力大且易引起振动。蝶阀通常作检修用，故只允许全开或全关。

YF 溢流阀广泛用于液压传动系统。其流动介质通常是油，阀门前后压差可高达 315 bar，阀道处的流速可高达 200 m/s。本装置流动介质是水，为了与实际阀门的流动相似（雷诺数相同），在阀门前加一减压分流，该装置能十分清晰地显示阀门前后的流动形态：高速流体经阀口喷出后，在阀芯的大反弧段发生边界层分离，出现一圈旋涡带；在射流和阀座的出口处，也产生一较大的旋涡环带。在阀后，尾迹区大而复杂，并有随机的卡门涡街产生。经阀芯芯部流过的小股流体也在尾迹区产生不规则的左右扰动。调节过流量，旋涡的形态基本不变，表明在相当大的雷诺数范围内，旋涡基本稳定。

该阀门在工作中，由于旋涡带的存在，必然会产生较激烈的振动，尤其是阀芯反弧段上的旋涡带影响更大，由于高速流体的湍流脉动，引起旋涡区真空度的脉动，这一脉动压力直接作用在阀芯上，引起阀芯的振动，而阀芯的振动又作用于流体的脉动和旋涡区的压力脉动，因而引起阀芯更激烈的振动。显然这是一个很重要的振源，而且这一旋涡环带还可能引起阀芯的空蚀破坏。另外，显示还表明，阀芯的受力情况也不太好。以上均为改进阀门的性能提供了根据。

5. ZL－5 型（图 1-17-3 中 5）

该类型用以显示明渠逐渐扩散、单圆柱绕流、多圆柱绕流及直角弯道等流段的流动图像。

由显示可见，单圆柱绕流时的边界层分离状况、分离点位置、卡门涡街的产生与发展过程以及多圆柱绕流时的流体混合、扩散、组合旋涡等流谱，现分述如下。

（1）驻点：观察流经前驻点的小气泡，可见流速的变化由 $U_0 \to 0 \to U_{max}$ 流动在驻点上明显停滞（可说明能量的转化及毕托管测速原理）。

（2）边界层分离：可观察边界层转捩点及边界层分离现象。仔细观察可以看到边界层分离后的回流以及圆柱绕流转捩点的位置。

（3）卡门涡街：圆柱的轴与来流方向垂直，在圆柱的两个对称点上产生边界层分离后，不断交替地在两侧向下游发射出与旋转方向相反的旋涡，这些旋涡在圆柱后反对称排列两行形成卡门（Karman）"涡街"。

对卡门涡街的研究，在工程实际中有很重要的意义。每当一个旋涡脱离开柱体时，根据汤姆逊（Thomson）环量不变定理，必须在柱体上产生一个与旋涡具有的环量大小相等、方向相反的环量，由于这个环量使绕流体产生横向力，即升力。注意到在柱体的两侧交替地产生与旋转方向相反的旋涡，因此柱体上环量的符号交替变化，横向力的方向也交替变化。这样就使柱体产生了一定频率的横向振动。若该频率接近柱体的自振频率，就可能产生共振，为此常采用一些工程措施加以解决。

（4）多圆柱绕流：被广泛用于热工中的传热系统的"冷凝器"及其他工业管道的热交换器等，流体流经圆柱时，边界层内的流体和柱体发生热交换，柱体后的旋涡则起混掺作用，然后流经下一柱体，再交换再混掺，换热效果较佳。另外，对于高层建筑群，也有类似的流动图像，即当高层建筑群承受大风袭击时，建筑物周围也会出现复杂的风向和组合气旋，即使在独立的高建筑物下游附近，也会出现分离和尾流，这应引起建筑师的重视。

6. ZL－6 型（图 1-17-3 中 6）

该类型用以显示明渠渐扩、桥墩形柱体绕流、流线体绕流、直角弯道和正、反流线体绕流等流段上的流动图谱。

桥墩形柱体绕流的绕流体为圆头方尾的钝形体，水流脱离桥墩后，形成一个旋涡区——尾流，在尾流区两侧产生旋向相反且不断交替的旋涡，即卡门涡街。与圆柱绕流不同的是，该涡街的频率具有较明显的不规则性。

（1）由上可知，非圆柱体绕流也会产生卡门涡街。

（2）对比观察圆柱绕流和该钝体绕流可见，前者涡街频率 f 在 Re 不变时它也不变，而后者即使 Re 不变 f 的变化也不规则。由此说明了为什么圆柱绕流频率有确定的经验公式，而非圆柱绕流频率一般没有这样的公式。

流线型柱体绕流，这是绕流的最好形式，流动顺畅，形体阻力最小。又从正、反流线体的对比流动可见，当流线体倒置时，也会出现卡门涡街。因此，为使过流平稳，应采用顺流而放的圆头尖尾形柱体。

7. ZL－7 型（图 1-17-3 中 7）

该类型为“双稳放大射流阀”流动原理显示仪，经喷嘴喷出的射流（大信号）可附于任一侧面，若先附于左壁，射流经左通道后，向右出口输出；当旋转仪器表面控制圆盘，使左气道与圆盘气孔相通时（通大气），因射流获得左侧的控制流（小信号），射流便切换至右壁，流体从左出口输出。这时若再转动控制圆盘，切断气流，射流稳定于原通道不变。如果使射流再切换回来，只要再转动控制圆盘，使右气道与圆盘气孔相通即可。因此，该装置既是一个射流阀，又是一个双稳射流控制元件。只要给一个小信号（气流），便能输出一个大信号（射流），并能把脉冲小信号保持记忆下来。

由演示所见的射流附壁现象，又被称作“附壁效应”。利用附壁效应可制成“或门”“非门”“或非门”等各种射流元件，并可把它们组成自动控制系统或自动检测系统。由于射流元件不受外界电磁干扰，较之电子自控元件有其独特的优点，故在军工等方面也有应用。

作为射流元件在自动控制中的应用示例，ZL－7 型还配置了液位自动控制装置。图 1-17-4 为 a 通道自动向左水箱加水状态，左右水箱的最高水位由溢流板（中板）控制，最低水位由 a_1、b_1的位置自动控制。其原理如下。

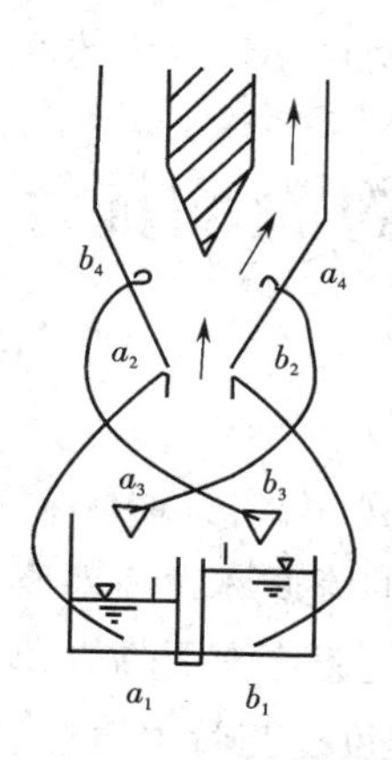

图 1-17-4　射流元件示意图

上半图为双稳放大射流阀；下半图为双水箱容器；

a_1、b_1、a_3、b_3容器后壁小孔分别与孔 a_2、b_2及毕托管取水嘴 a_4、b_4连通

水泵启动，本仪器流道喉管 a_2、b_2处由于过流断面较小，流速过大，形成真空，在水箱水位升高产生溢流，喉管 a_2、b_2处所承受的外压保持恒定。当仪器运行到如图 1-17-4 所示状态时，右水箱水位因在 b_2处真空作用下抽吸而下降，当液位降到 b_1小孔高程时，气流则经 b_1进入 b_2，b_2处升压（a_2处压力不变），使射流切换到另一流道即 a_2一侧，b_2处进气造成 a_2、a_3间断流，a_3出口处的薄膜逆止阀关闭，而 b_4 至 b_3 过流，b_3出口处的薄膜逆止阀打开，右水箱加水。其过程与左水箱加水相同，如此往复循环，十分形象地展示了射流元件自动控制液位的过程。

射流元件在其他工况中亦有广泛应用。从中可进一步了解流体力学应用领域的广泛性。这种装置在连续流中可利用工作介质直接控制液位。操作中还须注意，开机后需等 1～2 min，待流道气体排净后再实验，否则仪器将不能正常工作。

三、实验仪器和设备

流动显示挂图。

四、实验目的和要求

通过观察流动显示挂图,结合课堂理论学习,掌握逐渐扩散、逐渐收缩、突然扩大、突然收缩、壁面冲击、直角弯道、文丘里流量计、孔板流量计、圆弧进口管嘴流量计以及壁面冲击、圆弧形弯道、30°弯头、直角圆弧弯头、直角弯头、45°弯头以及非自由射流、30°弯头、分流、合流、45°弯头,YF—溢流阀、闸阀及蝶阀、明渠逐渐扩散,单圆柱绕流、多圆柱绕流及直角弯道、明渠渐扩、桥墩形钝体绕流、流线体绕流、直角弯道和正、反流线体绕流、双稳放大射流阀等流动图谱的基本原理和工程应用。能够结合流动图谱的基本原理对流动现象进行讲解和说明。

五、问题讨论与思考

(1)简述实验中所用的流动显示仪的工作原理。所显示的各种流道的流动情况是否能反映出各种管道的真实流动,为什么?

(2)结合本实验的内容试说明一两种实际应用的例子。(如圆柱绕流、孔板等)

实验 1-18 雷诺圆管的流动显示

一、实验原理

1883 年,英国科学家雷诺通过大量实验,证明了黏性流体存在层流和湍流两种不同的流动形态,并将使流动形态发生转变时的流速称为临界速度。由层流转变为湍流时的流速称为上临界速度,由湍流转变为层流时的流速称为下临界速度。不同流体在不同直径的管道中进行实验,临界速度也不同,说明临界速度还与管道直径和流体的黏性、密度有关。雷诺提出用无量纲数 Re 作为判别两种流动形态的准则。

$$Re=\frac{\rho Ud}{\mu}=\frac{UD}{\nu} \tag{1-18-1}$$

式中 Re——雷诺数;

U——管中流体的速度(m/s);

d——管道直径(m);

ρ——流体的密度(kg/m^3);

ν——流体的运动黏度(m^2/s);

μ——流体的动力黏度($N\cdot s/m^2$)。

相应于上临界速度的雷诺数称为上临界雷诺数,相应于下临界速度的雷诺数称为下临界雷诺数。实验证明,上临界雷诺数不稳定,下临界雷诺数比较固定。因此,用下临界雷诺数作为判别流动形态的依据。

对于圆管中的流动，由于下临界雷诺数 $Re_k = 2\ 320$，所以 $Re < 2\ 320$ 时，流动为层流；$Re \geqslant 2\ 320$ 时，流动为湍流。

二、实验仪器和设备

（1）流体力学综合实验台，如图 1-18-1 所示。

（2）秒表及温度计。

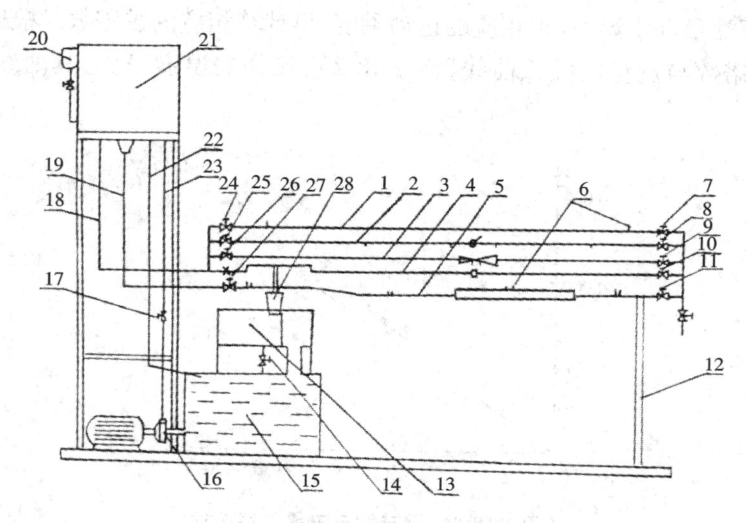

图 1-18-1　流体力学综合实验台结构图

1—沿程损失实验管道；2—局部（阀门）损失实验管道；3—文丘里管实验管道；4—孔板实验管道；5—伯努利（能量）方程实验管道；6—取压孔；7、24—沿程损失管道阀门；8、25—局部损失管道阀门；9、26—文丘里管管道阀门；10—孔板管道阀门；11、27—伯努利管道阀门；12—支架；13—计量水箱；14—计量水箱放水阀门；15—储水箱；16—水泵；17—上水管道阀门；18—实验管道；19—雷诺实验管道；20—雷诺实验颜色水漏斗；21—高位水箱；22—回水管；23—上水管

用流体力学综合实验台做雷诺实验，涉及的部分有高位水箱 21、雷诺实验管道 19、阀门 27、伯努利方程实验管道 5、孔板实验管道 4、阀门 10 和 11、雷诺实验颜色水漏斗 20、上水管 23、水泵 16 和计量水箱 13 等。

三、实验目的和要求

（1）观察流体在管道中的层流与湍流状态。

（2）了解流态与雷诺数的关系。

（3）测定临界雷诺数。

四、实验步骤

（1）调整实验台使其处于实验状态。

（2）观察流态。打开颜色水控制阀，使颜色水从注入针中流出，颜色水和雷诺实验管中的水将迅速掺混成为均匀的淡颜色水，此时雷诺实验管中水的流动为湍流；逐渐关小出水阀门，直至出现颜色水在雷诺实验管中成一条清晰的直线流，这时雷诺实验管中水的流动状态称为层流。

（3）测定几种状态下的雷诺数。调节出水阀门，观察雷诺实验管内颜色水的状态，使管中流动处于层流状态，然后按照水流量从小到大的顺序进行实验。在实验过程中，当观察到颜色水直线流刚刚开始波动时，即为层流向湍流过渡，此时的雷诺数便是上临界雷诺数。在10种工况下测量体积流量和水温，查出相应的运动黏度，再计算相应的雷诺数。根据实验数据和计算结果，绘出雷诺数与流量的关系曲线（图1-18-2），流体的温度不同，其曲线的斜率有所不同。

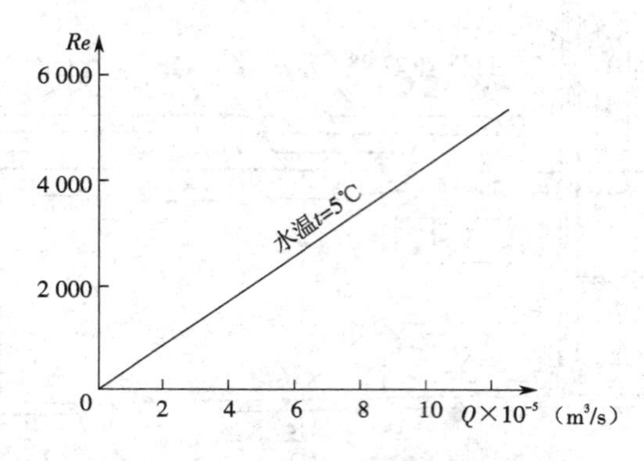

图1-18-2 雷诺数与流量关系曲线

（4）测定下临界雷诺数。调节出水阀门，使雷诺试管的水流处于湍流状态，然后慢慢关小出水阀门，注意观察管内颜色水的流动变化，当关小到某一刻度时，管内的颜色水开始形成一条直线流，此时即为由湍流转变成层流的下临界雷诺数。

（5）观察层流状态下的速度分布。关闭出水阀门，用手挤压颜色水开关下的胶管2～3下，使颜色水在一小段管内扩散到整个断面，然后再轻轻打开出水阀门，使管内呈现层流状态流动，此时就可以清楚地看到水在层流流动时呈抛物线状，演示出管内水流流速分布。

（6）停止实验台运行，整理好仪器设备。

（7）编写实验报告。

五、问题讨论与思考

（1）如何根据雷诺数的大小大致判断流动状态？

（2）分析上、下临界雷诺数有什么不同。

扫一扫：雷诺圆管流动显示实验（视频）

实验 1-19　用总压探针测量平板边界层参数

一、实验原理

黏性流体流过物体时，紧贴壁面的流体质点将黏附于物体表面，其相对速度为零，沿壁面外法向流体的速度逐渐增加，到一定距离 δ 处，流体速度几乎达到不计黏性时壁面上的势流速度 U。δ 称为边界层厚度，当来流的雷诺数 Re 很大时，δ 很小，即边界层很薄。通常人为规定从壁面到 $u=0.99U$ 处的垂距作为边界层厚度。

边界层厚度 δ 沿平板长度方向顺流而渐增，如图 1-19-1 所示。一般情况下，在平板前缘以后的一段距离中，流动是层流，称为层流边界层；若平板足够长，或来流的 Re 更大，边界层可以过渡为湍流。本实验可以通过实测来判断层流边界层和湍流边界层。

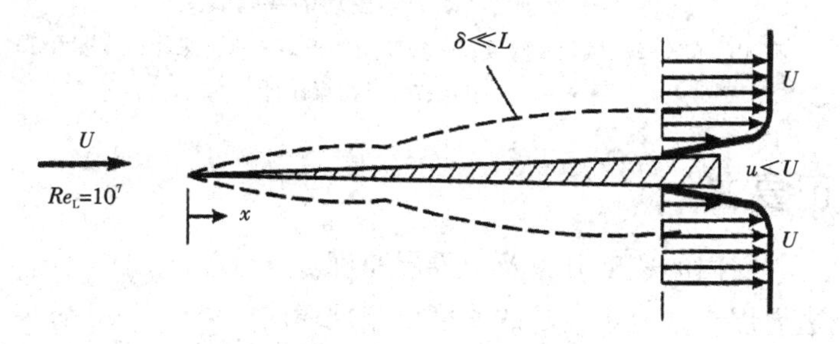

图 1-19-1　平板边界层发展示意图

根据边界层理论可知，排移厚度 $\delta^* = \int_0^\delta \left(1-\frac{u}{U}\right)\mathrm{d}y$，动量损失厚度 $\theta = \int_0^\delta \frac{u}{U}\left(1-\frac{u}{U}\right)\mathrm{d}y$，二者之比称为形状因子，即 $H=\frac{\delta^*}{\theta}$。速度剖面测定后，可通过上述公式计算 δ^*、θ 及 H。对于平板层流边界层，布拉修斯解给出边界层厚度 $\delta \approx 5.0\frac{x}{\sqrt{Re_x}}$。

理论分析是将平板置于无界流场中，来流速度为 U。本实验是将平板装在矩形管道中，由于堵塞比很小，近似于无界流场，通过均匀收缩造成均匀来流。由于边界层很薄，认为 $\frac{\partial P}{\partial y}=0$，故实验中只测定边界层内各点的总压，将大气压力 P 视为静压。使用总压探针，通过千分卡尺位移机构，测量各点总压。测量断面的 x 坐标通过上下移动平板来读取。

二、实验仪器、设备和装置

(1) 空气动力学多功能实验装置，如图 1-19-2 所示。

(2) 总压探针及位移机构。

(3) 平板。

(4) 微压计。

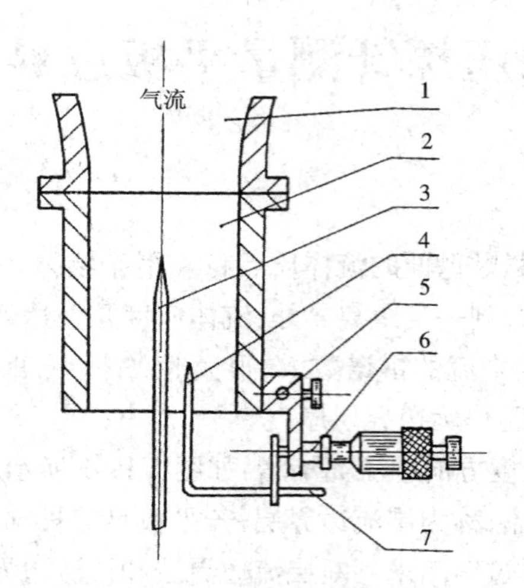

图 1-19-2 空气动力学多功能实验装置

1—风洞收缩段;2—风洞实验段;3—实验用平板;4—总压探针;5—指示灯;
6—千分卡尺;7—外接微压计

三、实验目的和要求

(1)测定平板边界层内的速度分布及边界层厚度。

(2)了解层流边界层与湍流边界层的速度分布规律。

四、实验步骤

(1)检查多功能实验装置及各项仪器是否能正常工作。

(2)移动实验用平板,确定测量断面位置。

(3)将接触指示灯电线的一端接到固定板用的铜螺丝上,另一端接到毕托管(总压探针)上,然后慢慢旋转千分卡尺,当探针刚一触及铝板时,指示灯发亮,立即停止旋转。当探针快要触及铝板时,要小心慢转,以免弄坏探针。

(4)启动风机,打开风道的调节阀,逐点进行测量。

(5)记下指示灯亮时的初读数 y_0 和压力计读数,旋转千分卡尺,使其产生约 0.05 mm 位移,记下千分卡尺读数 y' 及压力计相应的读数。逐渐增大距离,测取 15 ~ 20 点,近壁处测点密些,此后测点可稀些。直至压力计读数基本不变时,认为已达势流速度 U。计算出 $u=0.99U$ 时的 Δh 值,该断面边界层厚度 $\delta=(y'-y_0)+\dfrac{b}{2}$,其中 b 为总压探针前端厚度。

(6)移动平板使总压探针位于不同位置 x 处,重复前项测量工作,又可测出该 x 处的 δ。如此,可测出平板边界层发展曲线 $\delta=f(x)$。

(7)根据稳压箱中的压强 P_0 和收缩段出口处的静压 P_∞ 计算 U。

(8)实验完毕,关闭风机,将实验设备及仪器恢复原状。

(9)编写实验报告。

五、实验数据及结果

气体温度 $t=$______℃；大气压强 $P=$______ mmHg；

实验用平板长度 $L=$______ m；总压探针厚度 $b=$______ mm；

稳压箱压强 $P_0=$______ mmH_2O；来流静压 $P_\infty=$______ mmH_2O。

u/U 的比值可由下式求得

$$\frac{u}{U}=\sqrt{\frac{P_{0i}-P}{P_0-P_\infty}}$$

式中：P_{0i}是总压探针测得的压强。

将边界层速度分布曲线绘于坐标纸上，实测边界层厚度与理论计算值比较。

本实验所用平板一面为光滑面，另一面为粗糙面，若时间允许可分别测出两种情况下的边界层。

六、问题讨论与思考

(1)层流边界层与湍流边界层有何区别？

(2)用总压探针能否确定转换点的大体位置？

(3)本实验中存在哪些问题，如何改进？

实验 1-20 流动双折射原理实验

一、实验原理

某些高分子溶液流动时，由于速度梯度的存在，使溶液受到剪切力作用而呈现光学异性，从而表现出双折射现象。效果较好的是一种称为 Milling Yellow 的黄色染料在蒸馏水中的溶液，质量浓度比为1.2%～1.5%。采用如图1-20-1所示的光学系统，在两个偏振片(或称偏振镜)之间放置双折射溶液，光通过光学系统时，由于寻常光与非寻常光的相位差，在检偏镜平面上便可观察到光的干涉条纹。这些条纹称为等色线，它们是等光程差曲线，也是流动中等剪切强度曲线。

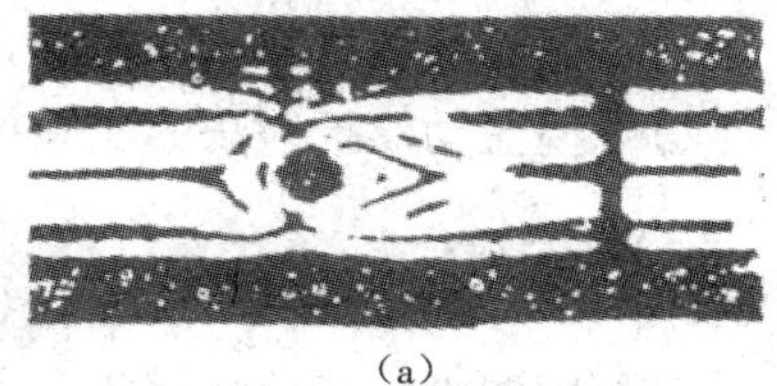

(a)

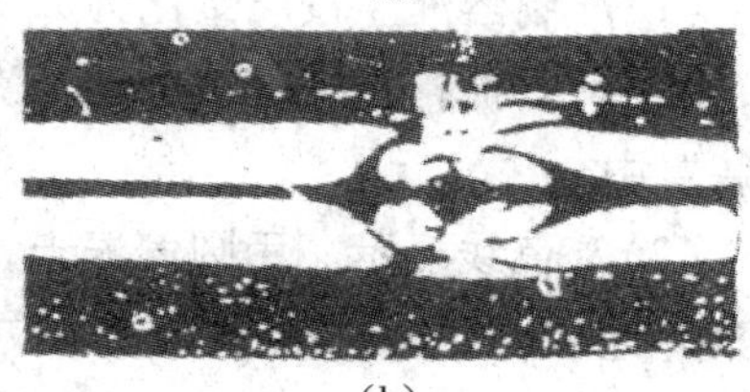

(b)

图 1-20-1 等色线和等倾线

(a)等色线 (b)等倾线

在双折射流体的光轴和偏振镜偏振方向之间的夹角为0°或90°处，出现暗条纹，这些条纹称为等倾线。同一条等倾线上各点切应力的倾角相同，或者说各点的切应力方向相同，所以又称为等方向线。区分等色线和等倾线是流动双折射法的一个重要问题。一般来说，等色线条纹较多、较窄，等倾线较少、较宽，在它们重叠的区域，使得等色线模糊不清，不便观察。在平面偏振光装置中，显示屏上将同时出现等色线和等倾线，它们彼此重叠、互相干扰，为了区别两者，可以同步转动偏振轴正交放置的两个偏振片，那些随着镜片转动而变动的黑线为等倾线，不动的则为等色线。

把双折射流体放在圆偏振光装置中观察（如图 1-20-2 所示，其中 1/4 波片的作用就是产生圆偏振光）等倾线被消除，只有等色线。用等色线定量测量，必须采用单色光源。当用等倾线测量时，需采用白光光源，并去掉两块 1/4 波片。这时，等倾线仍然是黑色的，但等色线却成了一系列的彩色条纹。

二、实验仪器和设备

（1）光学实验台及光路系统（主要包括光源、偏振片、1/4 波片），如图 1-20-2 所示。

（2）流动循环系统（主要包括实验段、水箱、电磁泵、流量计），如图 1-20-3 所示。

（3）图像记录装置（照相机或摄像机）。

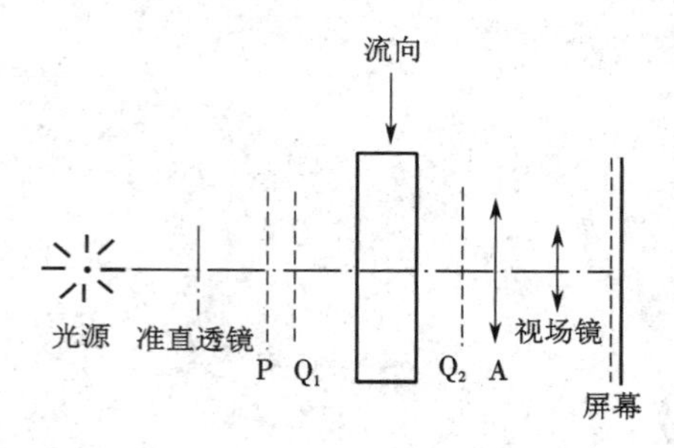

图 1-20-2 光学系统

P—起偏镜；A—检偏镜；Q_1、Q_2—1/4 波片

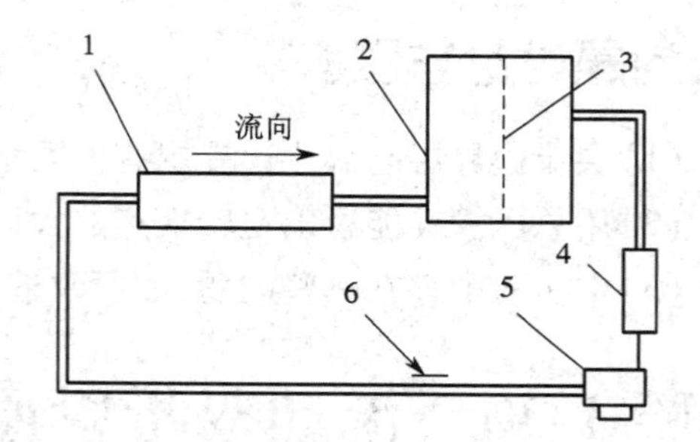

图 1-20-3 循环系统

1—实验段；2—水箱；3—整流板；4—玻璃转子流量计；5—磁力泵；6—流量调节阀

三、实验目的和要求

（1）了解流动双折射法的原理。

（2）掌握流动双折射法的实验技术。

四、实验步骤

（1）配制溶液。按质量比为 1.3% 左右准备好 MY 及蒸馏水；将蒸馏水加热至 80 ℃左右时，倒入 MY，搅拌均匀继续加热至沸点；然后使溶液骤然冷却，得到橘黄色透明液体，注入实验装置中。

（2）等色线显示。用圆偏振光，在暗场条件下（两个偏振镜偏振轴互相垂直），调节流量，观察并记录（照相或摄像）干涉条纹；在明场条件下（相对转动两偏振镜的偏振轴方向实现），重复暗场条件下的工况，将两种条件下的等色线图形进行比较。

（3）等倾线显示。取下 1/4 波片，即用平面偏振光，可以分别改变流量或同步转动两个偏振轴（偏振轴互相垂直），观察并记录干涉条纹。

(4)分析流动显示图形,编写实验报告。

五、问题讨论与思考

(1)什么是流动双折射?

(2)产生光学干涉的条件是什么?

(3)配置双折射溶液有哪些重要步骤?

第二篇　操作技能型实验

实验 2-1　低速风洞调速

一、实验原理

风洞是人工产生标准的空气流动的实验装置，本实验风洞为一木质结构的低速、单回流式、闭口风洞。它主要由实验段、收缩段、扩散段、稳定段、风扇整流系统、驱动电机和控制系统等部分组成，常用风速是 2～40 m/s，由 22 kW 的三相异步电机驱动风扇产生。

实验段截面为切角的矩形(形似八角形)，宽 0.8 m，高 0.6 m，长 1.5 m，整座风洞占地面积约为 11 m×4.7 m。

电机的转数是通过 SVF－303 变频器来控制的，从而实现风洞实验段气流速度的改变。电机转数通过数字式转速表测量，实验段风速则用毕托管测定。实验结果表明：风速与单位时间内电机转数之间为线性关系，即电机转数的高低反映实验段气流速度的高低，并且一一对应。

根据英国标准 BS－1042：Part 2A1973 的定义，流速

$$U=\sqrt{\frac{2\Delta P}{C\rho}} \tag{2-1-1}$$

式中　U——流速(m/s)；

ΔP——毕托管测出的差压(N/m^2)；

ρ——气流密度(kg/m^3)；

C——毕托管系数，现用 NPL 标准毕托管，$C=0.998$。

因为是精确测量，故要考虑空气密度的变化。

已知完全气体的状态方程 $P=R\rho T$，当空气从某一状态 P_0、ρ_0、T_0 变化到另一状态 P、ρ、T 时，则由 $P_0=R\rho_0T_0$ 和 $P=R\rho T$ 可得

$$\rho=\rho_0\frac{P}{P_0}\frac{T_0}{T} \tag{2-1-2}$$

我们选取标准大气为已知状态，即取

$$\begin{cases}P_0=760\ \text{mmHg}\\T_0=273+20=293\ \text{K}\\\rho_0=1.205\ \text{kg/m}^3\end{cases} \tag{2-1-3}$$

设测压计工作液体是水，则

$$\begin{cases}\Delta P=\gamma_{水}\ \Delta h \\ \gamma_{水}=9\ 810\ \mathrm{N/m^3}\end{cases} \tag{2-1-4}$$

将式(2-1-2)、式(2-1-3)、式(2-1-4)代入式(2-1-1),经整理得到

$$U=4.04\sqrt{\frac{760}{P}\frac{273+t}{293}\Delta h} \tag{2-1-5}$$

式中 P——当时当地大气压(mmHg);

t——气流的温度(℃);

Δh——测压计读出的差压($\mathrm{mmH_2O}$)。

此式即为风洞实验段气流速度计算的实用公式。

近似估计时,可取

$$U=4\sqrt{\Delta h} \tag{2-1-6}$$

在导出上述公式时,是用环境压力(大气压)代替实验段静压进行计算的。对于实验所用风洞,两者压差不到10 $\mathrm{mmH_2O}$,对速度的影响小于0.04%,因此对于一般性实验,作这样的处理是完全允许的。

二、实验目的和要求

(1)熟悉风洞,了解风洞调速原理。

(2)学会测量流速及转速,学会开风洞。

三、实验仪器和设备

(1)低速回流式风洞。

(2)毕托管。

(3)补偿式微压计。

(4)气压计。

(5)温度计。

四、实验装置

本实验装置整体如图2-1-1和图2-1-2所示。

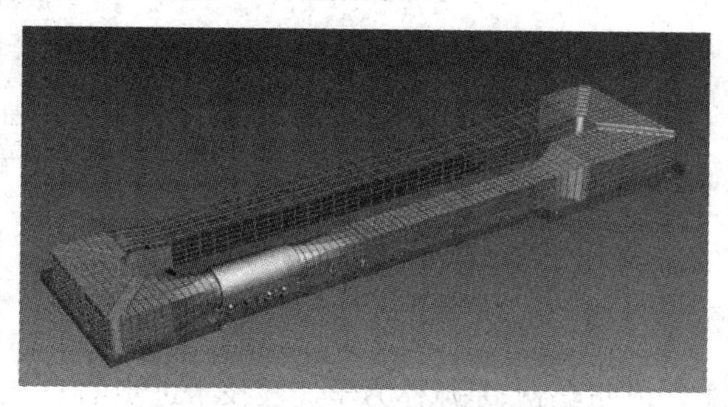

图2-1-1 低速回流风洞全景图

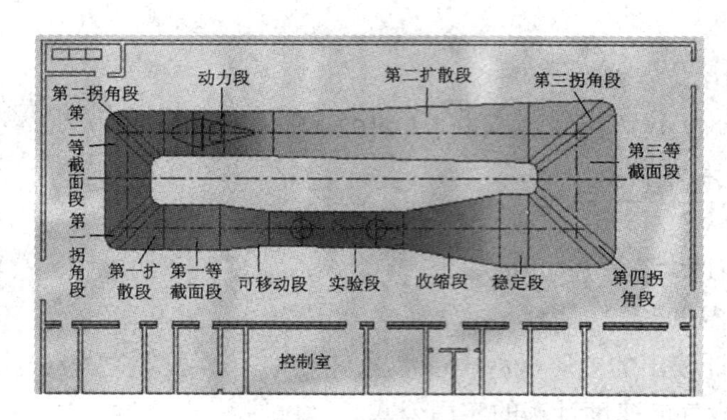

图 2-1-2 低速回流风洞结构示意图

五、实验步骤

(1)做好准备工作,打开仪器电源开关,预热,微压计调零,检查风洞和电机。

(2)开启风洞,将电机转数调到能维持正常运转的最小转数,作为实验的起始状态,待稳定后,记下此时的转数、微压计读数及风洞实验段的气流温度。

(3)按需要增大电机转数,待稳定后记录上述三项数据,如此直到调至允许的最大转数为止。

(4)根据实验情况决定是否需要重复实验。

(5)停止风洞运转,整理有关仪器。

(6)将大气压强、气流温度、微压计读数代入流速计算公式计算。

(7)编写实验报告。

六、问题讨论与思考

(1)风洞实验段气流速度与电机转数之间存在什么关系,为什么?

(2)实验段气流温度变化怎样?对气流速度有何影响?

扫一扫:风洞概述与风洞构造(视频)

实验 2-2 单丝热线探针的标定

一、实验原理

热线测量流速起源于 20 世纪初,是流体力学实验技术进步的一个里程碑,它使流体力学研究者获得了测量非定常流动特别是湍流的有力工具。在流场中放置通过电流的金属丝敏感组件，由于电流的热效应金属丝会产生一定的热量，在其与周围流场的热交换过程中，因流体流速的变化导致敏感组件的温度变化，继而引起其电阻的变化。在一定的电路配置下，可以建立起流体速度与电信号的对应关系。这样，我们就可以通过测量热线的电量来确定流体的速度，这就是热线探针及热线风速仪的工作原理，如图 2-2-1 所示。

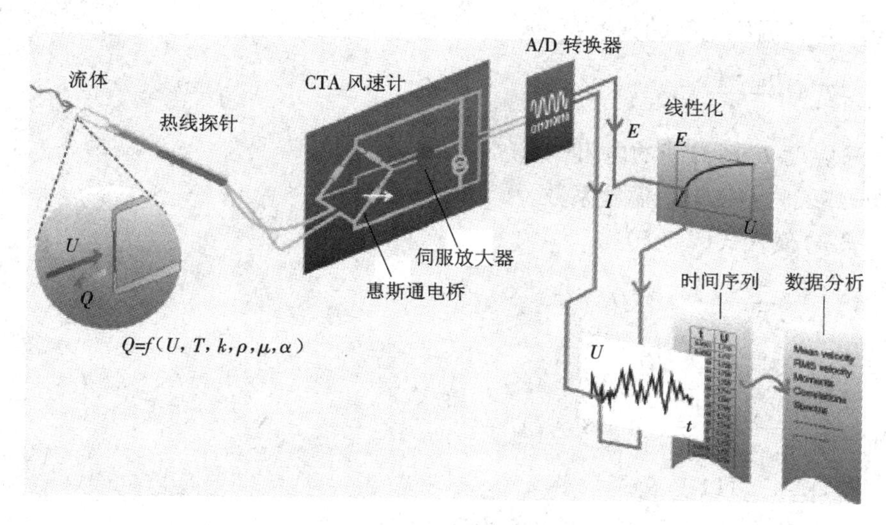

图 2-2-1　热线测速原理图

在热平衡过程中，涉及流速、加热电流和热线温度（或电阻）三个基本量，它们之间有一定的对应关系：当加热电流保持恒定时，热线温度（或电阻）和流速之间建立确定的函数关系，利用这个关系测量流速的方法称为恒流法；当保持热线温度（或电阻）恒定时，加热电流和流速之间建立确定的函数关系，利用这个关系测量流速的方法称为恒温法。根据上述两种不同原理制成的测速仪分别称为恒流式测速仪和恒温式测速仪。

恒温式热线测速仪具有热惯性小、频响宽等特点。目前，其频响已超过 500 kHz，完全满足湍流中出现的各种频率成分的需要。而恒流式热线测速仪缺乏恒温式测速仪的上述特点，它的热惯性效应比恒温式测速仪大得多，电子补偿也较困难，不过它在测量温度脉动和低湍流度上仍有很大的优越性。

根据热平衡原理，在通常情况下，当热线与周围流体介质之间的热交换处于平衡状态时，电流加给热线的热量应与热线的热量耗散相等。在忽略热传导（热丝长径比在 100 以上）、热辐射（辐射散热面积小）和自由对流（风速大于 10 cm/s）的情况下，热量耗散主要取决于强迫对流。在假设热线是无限长，热损耗率仅取决于垂直于热线的速度分量时，上述热平衡原理可表示成 King 公式：

$$I_w^2 R_w = (T_w - T_e)(A + B\sqrt{U}) \tag{2-2-1}$$

式中　I_w——加到热线上的电流；

R_w——热线电阻；

T_w——热线温度；

T_e——气流温度；

U——气流速度；

A、B——与流体和热线有关的物理常数。

但这个假设只有在层流流过放置在均匀且未受扰动的流场中的无限长的柱体时才是准确的。

热线电阻与其温度之间的关系：

$$T_w - T_e = \frac{R_w - R_e}{\alpha R_e} \tag{2-2-2}$$

式中 R_e——温度 T_e 时热线的电阻；

α——热线材料的电阻温度系数。

将式(2-2-2)代入式(2-2-1)得

$$I_w^2 R_w = \frac{R_w - R_e}{\alpha R_e}(A + B\sqrt{U}) \tag{2-2-3}$$

式(2-2-3)两端同乘 R_w，有

$$I_w^2 R_w = \frac{R_w(R_w - R_e)}{\alpha R_e}(A + B\sqrt{U}) \tag{2-2-4}$$

那么，式(2-2-4)可以表示成

$$E^2 = A' + B'\sqrt{U} \tag{2-2-5}$$

其中

$$E = I_w R_w, A' = \frac{R_w^2 A}{\alpha R_e}, B' = -\frac{R_w B}{\alpha}$$

由于热线探针是通过电压(E)与流速(U)的关系曲线来确定流速的，因而准确地给出 $E-U$ 关系是测速的前提。通过实验求得 $E-U$ 关系的过程，称为热线探针的校准。另一方面，探针性能受其材料、制造工艺、几何尺寸、流体的物理性质、环境参数、与仪器的配合使用等多个因素的影响，所以对每一支探针，在使用前都需要做校准实验。

校准工作在校准器上完成。固定探针时要求热线与喷嘴中心线垂直，到喷口距离为 1/2 喷口直径。校准可以有两种姿态："End Flow"，即喷口中心线与探针支杆方向一致；"Cross Flow"，即喷口中心线与探针支杆垂直，如图 2-2-2 所示。在使用探针进行测量时，要求其安装姿态与校准时一致。

将微压计的高压输入端与校准器储气室测压孔用导管连接，低压端与环境大气相通。利用压差与流速的对应关系可以得到速度值。对于不可压缩流体(流速小于 100 m/s)，列出测压孔(位置 1)和喷嘴所在断面(位置 2)的伯努利方程：

$$\frac{P_1}{\rho_a} + gy_1 = \frac{U^2}{2} + \frac{P_2}{\rho_a} + gy_2 \tag{2-2-6}$$

已知 $y_1 \approx y_2$，再由微压计两端的压差关系 $P_1 = P_2 + \rho_w g\Delta h$，可得

$$U = \sqrt{\frac{2\rho_w}{\rho_a} g\Delta h} \tag{2-2-7}$$

式中 U——气流速度；

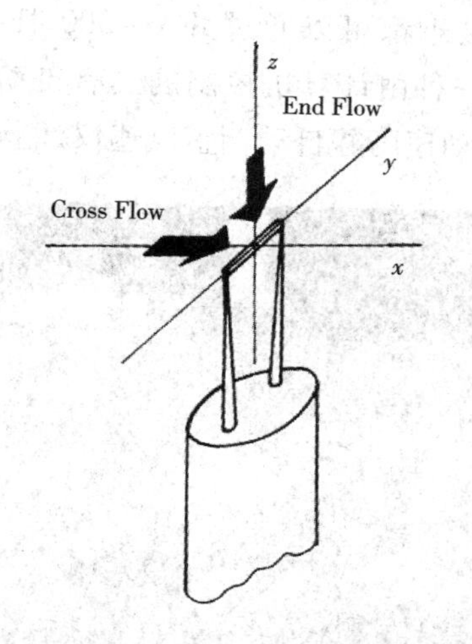

图 2-2-2　热线探针姿态示意图

ρ_a——空气的密度；

ρ_w——水的密度；

Δh——微压计计数(mmH$_2$O)。

输入环境参数与压差后，恒温热线风速仪将按照公式自动计算出相应的速度值。

二、实验仪器和设备

1. 热线探针

单丝热线探针是测量流体一维速度分量的传感器，分为普通单丝热线探针(如图 2-2-3 所示，型号 TSI1210 – T1.5)和边界层单丝热线探针(如图 2-2-4 所示，型号 TSI1210 – T1.5，测量近壁区域的一维速度分量)两种。

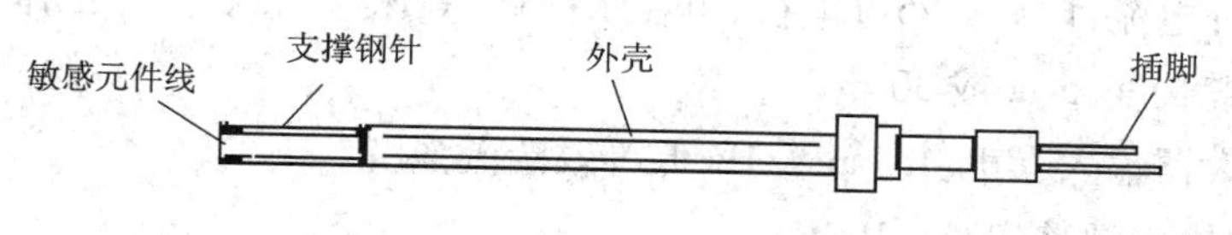

图 2-2-3　TSI1210 – T1.5 单丝热线探针

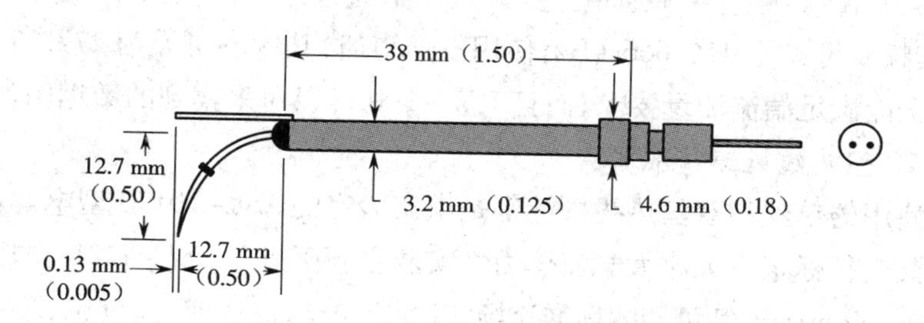

图 2-2-4　TSI1210 – T1.5 边界层单丝热线探针

2. IFA(Intelligence Flow Analysis) – 300 型恒温热线风速仪

IFA – 300(图 2-2-5)是 TSI 公司 1997 年的产品，用于湍流的自动化实验测量。该设备从热线标定到数据采集再到数据处理都可以通过 IFA－300 Thermalpro 软件实现。TSI 的新型 IFA－300 型恒温热线风速仪是一种由计算机控制的具有自动频率最佳化功能的热线热膜风速仪，允许风速仪连续地感受流动速度并自动调整风速仪，能够呈时地实现最佳化频率响应。

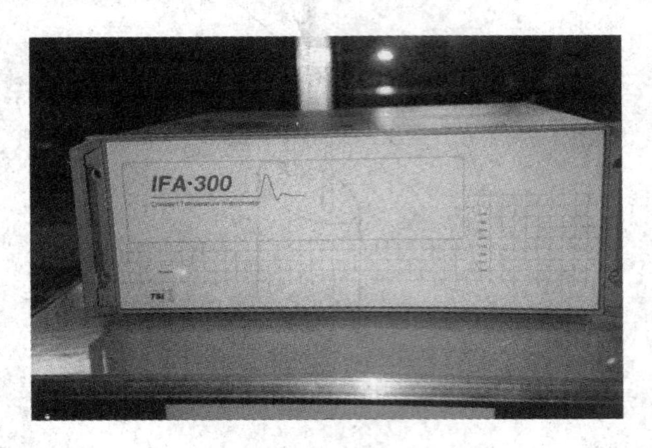

图 2-2-5 IFA－300 型恒温热线风速仪

IFA－300 型恒温热线风速仪的主要特点如下。

（1）原理：采用闭环 Wheatstone 电桥反馈控制。

（2）自动频率最佳化功能：采用 SMARTUNE 最佳化电桥补偿，能够对所有测量速度自动、实时地最佳化，不需要做方波实验，操作十分简单方便。

（3）频率响应（T1.5 热线）：300 kHz，25∶1电桥，对湍流和高速流能进行精确测量。

（4）电阻测量和工作电阻调节：自动测量和调节敏感元件的电阻、工作温度。

（5）最大工作电阻：2～80 Ω，工作在一个很宽的敏感元件变化范围。

（6）精度：0.1% ±0.01 Ω。

（7）最大探针电流：1.6 A，25∶1电桥，可在水探针、高速流、高温流中工作。

（8）探针电缆长度：5 m 或 30 m。

（9）等效放大器输入噪声：1.7 mV/Hz 低等效湍流强度。

（10）放大器输入漂移：0.3 μV/℃。

本实验用的 IFA－300 有 4 个通道。如果用一个通道，其采样频率可设为 714.285 kHz；使用两通道时，其频率可设为 416.666 kHz；使用三通道时，其频率可设为 277.777 kHz。就其采样频率而言完全能满足湍流测量要求，而且 IFA－300 可以对采集到的数据图像实时显示。

3. TSI－1128 型热线风速校准器

本实验中使用的单丝和双丝热线探针都是由实验室的 TSI－10170 型电焊设备焊接的，因此在使用前需要进行标定。天津大学流体力学实验室新引进的 TSI－1128 型热线风速校准器可提供流速在 0～50 m/s 连续可调的标准流场，以标定单丝、双丝或三丝热线探针。热线探针校准器提供了一个标准的射流流场用于标定热线探针，圆射流喷口直径 $d=10$ mm，其校准装置示意图如图 2-2-6 所示。将它与 IFA－300 相连，可实现热线探针的标定。校准器（图 2-2-7）工作过程大致如下：将自配的空气压缩机（图 2-2-8）与之相连作为气源，气体通过空气过滤器和一系列阀门进入校准器和储气罐；调节校准器的调速旋钮，通过监视计算机上显示的速度值，使校准器射流出口速度达到所需值。将探针垂直来流放置进行标定，通过一组不同的给定流速，同时记录下对应的电压，即可得到一组流速与电压的对应关系，对实验点进行曲线拟合，即

$$V_{eff}=K+A\cdot E+B\cdot E^2+C\cdot E^3+D\cdot E^4 \tag{2-2-8}$$

式中，系数 K、A、B、C、D 通过标定实验确定。图 2-2-9 为 IFA－300 型恒温热线风速仪对 TSI1210－T1.5型单丝热线探针进行标定得到的电压－流速曲线。

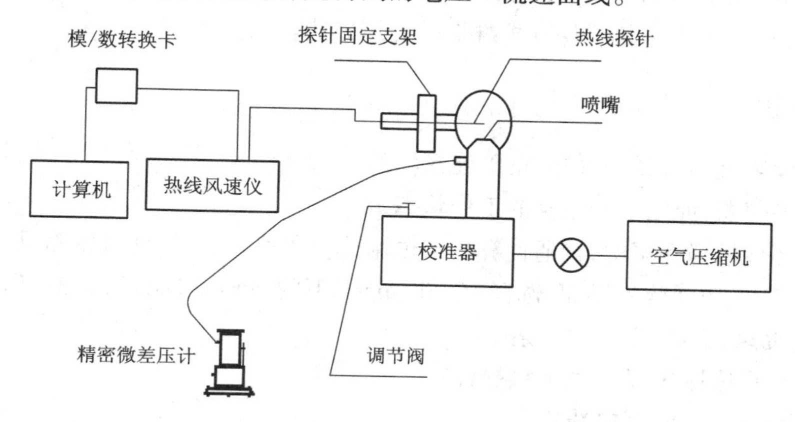

图 2-2-6　校准设备装置图

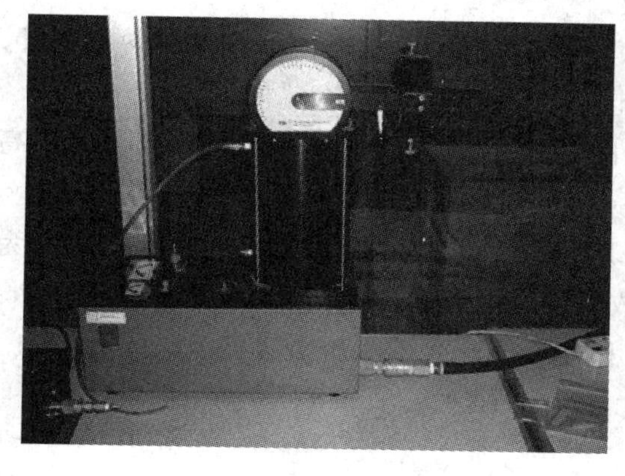

图 2-2-7　热线探针校准器

图 2-2-8　空气压缩机

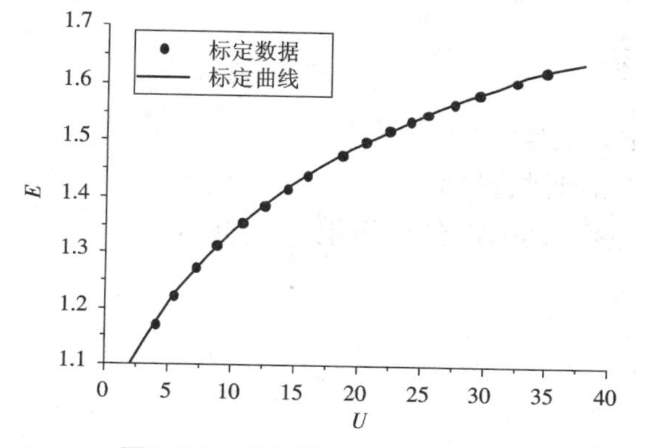

图 2-2-9　单丝热线探针标定曲线

三、实验目的和要求

要求用所给实验仪器和设备，画出实验装置图，并连接实验装置，按照实验步骤进行单丝热线探针标定实验。通过本实验，达到以下目的：

(1)了解热线测速的基本原理；

(2)掌握单丝热线探针的标定方法；

(3)掌握 TSI－1128 型热线探针校准器的使用方法。

四、实验步骤

(1)按实验装置图布置好仪器，正确连接电缆。

(2)调整各仪器，使之处于正常的工作状态。

(3)记录环境压强和温度，接通计算机与恒温热线风速仪电源，开启压缩机。

(4)进入 IFA－300 软件界面，选择“Calibration”下的“Probe Data”，点击“Open Cal File”，给待标定探针命名，选择相应的参数：

“Probe Type”选择 S，即单丝热线探针；

“Wire Film”选择 W，即热线；

“Cal Method”选择 2，即获得电压与输入压差。

(5)点击“Read”，连接短路帽，测量线路电阻并保存数值；移去短路帽，安装好热线探针，测量探针电阻；将探针电阻乘以 1.5 再加上线路电阻，结果输入“Opr Res”栏。

(6)点击“Gain & Offset”，转动校准器的调节阀，旋至合适的压差值，分别测量最低及最高流速下的压差值，计算探针的增益与偏置并保存。

(7)点击“Calibrate”，输入环境压强与温度，选择计算速度时使用的压差单位为“mmH_2O”，调整压力调节阀使斜管微压计的读数稳定在给定的压差值，输入压差，点击“Acquire”测量此时探针的桥路电压值。重复进行以上操作，直至所有校准点进行完毕。

(8)点击“Next”，观察记录标定数据。

(9)退出软件，关闭并整理好各仪器。

(10)绘制热线探针标定曲线。

五、问题讨论与思考

(1)热线测速的基本原理是什么？

(2)为什么要对热线探针进行校准？

(3)流动方位对热线探针的标定有何影响？

实验 2-3　双丝热线探针的标定

一、实验原理

在流场中放置一根很细的金属丝，其上通电流加热，由于热交换的作用，金属丝产生的热量将传给流体，并被流体带走。当流体速度变化时，这种热交换也会产生变化，金属丝的温度随之改变，从而使电阻值发生变化；若将该金属丝接到电桥的一个桥臂上，电桥将输出电压信号，其大小与流体速度之间存在一定的对应关系。通过测量电桥输出的电压，达到测量流速的目的。根据这个原理制成的测量流体速度的仪器，称为热线热膜测速仪。其中，热线探针是测量流速的热线测速仪的传感器，测量时被放置于流场中，与流体直接进行热交换，感受流体速度信息。从物理角度看，热线与流体的热交换与下列因素有关：①流体的速度大小；②速度矢量与热线之间的夹角；③热线与流体之间的温度差；④流体的物理性质；⑤热线的几何尺寸与物理性质。一般情况下，条件③至⑤是已知的，因此热线测速仪输出的电压与速度矢量的大小和方向有关，也就是说，热线测速仪的输出电压 E 与流体速度矢量 U 的大小和方向之间存在一定的对应关系。在已知这种对应关系的前提下，根据输出电压可以求出液体速度。

根据 King 公式，影响热线的电压输出的有效制冷速度和速度分量之间具有以下关系（图 2-3-1）：

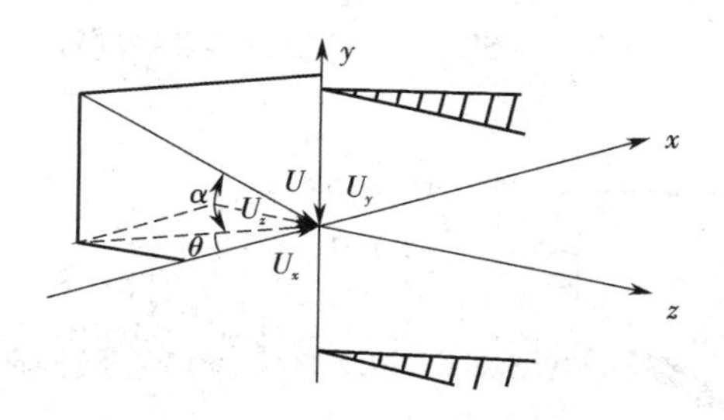

图 2-3-1　热丝与速度矢量空间位置关系示意图

$$U_{\text{eff}}^2 = U_x^2 + k^2 U_y^2 + h^2 U_z^2 \tag{2-3-1}$$

$$U_{\text{eff}}^2 = |U|^2(\cos^2\alpha\cos^2\theta + k^2\sin^2\alpha + h^2\cos^2\alpha\sin^2\theta) \tag{2-3-2}$$

式中　U_{eff}——有效制冷速率；

U_x——垂直于支杆和热线敏感元件的速度分量；

U_y——平行于热线敏感元件的速度分量；

U_z——平行于支杆的速度分量；

k——偏航系数（yaw coefficient）；

h——俯仰系数（attack coefficient），反映沿敏感元件速度分量对对流换热的影响。

一般情形下，$k = 0.12 \sim 0.2$，$h = 1 \sim 1.2$。

当俯仰角 $\theta = 0°$时，式（2-3-1）和式（2-3-2）分别简化为

$$U_{\text{eff}}^2 = U_x^2 + k^2 U_y^2 \tag{2-3-3}$$

$$U_{\text{eff}}^2 = |U|^2(\cos^2\alpha + k^2\sin^2\alpha) \tag{2-3-4}$$

要同时知道式(2-3-3)和式(2-3-4)中速度矢量的大小和方向两个未知量,必须还有一个已知条件即热线的输出电压。因此,要完整地得到速度矢量的大小和方向,必须用两个热线探针。比较常用的是两根热线排列成互相垂直的"X"形状的探针,简称 X 形探针,如图 2-3-2 至图 2-3-5 所示。

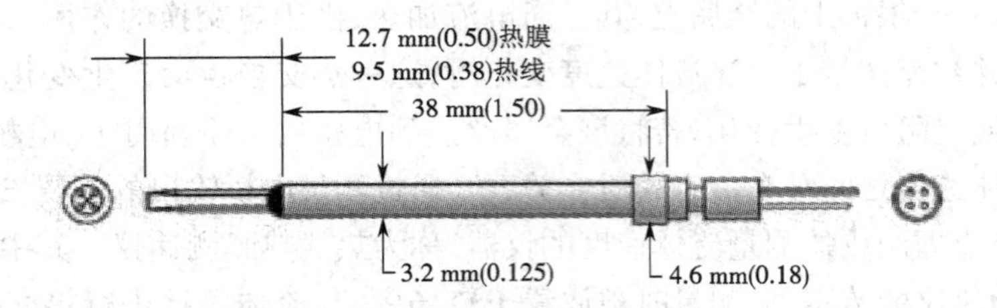

图 2-3-2 TSI1240 - T1.5 双丝热线探针

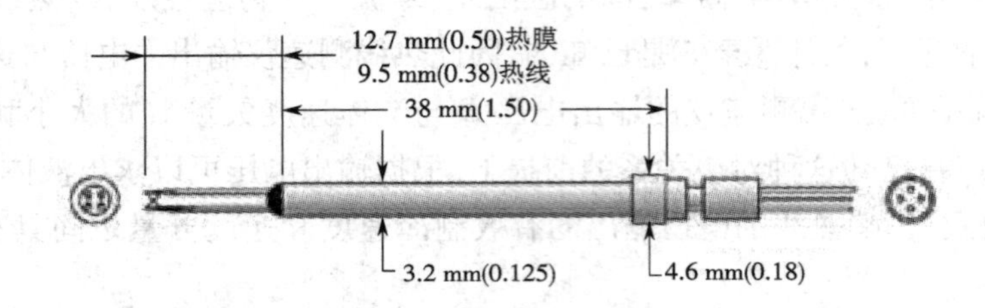

图 2-3-3 TSI1241 - T1.5 双丝热线探针

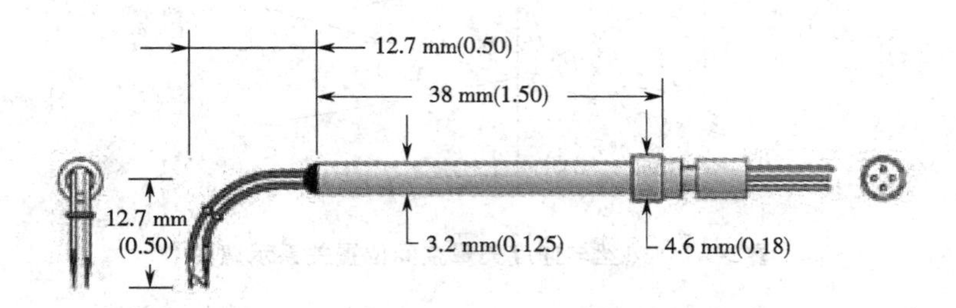

图 2-3-4 TSI1240 - T1.5 双丝热线探针

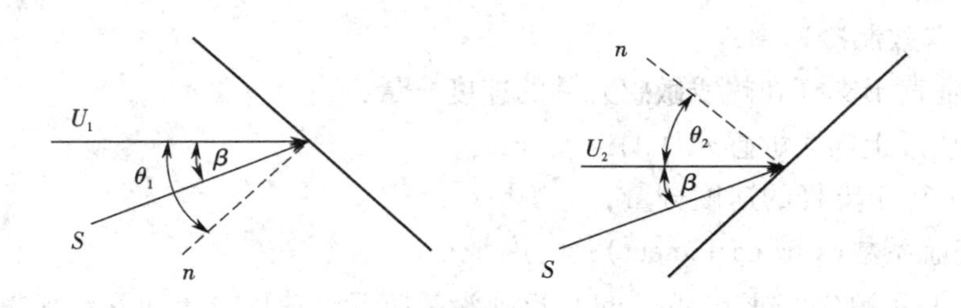

图 2-3-5 X 形热线探针与气流方位示意图

通过测量两个热线的输出电压,有

$$E_1^2 = A_1(\alpha) + B_1(\alpha)\sqrt{U} \tag{2-3-5}$$

$$E_2^2 = A_2(\alpha) + B_2(\alpha)\sqrt{U} \tag{2-3-6}$$

联立求解式(2-3-5)和式(2-3-6),得到速度矢量大小 U 和方向角 α,如图 2-3-6 所示。

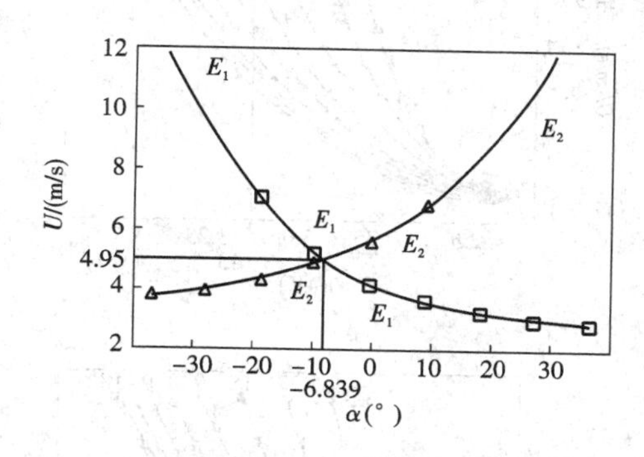

图 2-3-6　全速度偏航角与热线电压关系曲线

对于 X 形热线探针,要知道每一根热线在一定偏航角 α 下的 $E_1 - U, E_2 - U$ 关系曲线,就需要对该热线在该偏航角下进行标定,得到每一根热线在一定偏航角 α 下的全部速度响应,拟合出系数 $A(\alpha), B(\alpha)$。由于 X 形热线探针的两根热线互相垂直,因此对第一根热线在偏航角 α 下进行标定和对第二根热线在偏航角$(90° - \alpha)$下标定可以同时进行。通过校准每一根热线在速度变化及偏航角变化时的全部响应,得到每一根热线在不同偏航角 α 下的 $E_1 - U$, $E_2 - U$关系曲线簇,如图 2-3-7 所示。在已知流速的标准流场中通过实验求得 $E - U$ 对应关系的过程称为热线探针标定。在每一次测速实验中,由于受多种因素的影响,例如探针的材料、制造工艺、几何尺寸、流体的物理性质和流速范围、流场温度、实验仪器之间的差异等,$E - U$ 关系是不一样的。因此,每一次测速实验前都要进行探针的标定。

二、实验目的和要求

(1)掌握用 TSI－1128 热线探针校准器标定 X 形双丝热线探针的基本原理、方法和步骤。

(2)能够画出双丝热线探针在不同偏航角下的标定曲线。

(3)根据测速仪的输出电压求出速度矢量的大小和方向以及流向和法向速度分量。

三、实验步骤

(1)按照实验装置图(图 2-3-8)安装实验装置,并连接实验仪器。

将探针支杆用两根 10110 型专用电缆连接,并将两根电缆的另一端插入两通道测速仪的两个探针插孔,将 TSI1240－T1.5 双丝热线探针安装在支杆上,并将探针缩回保护套内。测速仪输出插孔与计算机数据采集卡连接,将探针支杆安装在 TSI－1128 型热线探针校准单元上。检查两通道测速仪的两个恒温测速仪,接通测速仪电源预热。

(2)确定第一通道和第二通道已连通。

(3)标定热线探头。

① 接通热线探针校准器电源,启动空气压缩机。

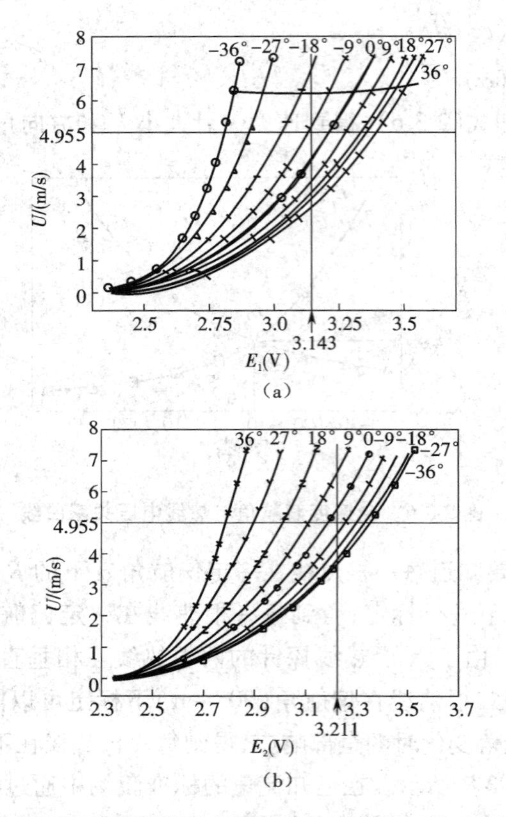

图 2-3-7 在不同偏航角下流速与热线电压关系曲线

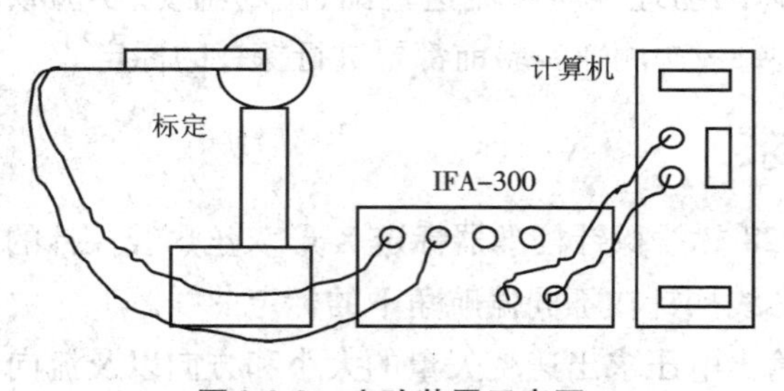

图 2-3-8 实验装置示意图

② 旋转探针支杆,使来流在两根热线夹角的平分线位置。

③ 在测速范围内调节流量计,使流速达到所标定的最大速度。

④ 启动 IFA-300/Calibrate,设置各参数,采集数据,并将数据存入磁盘。

⑤ 改变流速,重复过程④。

(4)将探针支杆向下旋转 5°,重复过程(3)。

(5)将探针缩回保护套内,将探针支杆从校准器上取下,取出探针,并放入盒内,将流量调到最小,关掉空气压缩机。

(6)画出两根热线标定曲线,并用最小二乘法拟合出标定公式(2-3-5)和(2-3-6),求出 $A(\alpha)$,$B(\alpha)$的值。

四、问题讨论与思考

(1)用 X 形热线探针测速应该注意避免哪些因素带来的误差?

(2)用 X 形热线探针测速与用单丝热线探针测速相比增加了哪些困难?

实验 2-4　单丝水探针的标定

一、实验目的

本实验介绍热膜水探针测速的基本原理、热膜测速仪的测速特点、水探针校准器的基本构造以及标定单丝热膜探针的基本方法和步骤,为在水槽中用热膜测速仪测量流速作准备。

热膜测速仪的输出电压 E 和流体速度 U 之间存在一定的对应关系,在已知这种对应关系的前提下,根据输出电压可以求出液体速度。因此,准确地给出 E 和 U 之间的对应关系是测速的前提。在已知流速的标准流场中通过实验求得 E 和 U 之间对应关系的过程,称为热膜探针的标定。

在每一次测速实验中,由于受多种因素的影响,例如探针的材料、制造工艺、几何尺寸、流体的物理性质和流速范围、流场的温度、实验仪器之间的差异等,E 和 U 之间的关系是不一样的。因此,每一次测速实验前都要进行探针的标定。

通过本实验,要求达到以下目的:

(1)掌握热膜测速的基本原理和 IFA－300 型热线热膜测速仪的主要测速特点;

(2)了解 TSI－10180 型水探针校准器的基本构造;

(3)掌握使用 TSI－10180 型水探针校准器标定单丝热膜探针的基本方法和步骤;

(4)画出单丝热膜探针的标定曲线。

二、实验原理

在流场中放置一根很细的金属丝,其上通电流加热,由于热交换的作用,金属丝产生的热量将传给流体,并被流体带走。当流体速度变化时,这种热交换也会产生变化,金属丝的温度随之改变,从而使电阻值发生变化;若将该金属丝接到电桥的一个桥臂上,电桥将输出电压信号,其大小与流体速度之间存在一定的对应关系。通过测量电桥输出的电压,达到测量流速的目的。根据这个原理制成的测量流体速度的仪器,称为热线热膜测速仪。其中,热膜探针是测量液体流速的热膜测速仪的传感器,测量时被放置于液体流场中,与液体直接进行热交换,感受流体速度信息。从物理角度看,热膜与液体的热交换与下列因素有关:①流体的速度;②热膜与流体之间的温度差;③流体的物理性质;④热膜的几何尺寸与物理性质;⑤流动方向和热膜方向之间的夹角。

根据 King 的研究结果,流体速度与热膜垂直时,流体速度与输出电压之间的关系为

$$Nu = A'' + B''\sqrt{Re} \tag{2-4-1}$$

式中：Nu 为 Nussle 数；Re 为雷诺数；A''、B''为与液体和热膜有关的常数。

式(2-4-1)也可以表示为

$$I_w^2 R_w = (T_w - T_F)(A' + B'\sqrt{U}) \tag{2-4-2}$$

式中 I_w——热膜上通过的电流；

R_w——热膜电阻；

T_w——热膜温度；

T_F——液体温度；

U——液体速度；

A'、B'——与液体和热膜有关的常数。

经过整理，式(2-4-2)也可以写为

$$E^2 = A + B\sqrt{U} \tag{2-4-3}$$

式中 E——热膜测速仪的输出电压。

三、实验仪器设备

1. IFA－300 型恒温热线热膜测速仪

IFA－300 型恒温热线热膜测速仪。

2. TSI－10180 型热膜探针校准器

美国 TSI 公司生产的 10180 型热膜探针校准器（图 2-4-1）是用来标定实验中所用水探针的专用设备。其主要部分有电机、水泵、水箱、三量程转子式流速计、校准单元等。

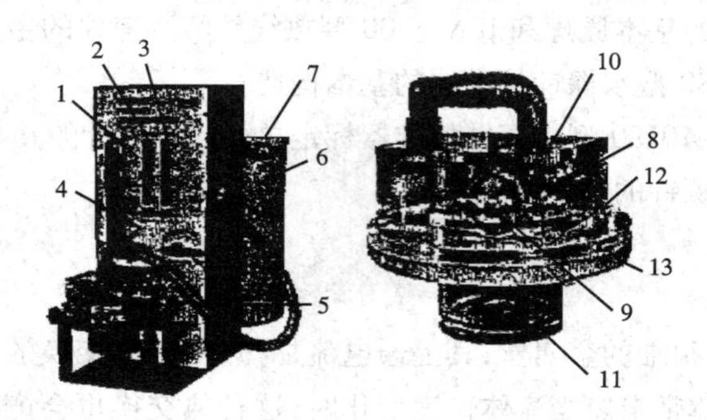

图 2-4-1 TSI－10180 型热膜探针校准器

1—高量程旋转式流量计；2—中量程旋转式流量计和细调；3—低量程旋转式流量计；
4—高量程细调；5—粗调；6—回流阀门；7—水箱；8—探针支架（0～25 mm 偏置）；
9—探针支架（25～50 mm 偏置）；10—校准单元；11—流动矫正腔；
12—探针高度调节；13—旋转刻度

水流采用闭路循环式运转，水路循环如图 2-4-2 和图 2-4-3 所示。电机带动水泵将水从水箱中抽出，经过导管注入校准单元，然后返回水箱。校准所用的标准速度产生于校准单元中喷嘴前的射流核心区，流速在 0～7.5 m/s 范围内连续可调。校准单元是校准器的关键精密部件，要求流场具有稳定性和重复性好、湍流度低的特点，标定时流场湍流度小于 1%。

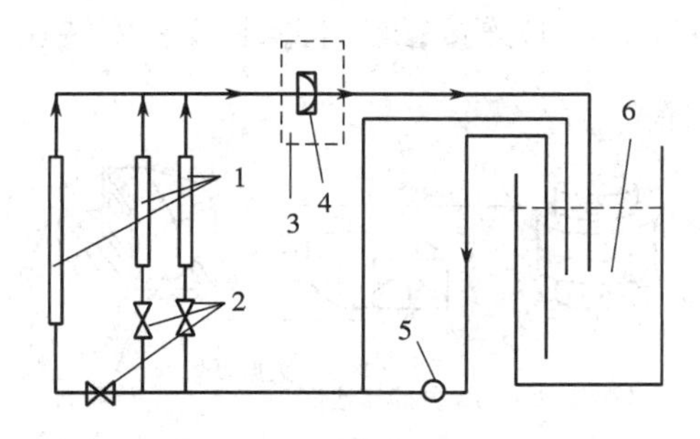

图 2-4-2　校准器水路循环图

1—转子式流速计;2—流速微调阀;3—校准单元;4—喷嘴;5—水泵;6—水箱

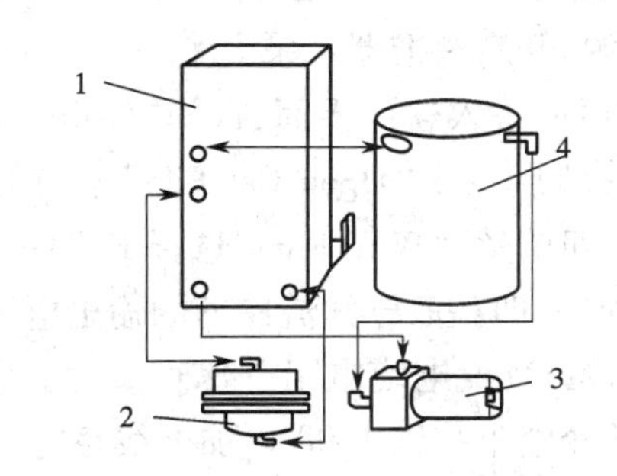

图 2-4-3　校准器水路循环示意图

1—转子式流速计;2—校准单元;3—水泵;4—水箱

3. TSI－1210W 热膜探针

TSI－1210W 圆柱形热膜探针如图 2-4-4 所示,其敏感元件部分长 1 mm,结构比较复杂(图 2-4-5),芯是石英丝,外镀一层铂膜作敏感元件,其外又喷镀一层很薄的石英覆盖层,用来和液体介质电绝缘。它在一定程度上克服了热线敏感元件的易脆性、易污染和热漂移等缺点,性能比较稳定;同时它又克服了普通热膜探针频率响应范围窄、热惯性大等缺点,具有较高的空间分辨率,是一种比较先进的探针结构。

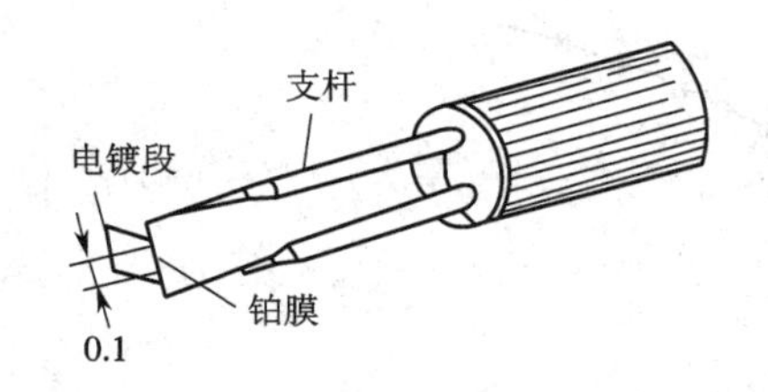

图 2-4-4　TSI－1210W 圆柱形热膜探针

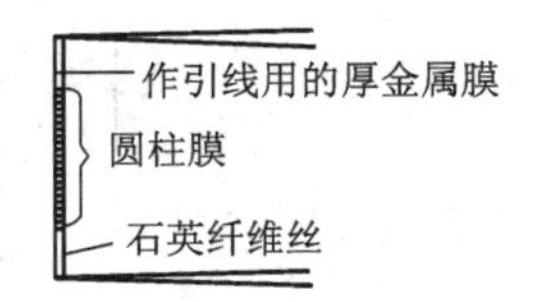

图 2-4-5　圆柱形热膜敏感元件构造

四、实验步骤

(1)按照图 2-4-6 安装实验装置,并连接实验仪器。用 5 m 长的专用电缆,将探针支杆与 IFA－300 型测速仪输入插孔连接,将 TSI－1210W 热膜探针安装在探针支杆上,并将探针缩回保护套内;用 RS232 通信电缆将测速仪与计算机 Com1 通信口连接;用合适长度电缆将测速仪输出插孔与计算机数据采集卡(A/D)连接;最后将探针支杆安装在 TSI - 10180 型水探针校准器的校准单元内。

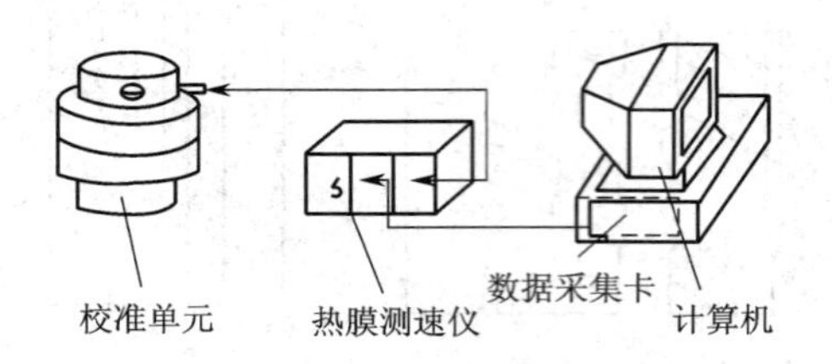

图 2-4-6　实验装置图

(2)记录环境压强和温度,检查 IFA - 300 电源开关、计算机电源开关是否均处于断开位置,接通测速仪电源、计算机电源,开启校准器水泵。

(3)启动 Thermalpro 测速软件,进入软件界面,选择“Calibration”下的“Probe Data”。首先给测速仪选择高功率运行模式,然后点击“Open Cal File”给待标定探针命名,选择相应的参数。其中,“Probe Type”选择 S,即单丝;“Wire Film”选择 F,即热膜;“Cal Method”选择 2,即获得电压且输入流速(对于热膜探针,即获取已知流速下的输出电压)。

(4)点击“Read”,连接短路帽,测量电缆电阻并保存数值。移去短路帽,安装好单丝热膜探针,测量探针冷电阻。将探针冷电阻乘以 1.08 再加上线路电阻,结果输入“Opr Res”栏。

(5)点击“Gain & Offset”,转动校准器的流速调节阀,旋至合适的流速值,分别测量最低及最高流速,计算输出电压的增益与偏置并保存。

(6)点击“Calibrate”,输入环境压强与温度。调整校准器调节阀使校准单元射流喷口流速稳定在已知流速值,点击“Acquire”测量此时探针的桥路电压值。重复进行此操作,直至所有校准点进行完毕。

(7)点击“Next”,观察记录标定数据。退出软件,关闭并整理好各仪器,编制程序,用最小二乘法拟合、绘制流速 - 输出电压关系的标定曲线(图 2-4-7),编写实验报告。

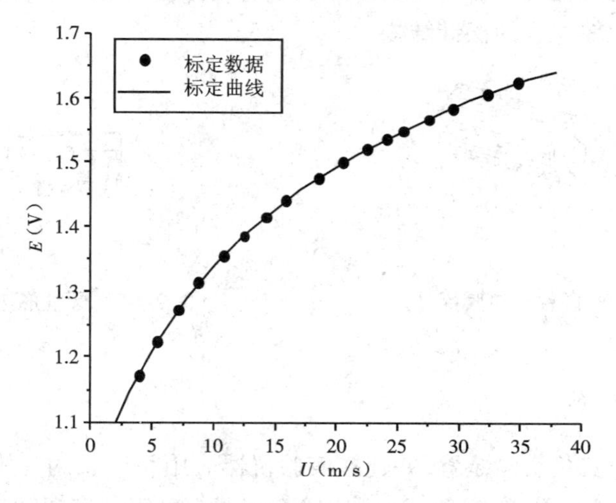

图 2-4-7　单丝热膜探针标定曲线

五、问题讨论与思考

(1)在标定过程中,水的温度是如何变化的? 对探针标定有何影响?

(2)探针的输出电压是如何随探针的方向变化的?

(3)热膜水探针上产生气泡对热膜探针有何影响?

(4)如何避免热膜水探针上产生气泡?

实验 2-5　用热线风速仪测量自由射流平均速度分布

一、实验原理

自由淹没射流是日常生活和生产过程中常见的流动现象,通常可认为射流在喷口处速度是均匀分布的,流体从喷管中喷出后,不仅沿喷管轴线方向运动,还会发生剧烈的横向运动,使得射流与原来静止的流体不断掺混,进行质量与动量交换,从而带动周围的静止流体一起运动。离喷口越远,被带动的质量越多,故射流呈扩散状,如图 2-5-1 所示。随着离喷口的距离增大,各截面上的速度分布要改变。

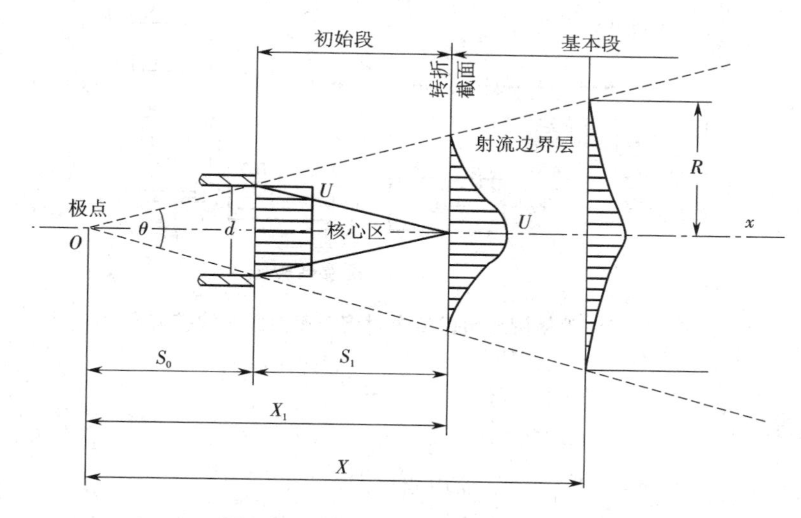

图 2-5-1　自由射流速度剖面示意图

二、实验目的和要求

(1)用热线风速仪和单丝热线探针测出 $x=0d,1d,2d,3d,4d,5d,6d$ 各截面上的平均速度分布曲线,确定射流核心区、射流极点、射流扩散角及初始段长度,了解轴对称或矩形自由射流平均速度分布规律,通过热线测速认识圆形出口自由射流平均流场的发展、演化特征。

(2)熟练掌握热线测速技术,学会用 IFA－300 型热线风速仪和单丝热线探针精细测量圆形出口射流不同流向、径向位置的平均速度。

三、实验仪器和设备

（1）射流风洞。

（2）IFA－300 型恒温热线风速仪。

（3）TSI1210－T1.5 单丝热线探针。

（4）三维步进电机控制坐标架。

（5）计算机及实验数据分析软件。

四、实验装置

实验装置整体如图 2-5-2 所示。

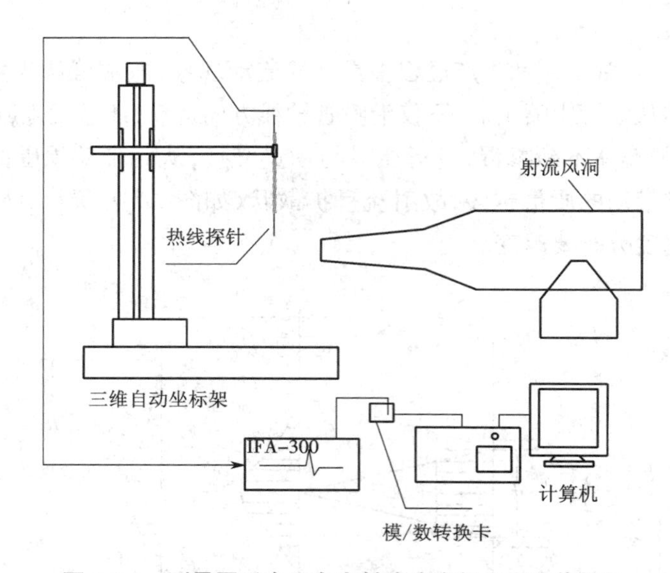

图 2-5-2　测量圆形出口自由射流速度剖面实验装置图

五、实验步骤

（1）记录基本实验参数：气温、气压、喷口直径 d。

（2）连接实验装置，将圆形喷嘴固定在风洞出口上，将热线探针支杆插入保护套内，将标定好的热线探针固定在探针支杆上，将热线探针支杆固定在三维坐标架上，记录探针坐标。

（3）将热线探针专用电缆一端与热线探针支杆连接，另一端与热线风速仪连接，用通信电缆将热线风速仪与计算机 Com1 通信口连接，热线风速仪输出电缆与计算机数据采集卡（A/D 卡）连接，用通信电缆将三维步进电机坐标架控制器与计算机 Com2 通信口连接。

（4）检查风洞电源开关、热线风速仪电源开关、步进电机坐标架控制器电源开关、计算机电源开关是否均处于断开位置，接通风洞电源、热线风速仪电源、步进电机坐标架控制器电源、计算机电源，调整坐标架，使探针到达第一个测量点位置，调节风洞至所需要的风速。

（5）启动热线风速仪测速软件，进入 IFA－300 软件界面，调入测量点空间位置坐标文件，调入热线探针文件，调入三维步进电机坐标架驱动程序。

(6)选择“Acquisition”下的“Probe Table”，点击“Add Probe”选取相应的探针标定文件；点击“Get File”，为实验记录文件命名。

(7)点击“Next”，在新窗口中输入大气压；“Mode”项选择“Write Only”，指定每个测点测量的频率与样本点数。

(8)点击“Acquire”，进行空间逐点连续测量。

(9)结束实验，将风洞调至最低风速，关闭风洞电源、热线风速仪电源、步进电机坐标架控制器电源，卸下热线探针放入探针盒中，将热线探针支杆插入保护套内，整理仪器设备。

(10)处理实验数据，利用 IFA－300 软件将测量得到的电压信号转换为速度信号；编写实验数据分析处理程序，计算各测点平均速度；描绘平均流场图，如图 2-5-3 所示；编写实验报告。

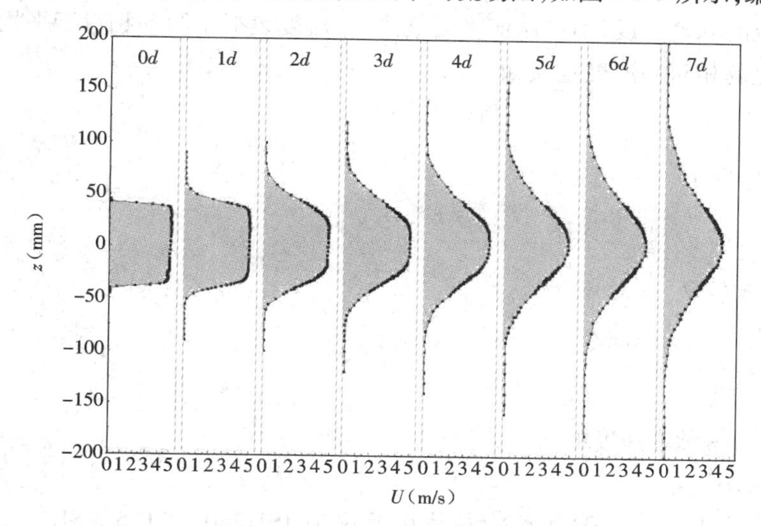

图 2-5-3　圆射流在 0～7d 各截面的流向速度剖面分布

六、问题讨论与思考

(1)轴对称射流为什么呈喇叭形？

(2)射流各截面的质量流量是否相等？

(3)射流边界上流体速度是否永远为零？

(4)圆形出口射流核心区长度与哪些因素有关？

(5)如何根据平均速度剖面测量圆形出口射流核心区长度？

实验 2-6　用热线风速仪测量自由射流湍流度和雷诺应力分布

一、实验原理

流体从喷管中喷出后，不仅沿喷管轴线方向运动，还会发生剧烈的横向运动，使得射流与原来静止的流体不断掺混,进行质量与动量交换,从而带动周围的静止流体一起运动。观察自由射流的瞬时流动,可以看到瞬态流动结构是极不规则的,如图 2-6-1 所示。

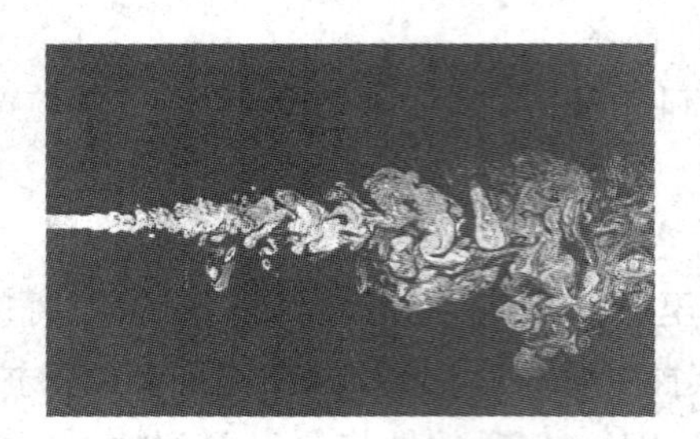

图 2-6-1 圆形出口自由射流瞬态不规则流动结构

为比较气流的脉动程度,引进湍流度的概念,湍流度表征了脉动相对于平均速度的强烈程度。各个方向上的相对湍流度定义如下。

纵向:

$$\varepsilon_1 = \sqrt{\overline{u'^2}}/U$$

法向:

$$\varepsilon_2 = \sqrt{\overline{v'^2}}/U$$

横向:

$$\varepsilon_3 = \sqrt{\overline{w'^2}}/U$$

式中 u'、v'、w'——脉动速度的三个分量;

U——平均速度。

在本实验中采用 IFA-300 型恒温热线风速仪和 TSI1240-T1.5、TSI1241-T1.5 型双丝热线探针测量 ε_1 和 ε_3 沿射流轴线的分布,测量结果如图 2-6-2 所示。

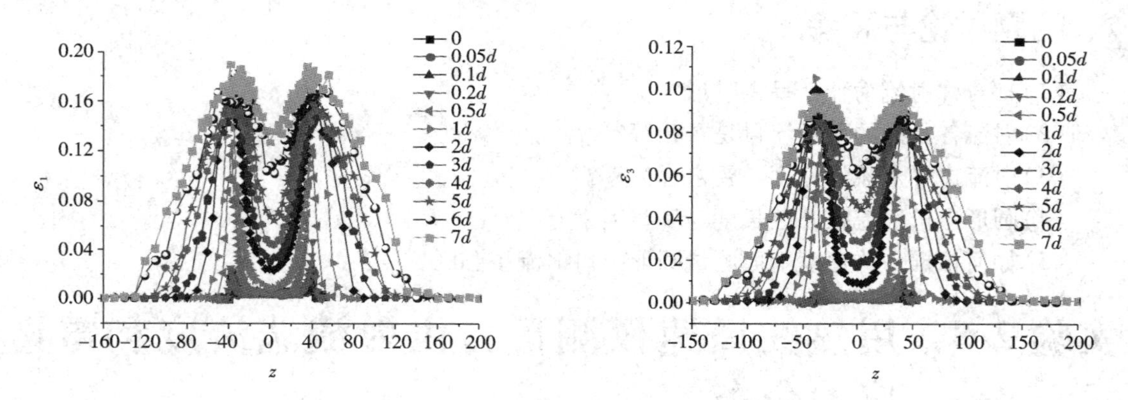

图 2-6-2 流场不同流向位置处的湍流度分量分布剖面

雷诺应力 $-\rho < u'_i u'_j >$ 是空间一点两个脉动速度分量的关联,在湍流运动中,雷诺应力是不可忽略的重要部分。它表示湍流脉动产生的动量通量的平均值。也正是雷诺应力项的存在，才导致湍流控制方程的不封闭。因此，雷诺应力项的测量对于湍流的研究，特别是湍流模式理论的研究意义重大。由于使用双丝热线，本实验中对于流场的雷诺应力分量分布进行了测量。雷诺应力分布如图 2-6-3 所示。对于由流向脉动速度和径向脉动速度关联产生的雷诺应力分量 $-\rho <u'w'>$，由于径向速度沿直径分布的反对称性，该雷诺应力分量也同样具有反对称分布的特性。

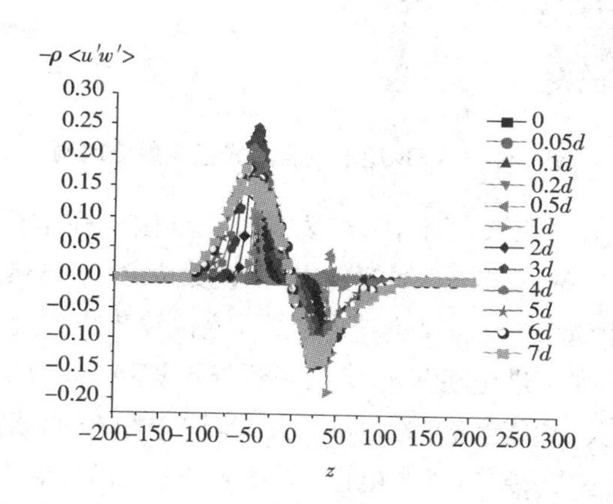

图 2-6-3 流场不同流向位置处的雷诺应力分量分布剖面

二、实验目的和要求

（1）利用热线测速技术认识圆形出口自由射流平均流场及瞬态流动结构发展、演化的特征，了解圆形出口自由射流的湍流度和雷诺应力分布。

（2）熟练掌握热线测速技术，学会用 IFA－300 型热线风速仪和二维热线探针精细测量湍射流不同流向、径向位置的二维瞬时速度时间序列信号。

三、实验仪器和设备

（1）低速射流风洞及圆形出口射流喷嘴。

（2）IFA－300 型热线风速仪和已经标定的 TSI1240－T1.5、TSI1241－T1.5 型热线探针。

（3）三维步进电机控制坐标架。

（4）计算机及实验数据分析软件。

四、实验装置

本实验采用 VEB 型小型吹入式直流射流风洞作为湍射流的发生装置，如图 2-6-4 所示。该射流风洞由轴流风扇动力系统、前直管段、两级收缩段以及直管喷口等几部分组成。其喷口直径 $d=80$ mm，出口流速为 0～30 m/s 连续可调。

五、实验步骤

（1）记录基本实验参数：气温、气压、喷口直径 d。

（2）连接实验装置，将圆形喷嘴固定在风洞出口上，将热线探针支杆插入保护套内，将标

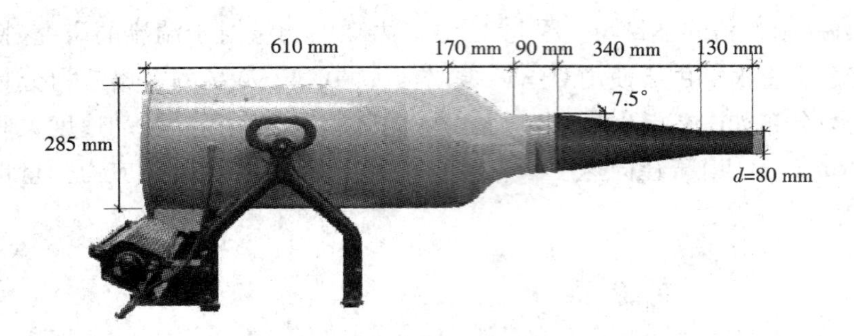

图 2-6-4 VEB 型小型吹入式直流射流风洞

定好的双丝热线探针固定在探针支杆上，将热线探针支杆固定在坐标架上，记录探针坐标。

(3)将热线探针专用电缆一端与热线探针支杆连接，另一端与热线风速仪连接，用通信电缆将热线风速仪与计算机 Com1 通信口连接，热线风速仪输出电缆与计算机数据采集卡(A/D 卡)连接，用通信电缆将三维步进电机坐标架控制器与计算机 Com2 通信口连接。

(4)检查风洞电源开关、热线风速仪电源开关、步进电机坐标架控制器电源开关、计算机电源开关是否均处于断开位置，接通风洞电源、热线风速仪电源、步进电机坐标架控制器电源、计算机电源；调整坐标架，使探针到达第一个测量点位置，调节风洞至所需要的风速。

(5)启动热线风速仪测速软件，进入 IFA－300 软件界面，调入测量点空间位置坐标文件，调入热线探针文件，调入三维步进电机坐标架驱动程序。

(6)选择“Acquisition”下的“Probe Table”，点击“Add Probe”选取相应的探针标定文件；点击“Get File”，为实验记录文件命名。

(7)点击“Next”，在新窗口中输入大气压；“Mode”项选择“Write Only”，指定每个测点测量的频率与样本点数。

(8)点击“Acquire”，进行空间逐点连续测量。

(9)结束实验，将风洞调至最低风速，关闭风洞电源、热线风速仪电源、步进电机坐标架控制器电源，卸下热线探针放入探针盒中，将热线探针支杆插入保护套内，整理仪器设备。

(10)处理实验数据，利用 IFA－300 软件将测量得到的电压信号转换为速度信号，编写实验数据分析处理程序，计算各测点平均速度，描绘平均流场图，编写实验报告。

六、问题讨论与思考

(1)分析圆形出口自由射流平均速度剖面与湍流度和雷诺应力剖面的关系。

(2)为什么圆形出口自由射流的湍流度和雷诺应力最大位置在射流边界处？

(3)为了增强自由射流与周围环境流体的混合或者减小射流喷嘴的噪声，常常在射流边界处安装旋涡发生器，试解释其原因。

(4)举例说明增强自由射流与周围环境流体混合的工程应用实例。

实验 2-7　用热线风速仪测量圆柱尾流平均速度剖面

一、实验原理

在流体力学的学习中，根据理想流体的无黏流理论，绕二维圆柱的流动，圆柱既无升力，又无阻力；而黏性流体绕圆柱流动时，不可避免地要在物面上产生摩擦阻力，同时由于边界层的分离，前后柱面上压强分布不对称，因而形成压差阻力，结果引起气流对圆柱体的作用力（阻力）。对于像圆柱一类的非流线型物体，如果能够测出圆柱后面某过流断面的速度分布，即可根据动量定理确定气流对圆柱的作用力。圆柱尾流的速度分布测量对于我们认识圆柱绕流的特点具有重要意义。

圆柱的前方来流是均匀的，由于边界层的分离，在圆柱后形成尾迹，尾迹中的流体速度不能恢复到 U，形成速度亏损。本实验用 IFA－300 型恒温热线风速仪精细测量圆柱后某截面上的平均速度分布，确定圆柱尾流场中的速度变化规律，如图 2-7-1 所示。

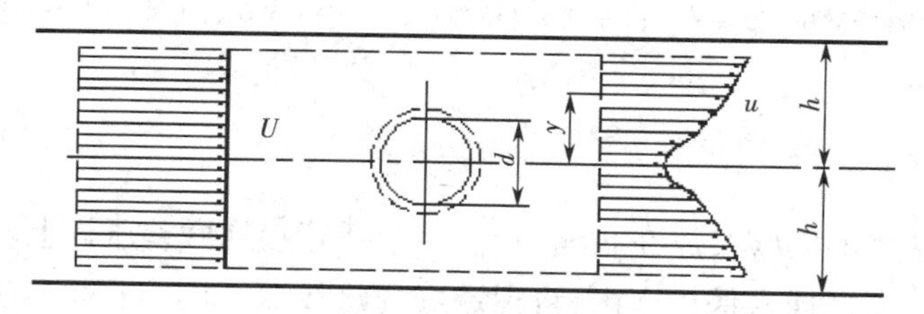

图 2-7-1　圆柱尾流场中的平均速度变化规律

二、实验目的和要求

（1）熟练使用 IFA－300 型热线风速仪。

（2）测量圆柱后过流截面上的平均速度分布。

（3）了解圆柱尾流的平均速度剖面沿流向的演化规律。

三、实验仪器和设备

（1）低速回流式风洞或空气动力学多功能实验台。

（2）圆柱模型。

（3）IFA－300 型热线风速仪。

（4）已经标定的 TSI1210－T1.5 单丝热线探针。

（5）毕托管。

（6）微差压计。

（7）三维步进电机控制坐标架。

（8）计算机及实验数据分析处理软件。

四、实验装置

实验装置整体如图 2-7-2 所示。

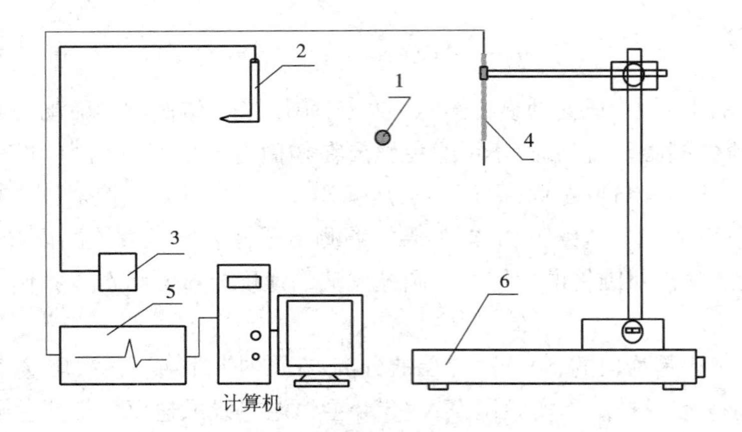

图 2-7-2　用热线风速仪测量圆柱尾流实验装置图

1—圆柱体;2—毕托管;3—微差压计;4—双丝热线探针;5—IFA－300 热线风速仪;6—三维控制坐标架

五、实验步骤

(1)将装有圆柱体的实验段放在收缩段上,将毕托管接到微差压计上。

(2)将热线探针支杆插入保护套内,将标定好的热线探针固定在探针支杆上,将热线探针支杆固定在三维坐标架上。

(3)将热线探针专用电缆一端与热线探针支杆连接,另一端与热线风速仪连接,用通信电缆将热线风速仪与计算机 Com1 通信口连接,热线风速仪输出电缆与计算机数据采集卡(A/D 卡)连接,用通信电缆将三维步进电机坐标架控制器与计算机 Com2 通信口连接。

(4)检查风洞电源开关、热线风速仪电源开关、步进电机坐标架控制器电源开关、计算机电源开关是否均处于断开位置。

(5)接通风洞电源、热线风速仪电源、步进电机坐标架控制器电源、计算机电源。

(6)调整坐标架,使探针到达第一个测量点位置,调节风洞至所需要的风速。

(7)启动热线风速仪测速软件,调入测量点空间位置坐标文件,调入热线探针文件,调入三维步进电机坐标架驱动程序,逐点开始测量。

(8)结束实验,关闭热线风速仪测速软件,将风洞调至最低风速,关闭风洞电源、热线风速仪电源、步进电机坐标架控制器电源,卸下热线探针放入探针盒中,将热线探针支杆插入保护套内,整理仪器设备。

(9)处理实验数据,利用热线探针校准文件将瞬时电压信号文件转换成二进制文件。

(10)编写程序,求出各点平均速度,画出圆柱尾流区的平均速度分布图,编写实验报告。

六、问题讨论与思考

（1）分析圆柱尾流平均速度剖面与雷诺数的关系。

（2）如何从热线信号中提取圆柱尾流卡门涡街的频率？

（3）如何降低圆柱尾流后的流动不稳定性？

实验 2-8　用热线风速仪测量圆柱尾流湍流度和雷诺应力分布

一、实验原理

当一个物体在流体中运动或当一个流体流过固定物体时，在物体的后方将形成一个尾流区。尾流区中的速度小于主流的速度，随着流体向下游发展，尾流也在横向方向扩展，同时使尾流速度与主流速度的差别越来越小。

二、实验目的和要求

（1）用热线风速仪和双丝热线探针测量圆柱尾流 $x=0d,1d,2d,3d,4d,5d,6d$ 各截面上的湍流度和雷诺应力分布曲线，了解圆柱尾流的湍流度和雷诺应力分布规律。

（2）熟练掌握热线测速技术，学会用 IFA－300 型热线风速仪和双丝热线探针精细测量圆柱尾流不同流向、径向位置的二维瞬时速度时间序列信号。

（3）能够编写数据处理程序，计算圆柱尾流各截面上的湍流度和雷诺应力。

（4）能够用绘图软件描绘圆柱尾流各截面上的湍流度、雷诺应力分布曲线、不同法向位置的湍流度和雷诺应力沿轴向的演化曲线。

三、实验仪器和设备

（1）低速回流式风洞或空气动力学多功能实验台。

（2）圆柱模型。

（3）IFA－300 型热线风速仪和已经标定的热线探针。

（4）三维步进电机控制坐标架。

（5）计算机及实验数据分析处理软件。

四、实验装置

实验装置整体如图 2-8-1 所示。

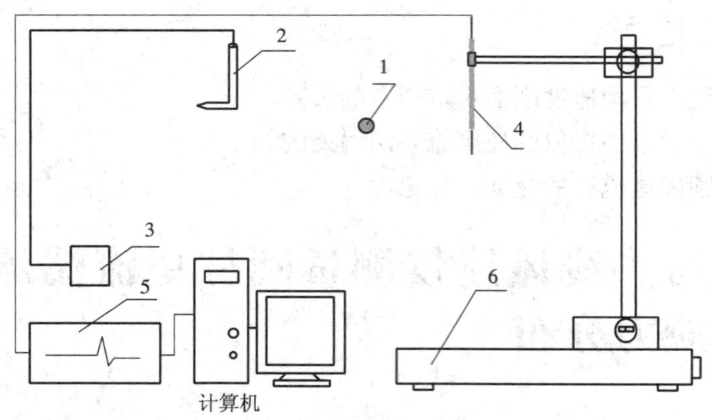

图 2-8-1 用热线风速仪测量圆柱尾流实验装置图

1—圆柱体;2—毕托管;3—微差压计;4—双丝热线探针;5—IFA－300 型热线风速仪;6—三维坐标架

五、实验步骤

(1)将装有圆柱体的实验段放在收缩段上,将毕托管接到微差压计上。

(2)将热线探针支杆插入保护套内,将标定好的热线探针固定在探针支杆上,将热线探针支杆固定在三维坐标架上。

(3)将热线探针专用电缆一端与热线探针支杆连接,另一端与热线风速仪连接,用通信电缆将热线风速仪与计算机 Com1 通信口连接,热线风速仪输出电缆与计算机数据采集卡(A/D 卡)连接,用通信电缆将三维步进电机坐标架控制器与计算机 Com2 通信口连接。

(4)检查风洞电源开关、热线风速仪电源开关、步进电机坐标架控制器电源开关、计算机电源开关是否均处于断开位置。

(5)接通风洞电源、热线风速仪电源、步进电机坐标架控制器电源、计算机电源。

(6)调整坐标架,使探针到达第一个测量点位置,调节风洞至所需要的风速。

(7)启动热线风速仪测速软件,调入测量点空间位置坐标文件,调入热线探针文件,调入三维步进电机坐标架驱动程序,逐点开始测量。

(8)结束实验,关闭热线风速仪测速软件,将风洞调至最低风速,关闭风洞电源、热线风速仪电源、步进电机坐标架控制器电源,卸下热线探针放入探针盒中,将热线探针支杆插入保护套内,整理仪器设备。

(9)处理实验数据,利用热线探针校准文件将瞬时电压信号文件转换成二进制速度文件。

(10)编写程序,求出各点平均速度,画出圆柱尾流区的速度分布图,编写实验报告。

六、问题讨论与思考

(1)分析圆柱尾流平均速度剖面与湍流度和雷诺应力剖面的关系。

(2)为什么圆柱尾流的湍流度和雷诺应力最大位置在圆柱尾流边界处?

(3)增强或削弱圆柱尾流中的湍流度有何实际意义?

(4)举例说明控制圆柱尾流湍流度的工程应用实例。

实验 2-9　用 TRPIV 测量圆柱尾流平均速度剖面

一、实验原理

不可压缩黏性流体流过物体或物体在流体中运动时，表面的切应力引起摩擦阻力；另外，由于物体前后总压力不平衡也会引起压差阻力。作用于物体的这种阻力的总和通常被称为物体的形阻。压差阻力是指作用在物体表面法线方向的压力合力在来流方向的投射力。因为它与物体的形状有密切关系，所以有时又称为形状阻力。对于理想流体的扰流问题中，压差阻力为零。实际流体流过圆柱体时，流体的黏性会产生摩擦阻力，同时边界层还可能分离，在圆柱体后部产生旋涡区。由于旋涡耗损了能量，旋涡区的压力不能恢复到原来势流时的压力，于是在来流方向就有压力差，形成压差阻力。

在流体中安置阻流体，在特定条件下会出现不稳定的边界层分离，阻流体下游的两侧，会产生两道非对称排列的旋涡，其中一侧的旋涡顺时针方向转动，另一侧旋涡反方向旋转，这两排旋涡相互交错排列，各个旋涡和对面两个旋涡的中间点对齐，如街道两边的街灯一般，这种现象因匈牙利裔美国空气动力学家西奥多·冯·卡门最先从理论上阐述而得名卡门涡街，如图 2-9-1 所示。

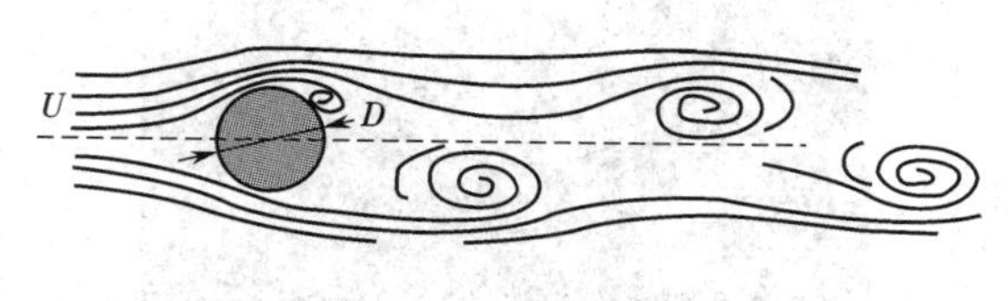

图 2-9-1　卡门涡街

卡门涡街形成的条件：对于在流体中的圆柱体雷诺数，当 $Re=30$ 时，圆柱体后的液体呈平陆状态；当 $Re=40$ 时，圆柱体后的液体开始出现正弦式波动；当 $Re=47$ 时，圆柱体后的液体，前端仍然呈正弦状，后端则逐渐脱离正弦波动；当 $Re>47$ 时，圆柱体后的液体出现卡门涡街；当 $Re=50\sim85$ 时，圆柱体后的液体压力呈等振幅波动；当 $Re=185$ 时，圆柱体后的液体压力呈非均匀振幅波动。

卡门涡街产生于流体流经阻流体时，流体从阻流体两侧剥离，形成交替的涡流。这种交替的涡流，使阻流体两侧流体的瞬间速度不同。流体速度不同，阻流体两侧受到的瞬间压力也不同，因此使阻流体发生振动。振动频率与流体速度成正比，与阻流体的正面宽度成反比。卡门涡街频率与流体速度和阻流体（旋涡发生体）宽度有如下关系：

$$f=StU/d \tag{2-9-1}$$

式中　f——卡门涡街频率；

St——斯特劳哈尔数；

U——流体速度；

d——阻流体迎面宽度。

在本实验中,在相对于平板前缘不同流向和法向位置处加入展向圆柱后,在不同的雷诺数后对圆柱尾流进行流场空间的流动图像的采集,计算出沿不同流向位置流向速度剖面。

二、实验目的和要求

(1)了解圆柱尾流平均速度剖面分布规律。

(2)熟练掌握 TRPIV 测速技术,学会用粒子图像测速仪测量圆柱尾流不同法向位置的流向平均速度。

(3)能够编写数据处理程序,计算圆柱尾流不同法向位置的流向平均速度,并计算出不同 *Re* 下的卡门涡街脱落频率。

三、实验仪器和设备

(1)低速回流式水槽。

(2)平板模型、圆柱模型。

(3)CMOS 高速相机、Nd:YAG 双腔激光器、时间同步器、示踪粒子等。

(4)计算机及 Dynamic Studio 数据分析处理软件。

整体实验装置如图 2-9-2 所示。

图 2-9-2　用 TRPIV 测量圆柱尾流实验装置图

四、实验步骤

(1)记录基本实验参数:水温、室温。

(2)在低速回流式水槽中放入清水,将平板模型水平放置于水槽底部并固定,圆柱模型固定于上游某一位置，然后启动水槽电机并将水流速度调节至所需速度。

(3)连接实验设备，调节激光导光臂，将激光头置于水槽垂直上方并固定，打开激光器开关，先在较小的频率下调节激光片光源至最薄状态并使其垂直照射于流场。

(4)打开 Dynamic Studio 软件，进入图像采集界面，点击“Free Run”对水槽中的流动进行实时显示。在水槽中加入示踪粒子，待其混合均匀后，调节激光控制器至高频状态并通过可视化界面观察粒子的浓度是否合适，若不合适则对其进行调整。

(5)在确保一切就绪后，点击“Acquire”采集少量的粒子图像并利用软件进行初步处理，若结果理想则进行大量的粒子图像采集。

(6)调整水槽电机频率，测量不同来流速度下的瞬时粒子图像并保存至计算机硬盘。

(7)结束实验，将水槽调至最低流速，激光控制器调至最低频率，关闭水槽电源、激光器电源、相机电源，卸下激光头置于实验平台上，整理仪器设备。

(8)处理实验数据，利用 Dynamic Studio 软件将测量得到的粒子图像转换为速度矢量信息。

(9)编写实验数据分析处理程序，计算各点平均速度、卡门涡街频率，编写实验报告。

五、问题讨论与思考

(1)分析用 TRPIV 系统测量圆柱尾流平均速度剖面与热线技术的优越性。

(2)如何从圆柱尾流 PIV 空间速度场中获得卡门涡街的频率和波长?

(3)分析卡门涡街脱落频率与来流速度、圆柱直径的关系。

实验 2-10　用 TRPIV 测量圆柱尾流湍流度和雷诺应力分布

一、实验原理

圆柱尾流是工业生产和工程技术中常见的湍流形式，同时也是流体力学中典型的具有周期性旋涡结构的流动形态。湍流度是代表一个湍性相对强弱的量，用于衡量湍流脉动剧烈程度，在一定程度上反映测量位置扰动的强弱。在本实验中，在距平板前缘不同流向和法向位置处加入展向圆柱后，对不同来流速度下圆柱尾流进行流场空间的流动图像采集，计算出沿不同流向位置湍流度和雷诺应力等特征量的分布和变化情况，如图 2-10-1 所示。

二、实验目的和要求

(1)用高时间分辨率粒子图像测速仪测量圆柱尾流的湍流度和雷诺应力分布曲线，了解圆柱尾流湍流度和雷诺应力的分布规律。

(2)能够编写数据处理程序，计算圆柱尾流不同法向位置的湍流度和雷诺应力。

(3)能够用绘图软件描绘圆柱尾流不同法向位置的湍流度和雷诺应力分布曲线。

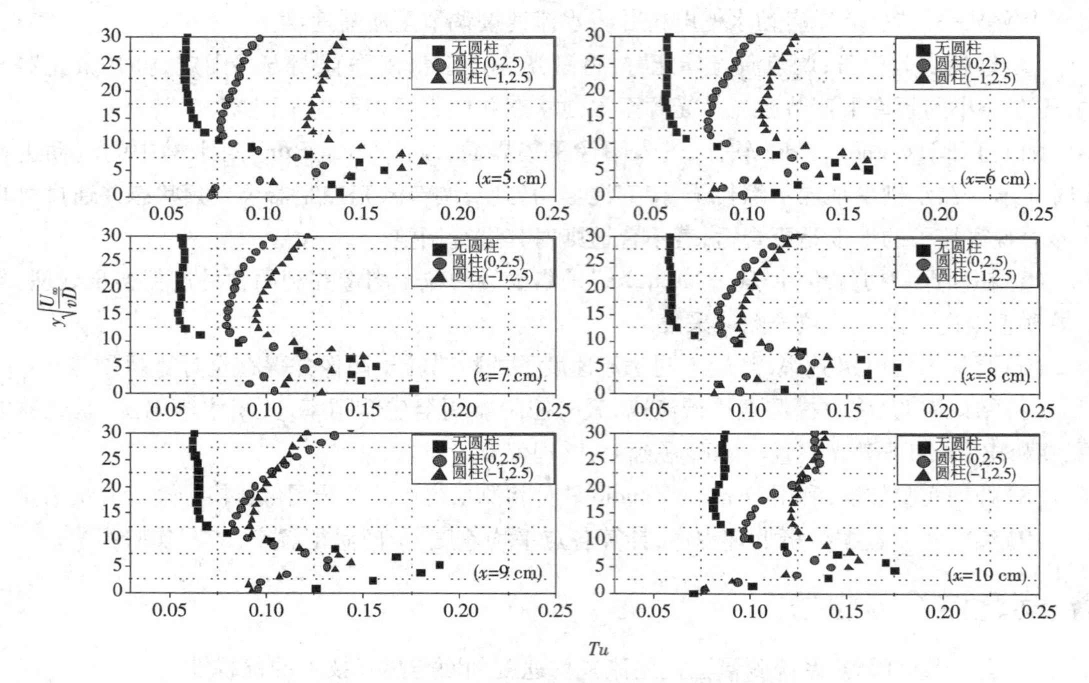

图 2-10-1 距离平板前缘 5 ~ 10 cm 处湍流度的分布

三、实验仪器和设备

(1)低速回流式水槽或空气动力学多功能实验台。

(2)平板模型、圆柱模型。

(3)CMOS 高速相机、Nd:YAG 双腔激光器、时间同步器、示踪粒子等,如图 2-10-4 所示。本实验所用的激光器为 DANTEC 公司的 Pegasus 系统 Nd:YAG 双腔激光器,并配合激光控制器、同步器、高速相机使用,光源频率可达 10 000 Hz,配合 CMOS 高速相机每秒可拍摄 10 000 张照片。激光器能量输出为 50 ~ 200 mJ,能量稳定度为 3 ~ 5 ns,发散角为 3 ~ 5 mrad,片光厚度为最小 0. 5 mm。本实验所用的 NanoSense 相机能够在两帧时间间隔最低可达 100 ns 的情况下进行双曝光的拍摄,能够在高速工况下进行实验。CMOS 传感器,分辨率为 1 280 × 1 024 像素,拍摄频率为 1 000 Hz(在 Plus 模式为 2 000 Hz),相机镜头前加上一个标准 Nikon 60 mm 的镜头。本实验中使用的示踪粒子是 DANTEC 公司配备的 PIV 测速专用示踪粒子 HGS – 10 型空心玻璃微珠,主要成分为 SiO_2(>65%),球形率 >95% ,粒径 10 μm。

(4)计算机及 Dynamic Studio 数据分析处理软件。

四、实验步骤

(1)记录基本实验参数:水温、室温。

(2)在低速回流式水槽中放入清水,将平板模型水平放置于水槽底部并固定,圆柱模型固定于上游某一位置,然后启动水槽电机并调节至所需的水流速度。

图 2-10-4　CMOS 高速相机、激光器及示踪粒子

(3)连接实验设备,调节激光导光臂,将激光头置于水槽垂直上方并固定,打开激光器开关,先在较小的频率下调节激光片光源至最薄状态并使其垂直照射于流场。

(4)打开 Dynamic Studio 软件,进入图像采集界面,点击“Free Run”,对水槽中的流动进行实时显示。在水槽中加入示踪粒子,待其混合均匀后,调节激光控制器至高频状态,并通过可视化界面观察粒子的浓度是否合适,若不合适则对其进行调整。

(5)在确保一切就绪后,点击“Acquire”采集少量的粒子图像并利用软件进行初步处理,若结果理想则进行大量的粒子图像采集。

(6)调整水槽电机频率,测量不同来流速度下的瞬时粒子图像并保存至计算机硬盘。

(7)结束实验,将水槽调至最低流速,激光控制器调至最低频率,关闭水槽电源、激光器电源、相机电源,卸下激光头置于实验平台上,整理仪器设备。

(8)处理实验数据,利用 Dynamic Studio 软件将测量得到的粒子图像转换为速度矢量信息。

(9)编写实验数据分析处理程序,计算湍流度及雷诺应力曲线,编写实验报告。

五、问题讨论与思考

分析湍流度、雷诺应力与雷诺数的关系。

实验 2-11　用热线风速仪测量平板边界层平均速度剖面

一、实验原理

湍流边界层是工程技术中典型的湍流流动形态之一,是指黏性流体流经固体表面一定阶段后,由于流动不稳定性的作用,在固体表面附近的区域内发展成为平均速度随法向空间坐标变化很快(梯度很大)而瞬时流动又极端混乱的流体流动状态,如图 2-11-1 和图 2-11-2 所示。工程技术中大量的湍流问题与湍流边界层密切相关。

湍流边界层是一种多层结构,按照沿壁面法向不同距离各区域内的流动特性各不相同,可以将边界层流场分成两个区域:一个是靠近壁面的区域,其流动直接受壁面条件的影响,此区

图 2-11-1 用铝粉流动显示的平板湍流边界层

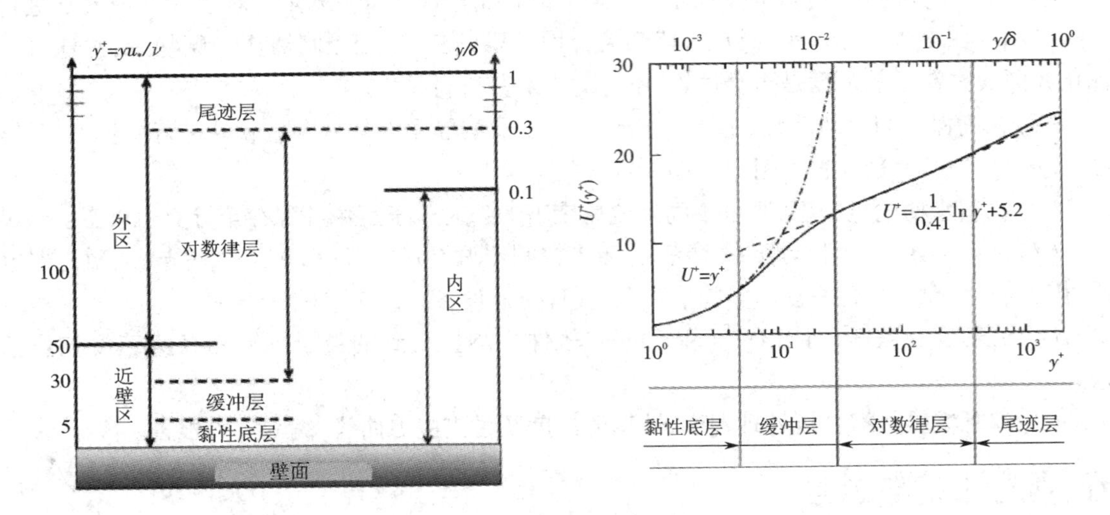

图 2-11-2 平板湍流边界层示意图

域称为壁区;壁区外的区域只是间接受到壁面剪应力的影响,此区域称为外区。外区以外为可以忽略流体黏性的主流区。

如果壁面是完全光滑的,根据流动特性的不同,壁区又分为三个子层,即黏性底层、缓冲层和完全湍流层。黏性底层是最靠近壁面的一个薄层,它的流动特性受固壁黏性剪应力的影响,流场主要由黏性控制,故称为黏性底层。在黏性底层外和壁区内,惯性作用相对于流体的黏性作用越来越强,直到离开壁面一定距离后,流场变为完全湍流,这时起主导作用的主要是惯性,而黏性的影响可以忽略,称为完全湍流层,因为该区域流向平均速度符合对数律,又称作对数律层。在这两个子层之间,还存在一个过渡层,在该层内湍流的惯性作用与黏性作用几乎相当,称为缓冲层。实际上,壁区的这三个子层的流动是逐渐变化的,并没有明显的分界线。壁区也称为内层,该区域的湍流流动称为壁湍流。

湍流边界层近壁区域黏性底层内的流速分布为

$$\frac{U}{u_*}=u^+=y^+=\frac{yu_*}{\nu}\quad 0\leqslant y^+\leqslant 5 \tag{2-11-1}$$

湍流边界层近壁区域的对数律层平均速度剖面与壁面摩擦速度 u_*、黏性系数 ν 等内尺度物理量密切相关,其中 U 为平均流速,ν 为运动黏性系数,u_* 为壁面摩擦速度。湍流边界层近壁区域的对数律平均速度剖面(图 2-11-3)表达式为

$$\frac{U}{u_*}=A\ln\frac{yu_*}{\nu}+B\quad 30\leqslant y^+\leqslant 300 \tag{2-11-2}$$

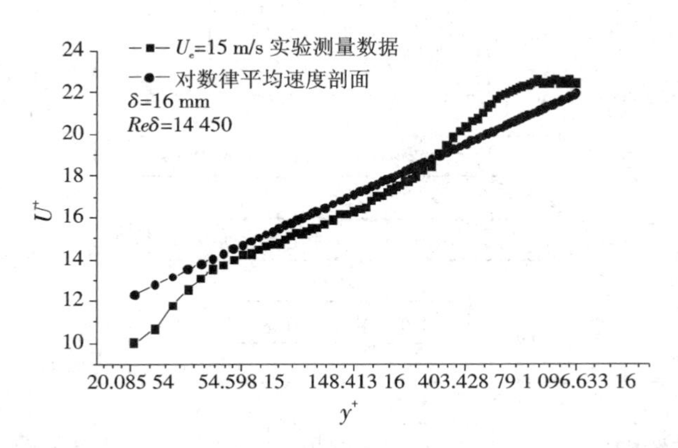

图 2-11-3　湍流边界层近壁区域对数律平均速度剖面

壁面摩擦速度 u_* 与壁面摩擦切应力 τ_w 的关系为

$$\tau_w=\rho u_*^2 \tag{2-11-3}$$

壁面摩擦切应力 τ_w 与阻力系数 C_f 的关系为

$$C_f=\tau_w/(\rho U_\infty^2/2)=2\,(u_*/U_\infty)^2 \tag{2-11-4}$$

采用平均速度剖面法测量平板湍流边界层的壁面摩擦阻力。该方法通过测量湍流边界层近壁区域平均速度剖面并拟合对数律式(2-11-2),测量湍流边界层的壁面摩擦速度 u_*,从而测量壁面摩擦切应力 τ_w 和壁面阻力系数 C_f。该方法属于壁面摩擦阻力的间接测量,不需要在流场中安装复杂的摩阻天平等测量装置,不需要对固壁表面进行钻孔、镶嵌测力传感器等,不会影响固壁表面附近区域原有的流场,因而在保证较高准确性基础上,同时又具有很强的实用性。

在准确测量湍流边界层近壁区域对数律平均速度剖面的基础上,通过迭代拟合其中的参数 A、B、u_*、y_0,其中 y_0 为法向坐标误差修正值。其计算程序的流程图如图 2-11-4 所示。

用平均速度剖面法测量湍流边界层壁面摩擦阻力的方法,是通过测量湍流边界层近壁区域对数律平均速度剖面来测量壁面摩擦速度 u_*,进而测量湍流边界层的壁面摩擦切应力 τ_w。本方法测量技术成熟,操作简便,不需要在流场中安装传感器等复杂的测量装置,不需要对湍流边界层的壁面进行打孔等破坏,对流场无干扰或干扰微小,不会影响湍流边界层壁面附近区域原有的流场条件,自动化水平高,因而具有很高的实用性、准确性和可靠性。实验证明其是一种客观的、切实可行的测量湍流边界层壁面摩擦切应力的方法。

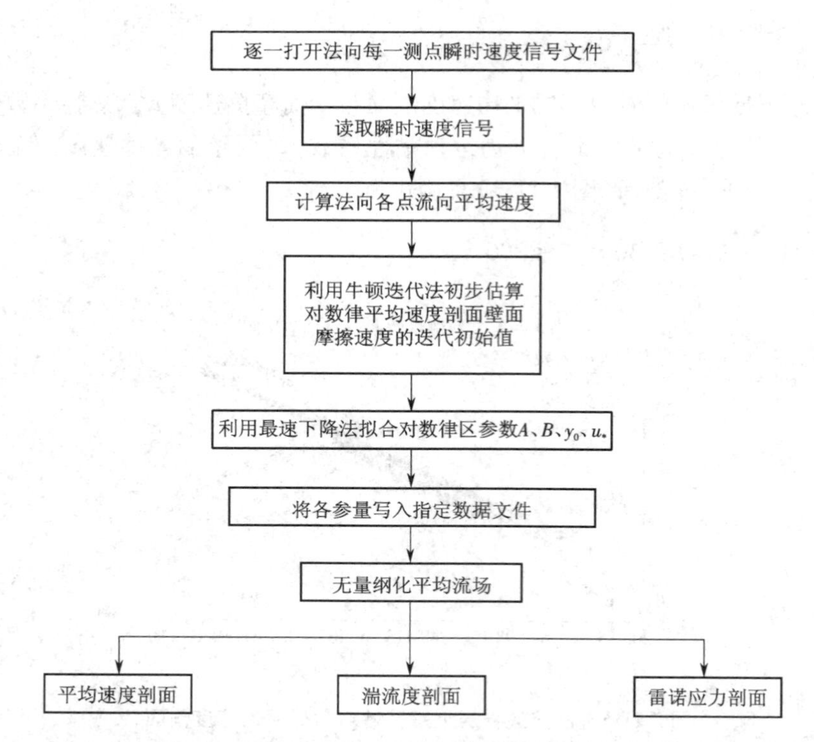

图 2-11-4 用平均速度剖面法测量平板湍流边界层壁面摩擦阻力流程图

二、实验目的和要求

(1)用热线风速仪和单丝边界层热线探针测量平板湍流边界层不同法向位置的流向平均速度,了解平板湍流边界层平均速度剖面分布规律,通过热线测速认识平板湍流边界层的亚层分层结构。

(2)熟练掌握热线测速技术,学会用 IFA-300 型热线风速仪和单丝边界层热线探针精细测量平板湍流边界层不同法向位置的流向平均速度。

(3)能够编写数据处理程序,计算平板湍流边界层不同法向位置的流向平均速度,在准确测量湍流边界层近壁区域对数律平均速度剖面的基础上,用最小二乘法拟合平板湍流边界层内尺度无量纲平均速度剖面各参数。

(4)能够用绘图软件描绘平板湍流边界层内尺度无量纲平均速度分布曲线。

三、实验仪器和设备

(1)低速回流式风洞或空气动力学多功能实验台。

(2)平板模型。

(3)IFA-300 型热线风速仪(图 2-2-5)和已经标定的 TSI1211-T1.5 单丝边界层热线探针(图 2-11-5)。

(4)三维步进电机控制坐标架。

(5)计算机及实验数据分析处理软件。

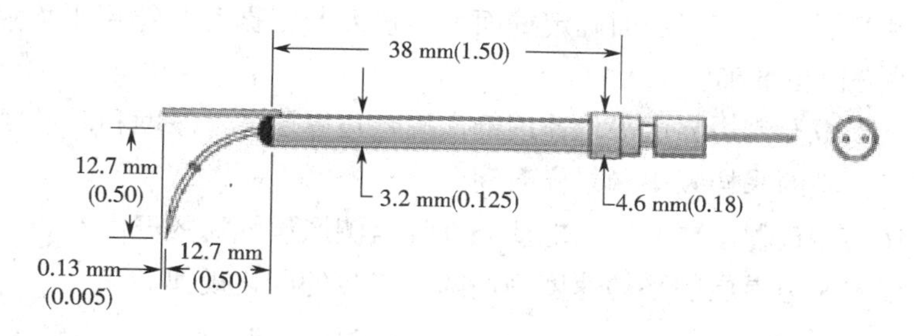

图 2-11-5 TSI1211 - T1.5 单丝边界层热线探针

四、实验步骤

(1)记录基本实验参数:气温、气压。

(2)连接实验装置,将标定好的单丝边界层热线探针固定在探针支杆上,将热线探针支杆固定在三维坐标架上,记录探针坐标。

(3)将热线探针专用电缆一端与热线探针支杆连接,另一端与热线风速仪连接,用通信电缆将热线风速仪与计算机 Com1 通信口连接,热线风速仪输出电缆与计算机数据采集卡(A/D卡)连接,用通信电缆将三维步进电机坐标架控制器与计算机 Com2 通信口连接。

(4)检查风洞电源开关、热线风速仪电源开关、步进电机坐标架控制器电源开关、计算机电源开关是否均处于断开位置,接通风洞电源、热线风速仪电源、步进电机坐标架控制器电源、计算机电源,调整坐标架,使探针到达距离平板前端 $x=1\ 000$ mm 处近壁第一个测量点位置,调节风洞至所需要的风速。

(5)启动热线风速仪测速软件,进入 IFA - 300 软件界面,调入测量点空间位置坐标文件,调入热线探针文件,调入三维步进电机坐标架驱动程序。

(6)选择"Acquisition"下的"Probe Table",点击"Add Probe"选取相应的探针标定文件;点击"Get File",为实验记录文件命名;点击"Next",在新窗口中输入大气压;"Mode"项选择"Write Only",指定每个测点测量的频率与样本点数。

(7)点击"Acquire",将 TSI1211 - 1.5T 型单丝边界层热线探针沿法向从距壁面小于 0.5 mm 处向上移动,进行空间逐点连续测量。

(8)结束实验,将风洞调至最低风速,关闭风洞电源、热线风速仪电源、步进电机坐标架控制器电源,卸下热线探针放入探针盒中,将热线探针支杆插入保护套内,整理仪器设备。

(9)处理实验数据,利用 IFA - 300 软件将测量得到的电压信号转换为速度信号。

(10)编写实验数据分析处理程序,计算各测点平均速度,用最小二乘法迭代拟合内尺度无量纲平均速度剖面的参数 A、B、u_*,绘制无量纲化速度剖面,编写实验报告。

五、问题讨论与思考

(1)如何精确测量探针钨丝与壁面的最近距离?

(2)如何根据平板湍流边界层平均速度剖面确定壁面摩擦速度、壁面摩擦阻力和摩擦系数？

(3)根据黏性底层平均速度剖面确定壁面摩擦速度与根据对数律层平均速度剖面确定壁面摩擦速度，哪种方法更准确？

(4)如何根据平板湍流边界层平均速度剖面确定边界层名义厚度和动量损失厚度？

(5)如何确定实验的采样频率和采样时间？

(6)为什么在实验过程中要使用热电偶温度计监测风洞气流的温度？

(7)分析平板湍流边界层的平均速度剖面随雷诺数的变化规律。

实验 2-12 用热线风速仪测量平板边界层湍流度和雷诺应力分布

一、实验原理

湍流边界层近壁区域在湍流边界层中占有特别重要的地位。边界层中的湍流主要是由近壁区域相干结构的猝发产生的。本实验中采用 IFA－300 型恒温热线风速仪和TSI1240－T1.5、TSI1243－T1.5 型双丝热线探针测量平板湍流边界层湍流度 ε_1、ε_2、ε_3 沿壁面法向的分布，测量结果如图 2-12-1 和图 2-12-2 所示。

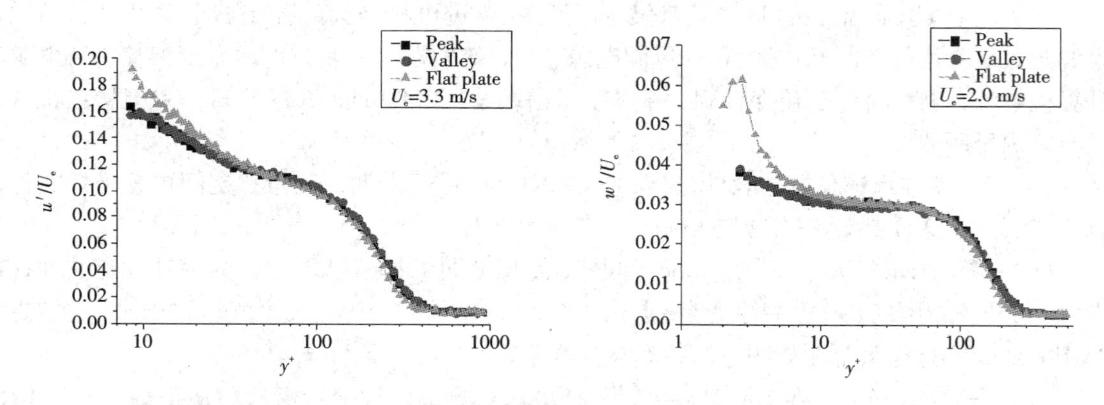

图 2-12-1 流向湍流强度沿湍流边界层法向的分布 1　图 2-12-2 流向湍流强度沿湍流边界层法向的分布 2

雷诺应力 $-\rho < u'_i u'_j >$ 是空间一点两个脉动速度分量的关联，在湍流运动中，雷诺应力是不可忽略的重要部分。它表示湍流脉动产生的动量通量的平均值。正是雷诺应力项的存在，导致湍流控制方程的不封闭。因此，雷诺应力项的测量对于湍流的研究，特别是湍流模式理论的研究意义重大。由于使用双丝热线，实验中对于流场的雷诺应力分量分布进行了测量。雷诺应力分量剖面如图 2-12-3 所示。

二、实验目的和要求

(1)用热线风速仪和双丝热线探针测量平板湍流边界层的湍流度和雷诺应力分布曲线，了解平板湍流边界层湍流度和雷诺应力的分布规律。

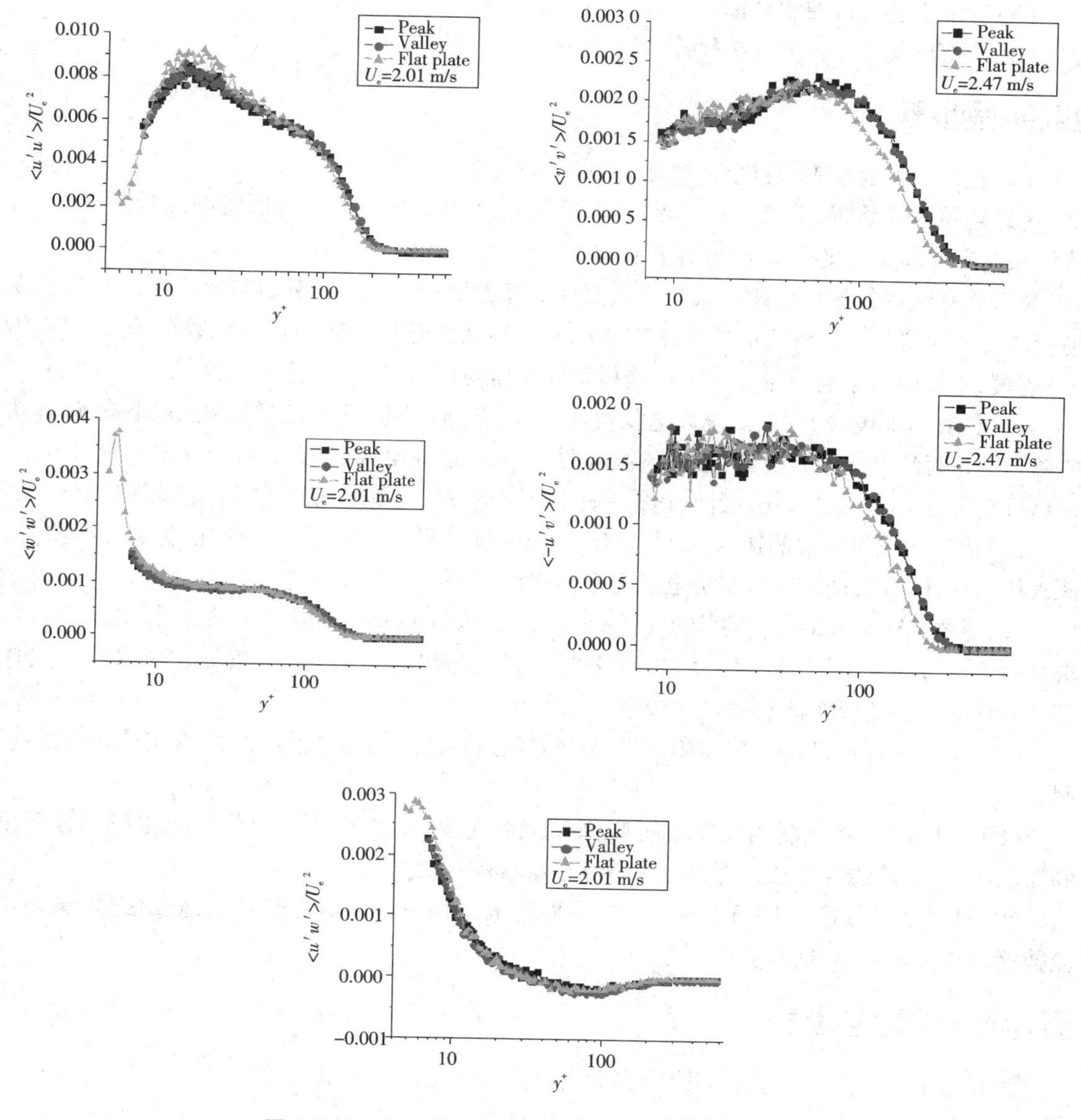

图 2-12-3 各雷诺应力分量沿湍流边界层法向的分布

(2)能够编写数据处理程序,计算平板湍流边界层不同法向位置的湍流度和雷诺应力。

(3)能够用绘图软件描绘平板湍流边界层不同法向位置的湍流度和雷诺应力分布曲线。

三、实验仪器和设备

(1)低速风洞。

(2)平板模型。

(3)IFA-300 型热线风速仪。

(4)已经标定的 TSI1243-T1.5 型双丝热线探针。

(5)三维步进电机控制坐标架。

(6)计算机及实验数据分析软件。

四、实验步骤

(1)记录基本实验参数:气温、气压、测点流向位置。

(2)连接实验装置,安装实验平板模型,将标定好的双丝热线探针固定在探针支杆上,将热线探针支杆固定在坐标架上,记录探针坐标。

(3)将热线探针专用电缆一端与热线探针支杆连接,另一端与热线风速仪连接,用通信电缆将热线风速仪与计算机 Com1 通信口连接,热线风速仪输出电缆与计算机数据采集卡(A/D卡)连接,用通信电缆将三维步进电机坐标架控制器与计算机 Com2 通信口连接。

(4)检查风洞电源开关、热线风速仪电源开关、步进电机坐标架控制器电源开关、计算机电源开关是否均处于断开位置,接通风洞电源、热线风速仪电源、步进电机坐标架控制器电源、计算机电源,调整坐标架,使探针到达第一个测量点位置,调节风洞至所需要的风速。

(5)启动热线风速仪测速软件,进入 IFA-300 软件界面,调入测量点空间位置坐标文件,调入热线探针文件,调入三维步进电机坐标架驱动程序。

(6)选择“Acquisition”下的“Probe Table”,点击“Add Probe”选取相应的探针标定文件;点击“Get File”,为实验记录文件命名;点击“Next”,在新窗口中输入大气压;“Mode”项选择“Write Only”,指定每个测点测量的频率与样本点数。

(7)点击“Acquire”,将 TSI1243-T1.5 型双丝边界层热线探针沿法向移动,进行空间逐点测量。

(8)结束实验,将风洞调至最低风速,关闭风洞电源、热线风速仪电源、步进电机坐标架控制器电源,卸下热线探针放入探针盒中,整理仪器设备。

(9)处理实验数据,利用 IFA-300 软件将测量得到的电压信号转换为速度信号,编写实验数据分析处理程序,编写实验报告。

五、问题讨论与思考

为什么平板湍流边界层的湍流度和雷诺应力最大位置在固壁附近?

实验 2-13 用 TRPIV 测量平板湍流边界层平均速度剖面

一、实验原理

平板湍流边界层是一种多层结构,沿壁面法向不同距离各区域内的流动特性各不相同。可以将边界层流场分成两个区域:一个是靠近壁面的区域,其流动直接受壁面条件的影响,此区域称为壁区;壁区外的区域只是间接受到壁面剪应力的影响,此区域称为外区。外区以外是可以忽略流体黏性的主流区。充分发展湍流边界层近壁区域的对数律平均速度剖面如图 2-13-1 所示。

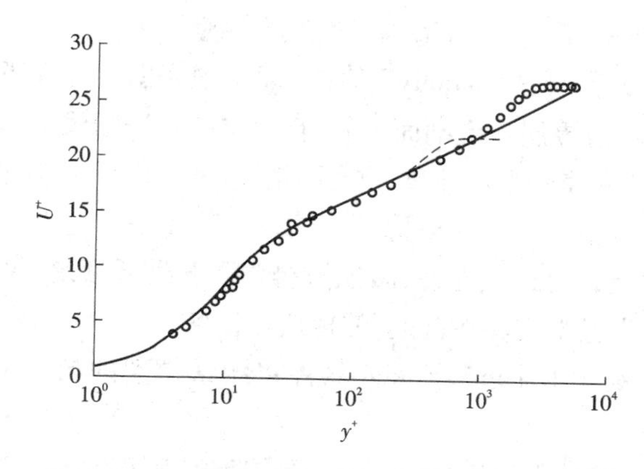

图 2-13-1 平板湍流边界层对数律平均速度剖面

在本实验中，利用 TRPIV 测速技术的优越性，对瞬时流场的空间信息进行测量，并利用迭代法得到平板湍流边界层内尺度无量纲平均速度剖面。

二、实验目的和要求

(1)用 TRPIV 测速技术测量平板湍流边界层不同法向位置的流向平均速度，了解平板湍流边界层平均速度剖面分布规律，认识平板湍流边界层的分层结构。

(2)熟练掌握 TRPIV 测速技术，学会用粒子图像测速仪测量平板湍流边界层不同法向位置的流向平均速度。

(3)能够编写数据处理程序，计算平板湍流边界层不同法向位置的流向平均速度，在准确测量湍流边界层近壁区域对数律平均速度剖面的基础上，用最小二乘法拟合平板湍流边界层内尺度无量纲平均速度剖面各参数。

(4)能够用绘图软件描绘平板湍流边界层内尺度无量纲平均速度分布曲线。

三、实验仪器和设备

(1)低速回流式水槽或空气动力学多功能实验台。

(2)平板模型。

(3)CMOS 高速相机、Nd:YAG 双腔激光器、时间同步器、示踪粒子等。

四、实验步骤

(1)记录基本实验参数：水温、室温。

(2)在低速回流式水槽中放入清水，将平板模型水平放置于水槽底部并固定，平板前缘加拌线以确保实验段为充分发展湍流，然后启动水槽电机并调节至所需的水流速度。

(3)连接实验设备，调节激光导光臂，将激光头置于水槽垂直上方并固定，打开激光器开关，先在较小的频率下调节激光片光源至最薄状态并使其垂直照射于流场。

(4)打开 Dynamic Studio 软件，进入图像采集界面，点击“Free Run”对水槽中流动进行实时显示。在水槽中加入示踪粒子，待其混合均匀后，调节激光控制器至高频状态并通过可视化界面观察粒子的浓度是否合适,若不合适则对其进行调整。

(5)在确保一切就绪后,点击"Acquire"采集少量的粒子图像并利用软件进行初步处理,若所得剖面为充分发展湍流边界层速度剖面,则进行大量的粒子图像采集。

(6)通过水槽电机频率改变水流速度,测量不同速度下的瞬时粒子图像并保存至计算机硬盘。

(7)结束实验,将水槽调至最低流速,激光控制器调至最低频率,关闭水槽电源、激光器电源、相机电源,卸下激光头置于实验平台上,整理仪器设备。

(8)处理实验数据,利用 Dynamic Studio 软件将测量得到的粒子图像转换为速度矢量信息。

(9)编写实验数据分析处理程序,计算各点平均速度,利用平均速度剖面法及最速下降法迭代拟合内尺度无量纲平均速度剖面的参数 A、B、u_*,绘制无量纲化速度剖面,编写实验报告。

五、问题讨论与思考

(1)PIV 的测速原理是什么?

(2)与其他测速技术相比,PIV 有哪些优缺点?

(3)如何根据平板湍流边界层平均速度剖面确定壁面摩擦速度、壁面摩擦阻力和摩擦系数?

实验 2-14 用 TRPIV 测量平板湍流边界层湍流度和雷诺应力分布

一、实验原理

在研究湍流运动时,除了解湍流的时均速度分布外,更为重要的是了解它的湍流特性如湍流度、雷诺应力等,因为它们直接关系到流体的各种输运性质,对于这些二阶量结果的分析有助于我们考察湍流内部运动的脉动特性而非平均特性。湍流脉动不仅在时间序列上是不规则的,其空间分布也是不规则的。当我们要研究湍流脉动的空间相关时,需要有同一瞬时的脉动空间分布。热线测速仪和激光测速仪都难以实现这种策略,而新型的粒子图像测速法则解决了这一难题。

湍流度是一个代表湍性相对强弱的量。在本实验中,湍流度在 x 与 y 方向的分量分别用 u'_1/u_∞,u'_2/u_∞ 来表示,其中 $u'_i=\sqrt{u'^2_i}\,(i=1,2)$。雷诺应力 $-\rho<u'_iu'_j>$ 是脉动速度向量的一点相关,是二阶对称张量,其物理意义是平均湍流脉动动量通量,与湍流平均运动的动量通量一起构成湍流运动动量通量的平均值。也就是说,雷诺应力表征了湍流时均流动中由于流速脉动引起质点间的动量交换而产生的附加应力,在湍流平均应力中,雷诺应力往往远大于分子黏性应力。本实验采用 TRPIV 测速技术测量平板湍流边界层流向、法向及综合湍流度、流

向雷诺正应力 $<u'u'>$、法向雷诺正应力 $<v'v'>$ 及雷诺切应力 $<u'v'>$ 分量沿无量纲化法向位置坐标 y^+ 的分布，并使用自由来流速度 U_e 进行无量纲化。

二、实验目的和要求

(1)用高时间分辨率粒子图像测速仪测量平板湍流边界层的湍流度和雷诺应力分布曲线，了解平板湍流边界层湍流度和雷诺应力的分布规律。

(2)能够编写数据处理程序，计算平板湍流边界层不同法向位置的湍流度和雷诺应力。

(3)能够用绘图软件描绘平板湍流边界层不同法向位置的湍流度和雷诺应力分布曲线。

三、实验仪器和设备

(1)低速回流式水槽或空气动力学多功能实验台。

(2)平板模型。

(3)CMOS 高速相机、Nd:YAG 双腔激光器、时间同步器、示踪粒子。

(4)计算机及 Dynamic Studio 数据分析处理软件。

四、实验步骤

(1)记录基本实验参数:水温、室温。

(2)在低速回流式水槽中放入清水，将平板模型水平放置于水槽底部并固定，平板前缘加拌线以确保实验段为充分发展湍流，然后启动水槽电机并调节至所需的水流速度。

(3)连接实验设备，调节激光导光臂，将激光头置于水槽垂直上方并固定，打开激光器开关，先在较小的频率下调节激光片光源至最薄状态并使其垂直照射于流场。

(4)打开 Dynamic Studio 软件，进入图像采集界面，点击“Free Run”对水槽中流动进行实时显示。在水槽中加入示踪粒子，待其混合均匀后，调节激光控制器至高频状态并通过可视化界面观察粒子的浓度是否合适，若不合适则对其进行调整。

(5)在确保一切就绪后，点击“Acquire”采集少量的粒子图像并利用软件进行初步处理，若所得剖面为充分发展湍流边界层速度剖面，则进行大量的粒子图像采集。

(6)通过水槽电机频率改变水流速度，测量不同速度下的瞬时粒子图像并保存至计算机硬盘。

(7)结束实验，将水槽调至最低流速，激光控制器调至最低频率，关闭水槽电源、激光器电源、相机电源，卸下激光头置于实验平台上，整理仪器设备。

(8)处理实验数据，利用 Dynamic Studio 软件将测量得到的粒子图像转换为速度矢量信息。

(9)编写实验数据分析处理程序，描绘湍流度及雷诺应力曲线，编写实验报告。

五、问题讨论与思考

(1)用 PIV 技术测量湍流度和雷诺应力与热线技术有何优缺点?

(2)分析平板湍流边界层的湍流度和雷诺应力与减阻之间的联系。

实验 2-15 壁湍流条纹结构的氢气泡流动显示

一、实验原理

流动是自然界和工程技术中普遍存在的现象,人类研究流动的规律是从观察流动现象开始的,为了记录流动图像,必须提供一套使流动可视化的技术,这种技术称为流动显示技术。流动显示技术已有 100 多年的历史,它是随着流体力学的发展而发展起来的。1883 年雷诺(Reynolds)把染色液注入在长水平管道中流动的水流中,详细研究了从层流转变为湍流的情况,发现了相似律并定义了雷诺数(*Re* 数)。1888 年马赫(Mach)对微波现象进行了观察,1912 年卡门(Karman)通过观察水槽中圆柱体绕流提出了卡门涡街。1904 年普朗特(Prandtl)用示踪粒子获得了水沿平板的流谱图,观察到靠近壁面有一层薄层流动,其速度比距离薄层较远处的速度显著减小,这一观察使他提出了边界层这一重要概念,并用同样的流动显示技术进行了几种边界层控制的实验。20 世纪 60 年代脱体涡流型的研究,80 年代大迎角分离流的研究和分离流型的提出以及近代对三维、非定常复杂流动显示与测量的研究等,这些研究均以流动显示和测量为基础,从观察流动现象开始,在流体力学发展中取得了一次又一次的重大突破。

针对不同的流体,流动显示方法大体上可划分为几大类:第一类是在流体中外加示踪粒子的流动显示方法,流体可以是气态或液态,其运用范围大致相应于不可压缩流;第二类是利用所研究的流体介质折射率对流体密度变化很敏感的光学方法,如阴影法、纹影法,其运用范围相应于可压缩流;第三类显示方法称为外加能量法,即加到流体中的是外来能量(例如以加热、放电或化学反应的形式),其运用范围大致相应于稀薄或低密度气体流动。

流动显示的目的是使流场的流动过程可视化,与其他实验方法的不同之处在于它通过使流场的某些流动特征可视化而获得整个流动参数空间分布的信息。借助它,可以获得有关流动状态的直观图像及流动的时空发展演化过程,有些显示方法还能给出流动参数的定量结果。这对于了解流动现象、建立新的流动概念与物理模型、验证数值计算结果都具有十分重要的意义。同时,流动显示技术本身也是解决实际工程问题的重要手段。

最近几十年,流动显示技术日趋成熟,并且成为研究非定常流动行之有效的方法。借助数字图像处理等定量手段,提取流动图像中包含的定量信息,从而通过定量分析流动显示图像获得同一时刻整个流场流动参数的空间分布。随着电子计算机技术的广泛应用和数字图像处理技术的发展,能够借助计算机来快速准确地处理和分析大量的流动显示图像,提取其中的定量信息,直接由计算机统计流场的流动特性获得定量的结果。

示踪粒子流动显示技术通过向流体中加入一定量微小尺度(直径几十纳米量级到几十微米量级)的示踪粒子,利用可见的粒子跟随流体运动的轨迹来显示流动结构和流动现象,针对记录的流动图像,借助计算机和数字图像处理技术,可以通过测量粒子在流体中的运动速度定量测量流速的空间分布。水经过电解可产生氢气泡和氧气泡。相比较,氢气泡直径小,而且数量大,适宜用作示踪粒子显示流动。实验时,在流动的水中放置一支架,焊上细金属丝(如白金丝、钨丝、不锈钢丝和铜丝),接到电源的负极上,下游放置一块铜板或一根碳棒,接到电源正极上，打开电源开关，在细金属丝（称阴极丝）上立即产生大量细小、白色的氢气泡随水流动，从而将流动图像显示出来。

实验证明，氢气泡的直径与阴极丝的直径为同量级。当流速在 1 ~ 25 cm/s 范围内时，阴极丝的直径为 10 ~ 50 μm 较合适，可以忽略气泡上浮的影响。当流速较低时，应选细一些的阴极丝；当流速较高时，可用较粗的阴极丝。

显示效果与氢气泡的生成量密切相关。根据法拉第电解定律可知，在一个大气压下，电解 T K 的水，在单位时间内产生的氢气体积为

$$Q = 0.396IT \tag{2-15-1}$$

式中 Q——单位时间内生成氢气的体积（cm^3/s）；

I——电解电流强度（mA）；

T——水的温度（K）。

由此可知，控制氢气泡生成量的方法是：① 改变水的温度；② 改变电解电流强度，通常是靠调节电源电压、改变水的电阻率及调整极间距离来实现。

采用时间线－脉线组合技术、氢气泡示踪法可定量测出流场的速度。比较简单的方法是在流场中，垂直流向放置一根直阴极丝，将其分段涂上绝缘层（例如刷上清漆），再加以脉冲电压，这样产生的泡列既能表示粒子的位移，又有时间的信息，就可以实现定量测量，如图 2-15-1 所示。

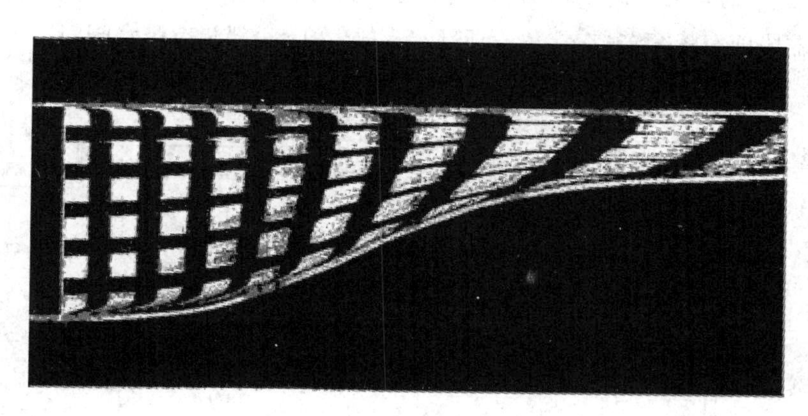

图 2-15-1 氢气泡流动显示图像

测出电压脉冲的频率，在照片上测出两个泡列之间的距离，速度即可求出：

$$u = \Delta x \cdot f \cdot K \tag{2-15-2}$$

式中 u——流场速度（cm/s）；

Δx——两个泡列之间的距离（cm）；

f——电脉冲频率（Hz）；

K——把照片上的距离变成实际位移的比例因子。

为了对氢气泡显示的流动图像进行分析、处理，一般采用摄影的方法来记录图像。先布置好照明灯光，再对电源的电压幅值、频率、脉宽进行综合调节，待得到最佳显示效果后，即可用 CCD 或数码摄像机采集流动图像作为实验资料。

氢气泡流动显示法作为流动显示示踪粒子已有很长的历史,它的主要优点是:操作简便、成本低、对实验设备无污染且流态显示清晰,是水动力学实验中进行定性流动显示常用的一种方法。它不仅可以获得流动图像,还可以定性或定量分析流动结构和流动参数的时空演化过程。Schraub 等提出了根据脉冲的氢气泡时间线测量流速空间分布的时间线-染色线技术;Kline 等从氢气泡时间线得到湍流边界层瞬时流速的展向分布。在20世纪60年代,图像数字化处理技术尚不成熟,人工处理流动图像的工作量很大。20世纪90年代,Lu 和 Smith 利用流动图像数字化处理技术,从氢气泡时间线获得了湍流边界层瞬时速度的法向分布,再通过 VITA 条件采样,求得猝发频率和发生猝发时的瞬时速度。此方法的优点是可以得到猝发产生前后的速度型和有关流动结构的变化。

二、实验仪器和设备

1. 流动显示水槽

本实验是在 SZ-2 型开口式循环水槽中进行的。该水槽由循环式槽体、槽体支架、储水箱、供水泵等部分组成,如图 2-15-2 所示。槽体由有机玻璃制成,全长 200 cm,高 50 cm,可分为实验段、拐角段、扩散段、收缩段等部分。实验段长度 130 cm,宽 14 cm,深 15 cm,其流速在 0~0.4 m/s 范围内连续可调,以晶闸管电磁调速器闭环控制的滑差电机实现,该电机带动叶轮推动水的流动。收缩段的收缩比为 1∶3.24,扩散段的扩散角为 3.5°。在拐角段内部装有拐角导流片,收缩段前有蜂窝器;在拐角段顶部装有排气孔,底部装有排水阀门。

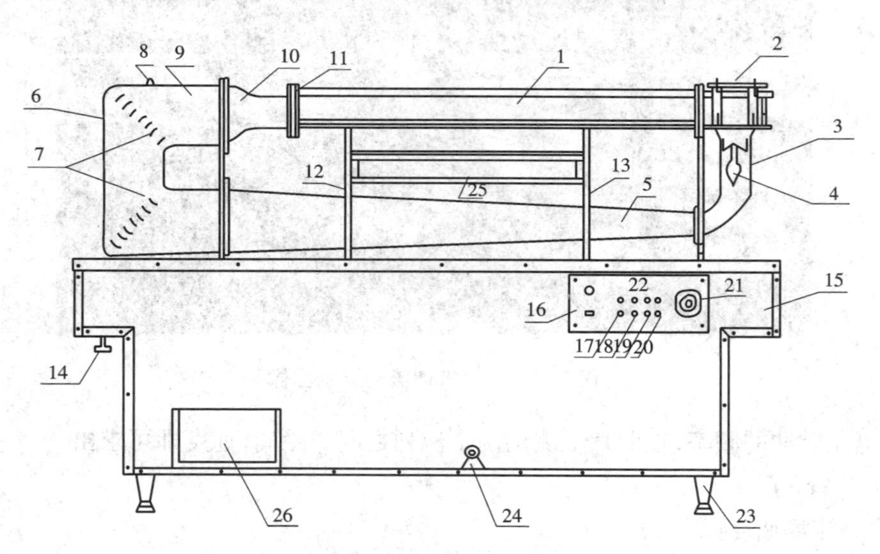

图 2-15-2 流动显示水槽结构图

1—实验段;2—轴流泵电机;3—单弯段;4—轴流泵叶轮;5—扩散段;6—双弯段;7—拐角导流片;8—排气孔;9—蜂窝器;10—收缩段;11—阻尼网;12—槽体前支架;13—槽体后支架;14—槽体台架;15—排水阀;16—总电源开关;17—轴流泵开关;18—供水泵开关;19—日光灯开关;20—光源开关;21—调速旋钮;22—指示灯;23—可调支脚;24—供水泵;25—日光灯组;26—储水箱

2. 氢气泡流动显示装置

氢气泡流动显示设备布置如图 2-15-3 所示。应用氢气泡流动显示技术显示平板湍流边界层近壁区域的相干结构猝发现象，流动显示装置包括脉冲电源、阴极丝支架、片光源及坐标架。阴极丝为直径 10 μm 的钨丝，平行于壁面，垂直于主流方向。阴极丝支架由钢丝焊成，表面涂有绝缘漆，兼作电源导线。为了便于精确调节阴极丝距离壁面的法向位置，支架安装在一台三自由度坐标架上。图像的记录采用高清摄像机，摄像机固定在垂直壁面的方向上。

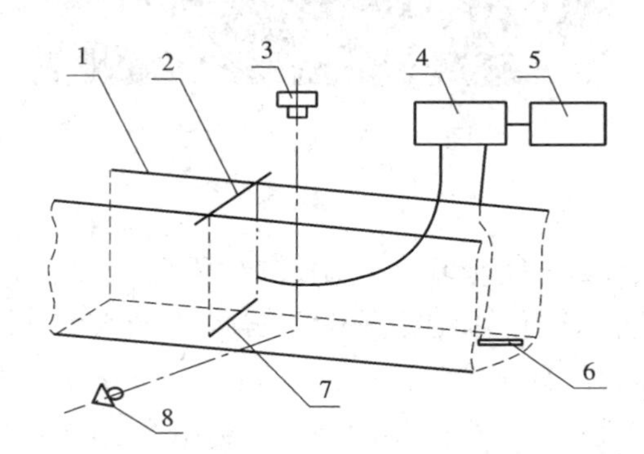

图 2-15-3　氢气泡流动显示装置图

1—水槽；2—阴极丝支架；3—摄像机；4—直流脉冲电源；5—频率计；6 —铜棒；7—阴极丝；8—激光片光源

3. 直流脉冲电源

用直流脉冲电源在阴极丝上加上脉冲电压，从而产生氢气泡时间线。脉冲电源的输出电压、频率和脉宽是可调的。由于本实验采用“帧间比较”定量分析方法，所以不需要精确地测量脉冲频率，只需针对流动情况调节合适的频率、脉宽及电压。直流脉冲发生器如图 2-15-4 所示，实验采用直流脉冲，周期为 48. 8 ms，脉宽为 5. 2 ms，电压为 120 V。

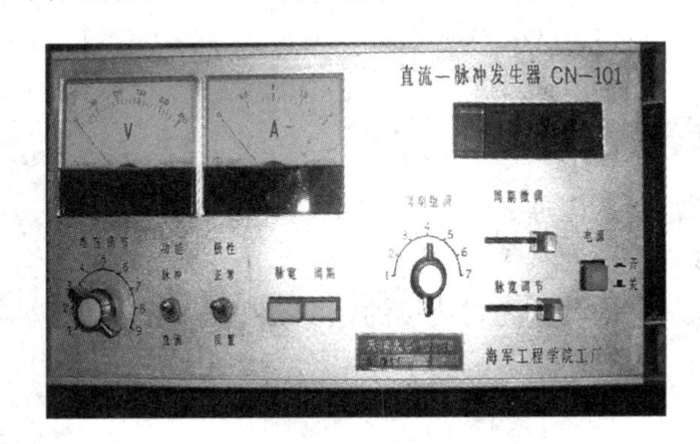

图 2-15-4　直流脉冲发生器

4. 激光片光源

本实验所采用的激光片光源如图 2-15-5 所示，型号为 GL532T－100L，功率为 500 mW，波长为 532 nm，距其 70 cm 处片光源宽度为 1. 6 mm，坐标架为 STONE 56BYG250C，步距角为 0. 6°/1. 8°，精度为 0. 1 mm。

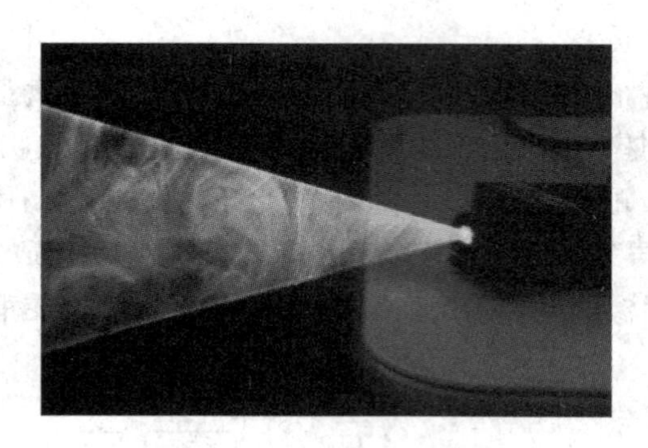

图 2-15-5 激光片光源

5. 图像采集系统

本实验的图像采集系统为一台 Sony 公司制造的 HC3E 高清摄像机(图 2-15-6),成像设备为 5.9 mm(1/3 型)CMOS 传感器,可记录的像素静像时最大为 400 万像素(2 304 ×1 728)(4:3),总计约 2 103 000 像素,有效像素(动画,4:3)1 076 000。使用 DVM60 盒式录像带,录像带速度约为 18.81 mm/s,快进/倒带时间约为 160 s。

图 2-15-6 Sony 公司 HDR-HC3E 高清摄像机

三、实验目的和要求

(1)了解氢气泡示踪法的原理。

(2)掌握氢气泡显示流动的基本技术。

(3)学会用氢气泡示踪法测量均匀流场的速度。

四、实验步骤

(1)选择粗细合适的阴极丝焊接到阴极丝支架上。

(2)向水槽放水,若自来水中杂质多,将影响显示效果,可改用纯净水(如蒸馏水或无离子水),添加氯化钠等电解物质。

(3)在流场中布置好阴极丝、阳极和绕流物体,连接好有关导线。

(4)启动水泵,调节流速旋钮至合适的流速,使氢气泡列的距离适当。

(5)打开直流脉冲发生器和频率计的电源开关,布置好照明灯光,综合调节获得最佳显示效果后采集流动图像，同时记录脉冲电压的频率。

(6)关闭水源和电源，整理实验仪器，编写实验报告。

五、问题讨论与思考

(1)简述氢气泡流动显示的原理。

(2)如何获得最佳的氢气泡流动显示图像?

(3)根据氢气泡流动显示图像如何实现流速定量测量?

(4)评述氢气泡示踪法的优缺点及发展前景。

扫一扫：壁湍流条纹结构的氢气泡流动显示(视频)

实验 2-16　氢气泡流动显示数字图像处理

一、实验原理

目前，氢气泡流动显示技术已成为测试低速水流流动最为有效的实验手段之一。特别是应用时间线、时间线－脉冲线联合等定量显示方法，使我们有可能从氢气泡流动显示图像中获得丰富的定量信息，并能得到良好的精度。

对水槽中平板湍流边界层近壁面区域相干结构的氢气泡流动显示图像进行处理和分析，能够获得整个流场流向速度的分布。整个实验可以分为以下五个阶段。

(1)图像采集，此阶段用高清数码摄像机采集到高清流动图像(即氢气泡时间线明显，可以很容易和背景区分开的流动图像)。

(2)图像分帧，使用 Ulead Videostudio 10 软件将采集到的流动显示图像进行分帧处理。

(3)灰度处理，对采集到的图像进行灰度处理，得到有灰度值的图像。尽可能地去除图像中的噪声干扰，同时保留图像中的有用信息。

(4)图像再处理，此阶段的重点在于运用计算软件对采集到的两幅单帧图像进行粒子位移计算，获得速度场的平面空间分布数据。

(5)数据导出，根据脉动速度平面空间分布数据利用绘图软件画图分析。

氢气泡流动显示图像处理程序流程图如图 2-16-1 所示。二维速度场 PTV 原理示意图如图 2-16-2 所示。选取图像时，尽量选取所含杂质较少，氢气泡时间线较明显且连续的图像。通过计算每两帧流动图像中粒子的位置坐标和位移得到一幅速度场的平面分布图。

$$U=\lim_{t_2\to t_1}\frac{x_2-x_1}{t_2-t_1},W=\lim_{t_2\to t_1}\frac{y_2-y_1}{t_2-t_1}\qquad(2\text{-}16\text{-}1)$$

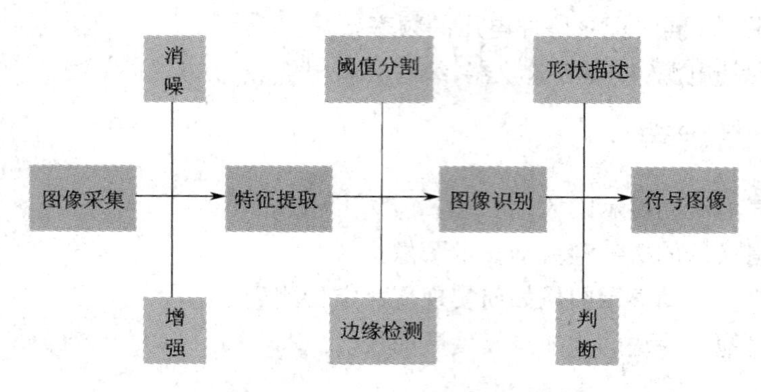

图 2-16-1 氢气泡流动显示图像处理流程图

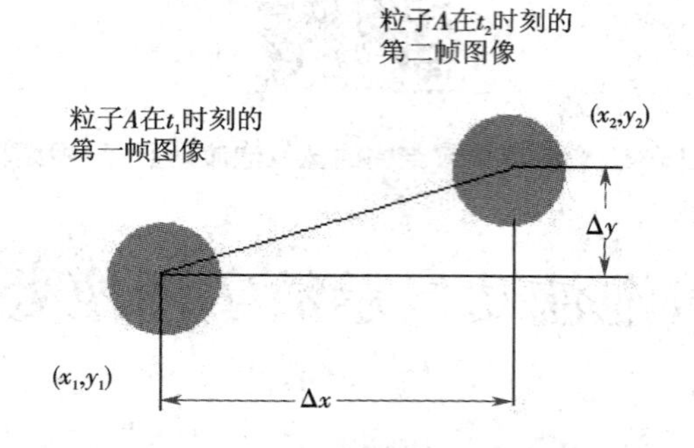

图 2-16-2 二维速度场 PTV 原理示意图

计算两帧图像中的同一粒子在两次曝光时间间隔 Δt 内的位移,需要计算同一粒子在两帧图像中的对应位置,即进行粒子在两帧图像中的配对工作。根据实际流场的速度范围,估计粒子在两次曝光时间间隔 Δt 内可能移动的最大距离,据此以粒子在第一帧图像中的位置为中心,选取一定尺寸的局部范围(16,25 或者 36 个像素,根据计算速度也可以选取更大范围,以保证该粒子在两次曝光时间间隔 Δt 内不会跑出此范围)。在此局部范围内把所有粒子的位移看作是一致的,第二帧图像中的该局部范围就可以看作第一帧图像中该局部范围经过平移以后得到的。

为了计算此局部范围内粒子的位移,需要计算两帧图像灰度值在不同位移量 $\Delta x,\Delta y$ 下的平面互相关函数 $G(x+\Delta x,y+\Delta y)$,在粒子配对正确的$(x+\Delta x,y+\Delta y)$位置,$G(x+\Delta x,y+\Delta y)$互相关函数达到最大值,$\Delta x,\Delta y$ 就是该粒子对应的空间位移。

$$G(\Delta x,\Delta y)=\iint g_1(x,y)g_2(x+\Delta x,y+\Delta y)\mathrm{d}x\mathrm{d}y \tag{2-16-2}$$

根据互相关函数及其二维傅立叶变换性质,可以用快速二维傅立叶变换计算 $G(x+\Delta x,y+\Delta y)$,方法如下:

$$G(\Delta x,\Delta y)=\iint g_1(\omega_x,\omega_y,)g_2(\omega_x,\omega_y)\mathrm{e}^{i(\omega_x\Delta x+\omega_y\Delta y)}\mathrm{d}\omega_x\mathrm{d}\omega_y \tag{2-16-3}$$

对第一帧图像进行傅立叶变换,得到

$$g_1(\omega_x,\omega_y)=\frac{1}{2\pi}\iint g_1(x,y)\mathrm{e}^{\mathrm{i}(\omega_x x+\omega_y y)}\mathrm{d}x\mathrm{d}y \tag{2-16-4}$$

对第二帧图像进行傅立叶变换，得到

$$g_2(\omega_x,\omega_y)=\frac{1}{2\pi}\iint g_2(x,y)\,e^{i(\omega_x x+\omega_y y)}\,dxdy \tag{2-16-5}$$

利用傅立叶变换的平移特性，$g_1(\omega_x,\omega_y)$和$g_2(\omega_x,\omega_y)$应该具有以下关系：

$$g_2(\omega_x,\omega_y)=g_1(\omega_x,\omega_y)\,e^{-i(\omega_x\Delta x+\omega_y\Delta y)} \tag{2-16-6}$$

这样，根据

$$U=\lim_{\Delta t\to 0}\frac{x_2-x_1}{\Delta t},W=\lim_{\Delta t\to 0}\frac{y_2-y_1}{\Delta t}$$

便得到平面内二维速度分量 U 和 W 的空间分布。

对于涡量的计算，使用的公式为

$$\Omega_y=\frac{\partial W}{\partial x}-\frac{\partial U}{\partial y} \tag{2-16-7}$$

使用该程序的数据输出功能，将计算所得数据导出，然后使用 Origin Pro 7.5 软件作图，对流动速度、雷诺应力、涡量进行分析。

二、平板湍流边界层近壁区流动显示图像处理结果

图 2-16-3 为用高清数码摄像机采集到的平板湍流边界层近壁区域氢气泡流动高清图像，从图中可以清晰地看到平板湍流边界层近壁区域大尺度旋涡流动结构。图 2-16-4 为对图 2-16-3进行二值化灰度处理后得到的灰度图像。可以看出，在氢气泡聚集的区域，氢气泡对光的散射较强，显示出明亮的条纹线，这些区域的流体流速较慢；在氢气泡稀疏的区域，氢气泡对光的散射较弱，图像较暗，这些区域的流体流速较快。

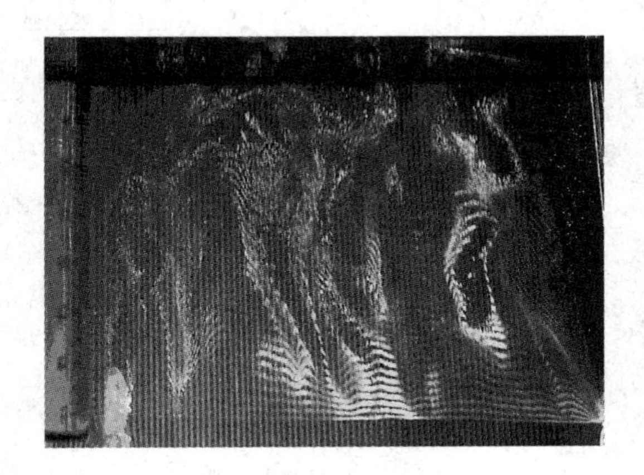

图 2-16-3　平板湍流边界层近壁区域氢气泡流动显示图像

图 2-16-4　平板湍流边界层近壁区域氢气泡流动显示灰度图像

图 2-16-5、图 2-16-7、图 2-16-9、图 2-16-11 分别为第 3 ~ 3.04 秒，第 3.04 ~ 3.08 秒，第 3.08 ~ 3.12 秒，第 3.12 ~ 3.16 秒流向速度分量在 $x-z$ 平面分布的等值线图。从图中可以看出，在阴极丝的下游附近，存在沿展向快慢相间的流向条带分布。慢条纹在展向呈现多簇分布（中间也间隔不明显的快条纹），快条纹在展向呈单独分布，但一条快慢条纹的展向空间尺度

用黏性内尺度单位无量纲化以后均为117左右;快条纹向下游迁移的速度大约为2 cm/s(如$z=5$ cm附近的快条纹),而慢条纹向下游迁移的速度很慢,在阴极丝附近产生堆积。通过对摩擦速度的估计,对时间尺度和长度用黏性内尺度单位进行无量纲化(1 mm对应黏性内尺度无量纲化值在11.7左右,1 ms对应黏性内尺度无量纲化值在0.117左右)。快条纹的持续时间短,$t^+=4.7\sim14$ ms(2~4帧时间为40~120 ms),而慢条纹的持续时间长,$t^+=9\sim19$ ms(3~5帧时间为80~160 ms),慢条纹数目多于快条纹,这与Tang和Clark的实验研究结果吻合。

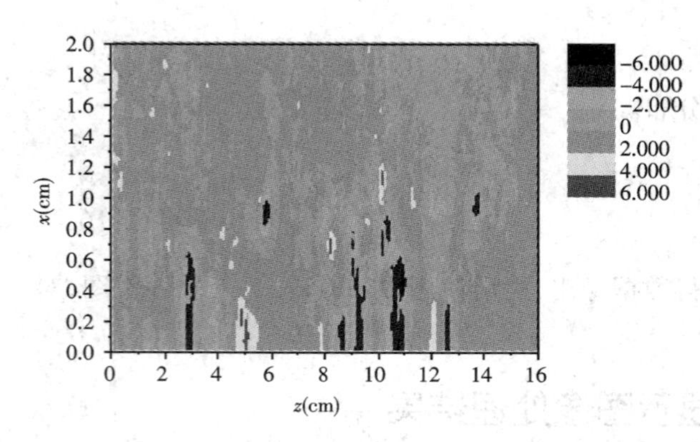

图2-16-5 第3~3.04秒流向速度分量在x-z平面分布的等值线图

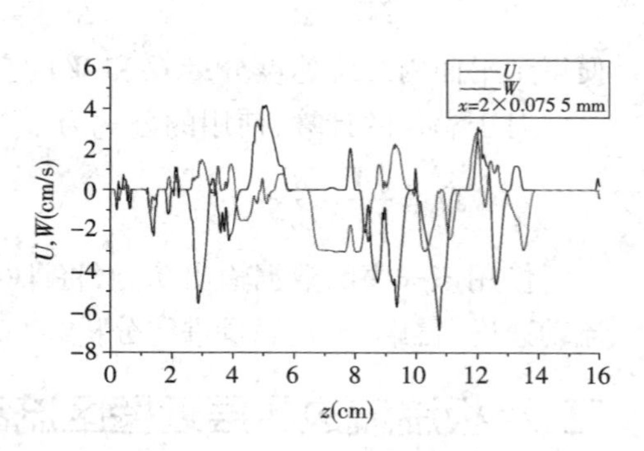

图2-16-6 第3~3.04秒流向脉动速度分量和展向脉动速度分量沿展向的快慢条带分布

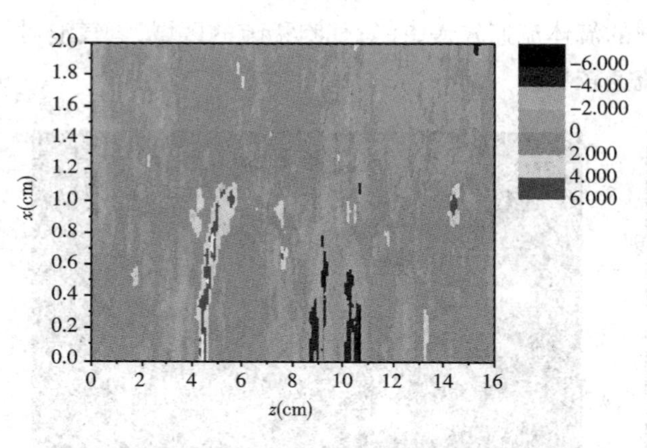

图2-16-7 第3.04~3.08秒流向速度分量在x-z平面分布的等值线图

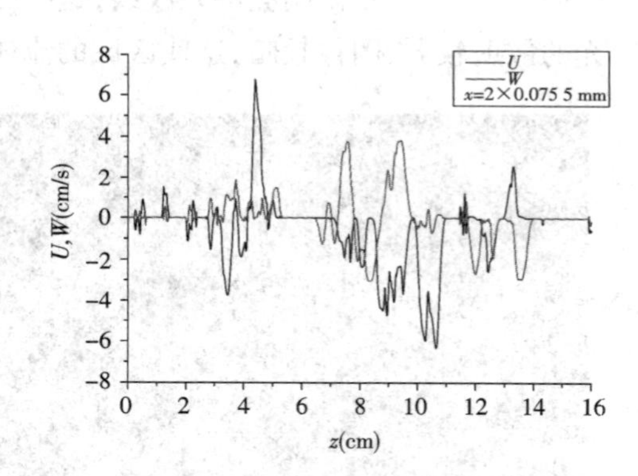

图2-16-8 第3.04~3.08秒流向脉动速度分量和展向脉动速度分量沿展向的快慢条带分布

图2-16-6、图2-16-8、图2-16-10、图2-16-12分别为第3~3.04秒,第3.04~3.08秒,第3.08~3.12秒,第3.12~3.16秒流向脉动速度分量、展向脉动速度分量沿展向的快慢条带分布。从图中可以看出,流向脉动速度为负值(对应慢条纹)时,展向脉动速度为正值,流向脉动速度为正值(对应快条纹)时,展向脉动速度为负值,总体上流向脉动速度分量与展向脉动速度分量异号,使雷诺应力分量$\overline{u'w'}$为负值。

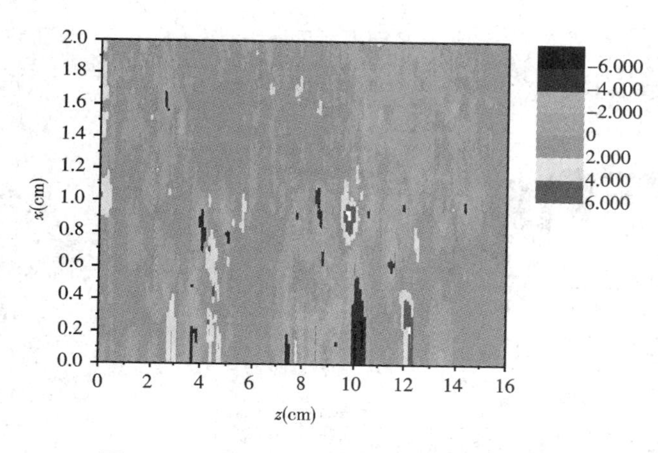

图 2-16-9　第 3.08～3.12 秒流向速度分量在 x-z 平面分布的等值线图

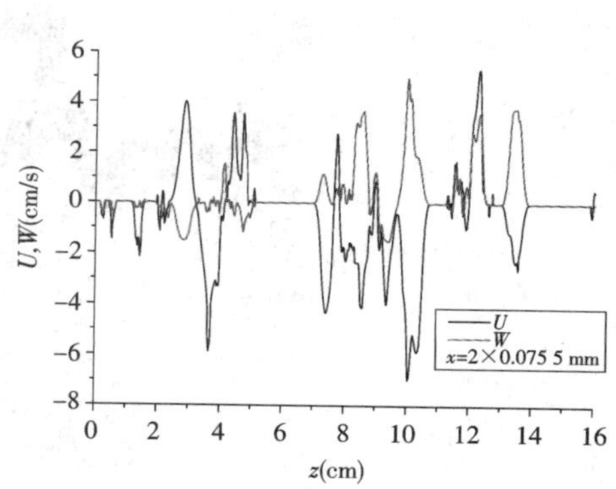

图 2-16-10　第 3.08～3.12 秒流向脉动速度分量和展向脉动速度分量沿展向的快慢条带分布

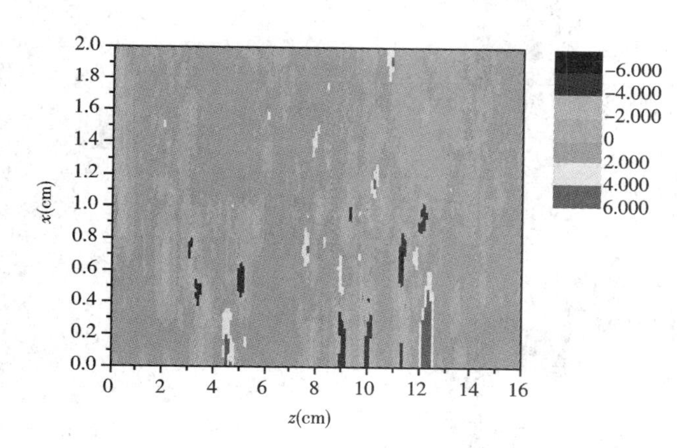

图 2-16-11　第 3.12～3.16 秒流向速度分量在 x-z 平面分布的等值线图

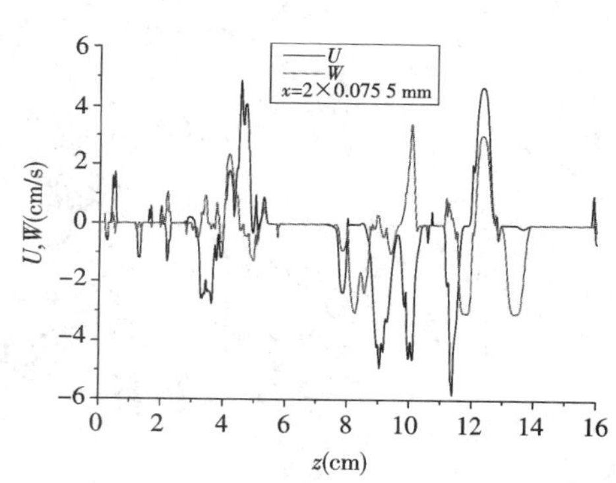

图 2-16-12　第 3.12～3.16 秒流向脉动速度分量和展向脉动速度分量沿展向的快慢条带分布

图 2-16-13 给出同一时刻(第 3.12～3.16 秒)不同流向位置($x=0.075\ 5\sim180\times0.075\ 5$ mm,流向 1～180 像素)流向速度分量沿展向的快慢条带分布。从图中可以看出,一簇快慢条纹具有大致相同的流向长度尺度范围,即 2～13.6 mm,黏性内尺度单位无量纲化值 $y^+=20\sim160$。

三、问题讨论与思考

(1)如何得到清晰的大尺度条带结构图像?

(2)如何计算快慢条带的展向间距?

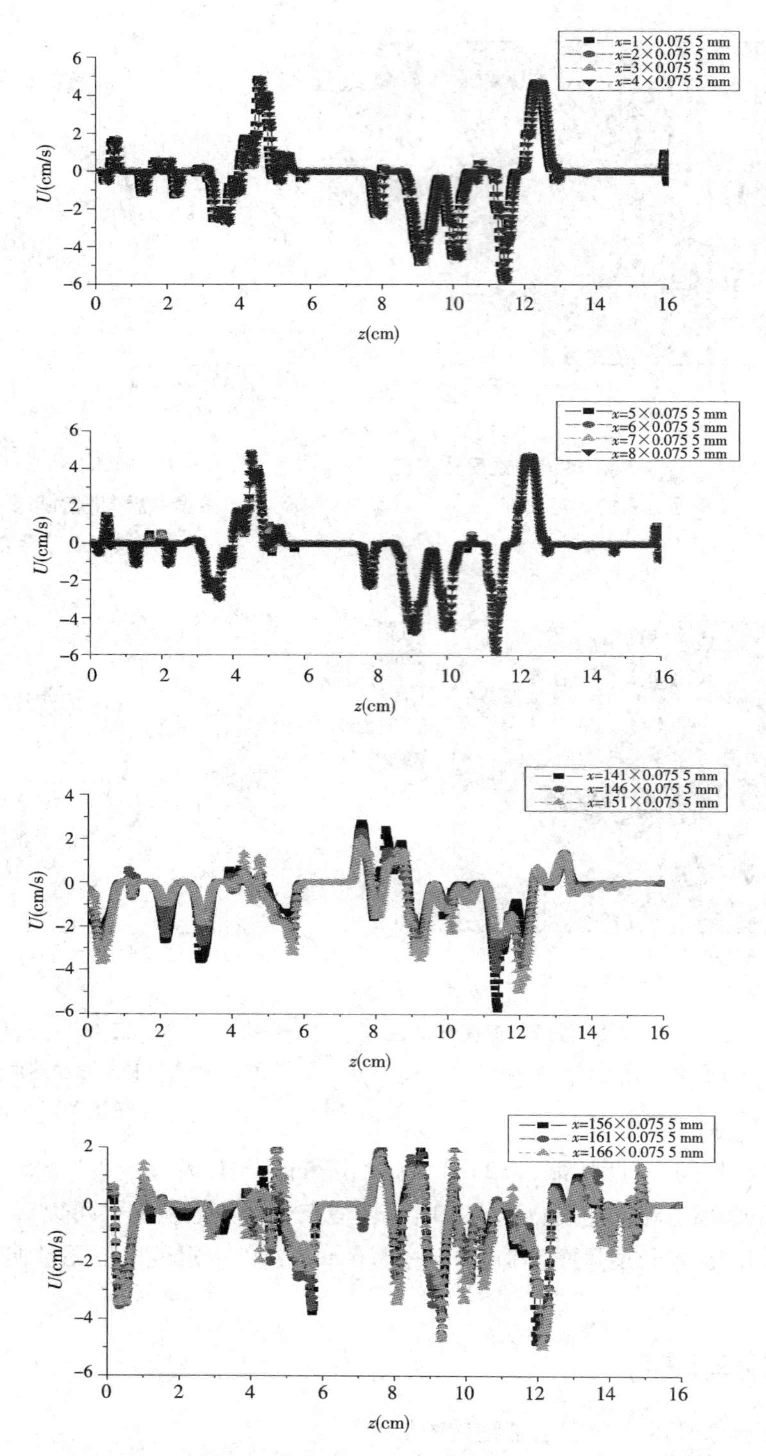

图 2-16-13　同一时刻不同流向位置流向速度分量沿展向的快慢条带分布

扫一扫:氢气泡流动显示数字图像处理(视频)

实验2-17　用热线风速仪测量风洞实验段平均速度分布

一、实验原理

风洞实验段的流场品质是影响风洞性能的重要因素,其中平均流速空间分布的均匀性是衡量风洞性能优劣的指标之一。对于新建成的风洞,首先要检验风洞实验段平均流速分布的空间均匀性;对于已有风洞,也要定期检验风洞实验段平均流速分布的空间均匀性。

风洞实验段平均流速空间分布的不均匀度定义为

$$\mu=\sqrt{\frac{\sum_{i=1}^{n}\left(\frac{U_i-U}{U}\right)^2}{n-1}},U=\frac{\sum_{i=1}^{n}U_i}{n} \tag{2-17-1}$$

式中　U_i——空间第 i 测点的平均速度;

U——空间所有测点平均速度的平均值;

n——空间测点数。

二、实验仪器和设备

(1)低速回流式风洞。

(2)IFA－300 型热线风速仪和已经标定的热线探针。

(3)三维步进电机控制坐标架。

(4)计算机及实验数据分析软件。

三、实验目的和要求

用所给实验仪器和设备,设计测量风洞实验段一个横截面上各点平均流速及其空间分布均匀性的实验方案,画出实验装置图,并连接实验装置。通过本实验,测量风洞实验段一个横截面上各点的平均流速,并计算各空间点平均速度分布的不均匀性,绘出平均速度均匀度空间分布曲线。通过本实验,达到以下目的:

(1)学会用热线风速仪和 TSI1210－T1.5 单丝热线探针测量气流的平均速度;

(2)了解风洞实验段气流平均速度空间分布情况;

(3)学会用热线风速仪和 TSI1210－T1.5 单丝热线探针测量平均流速空间分布的不均匀度。

四、问题讨论与思考

(1)影响风洞实验段平均流速分布均匀性的因素有哪些?

(2)如何改善风洞实验段平均流速分布的不均匀性?

(3)为什么要求风洞实验段平均流速保持均匀?

实验 2-18 用热线风速仪测量风洞实验段湍流度、均匀度和稳定度

一、实验原理

风洞实验段的湍流度、均匀度和稳定度是衡量风洞实验段流场品质的重要指标。湍流度是指流场空间一点的脉动速度的均方根值与当地平均速度的比值,它用来表示瞬时速度偏离其平均速度的相对强度,是衡量风洞实验段瞬时流场中脉动强度的一个物理量。

各个方向上的湍流度定义如下。

纵向:

$$\varepsilon_1 = \sqrt{\overline{u'^2}}/U$$

法向:

$$\varepsilon_2 = \sqrt{\overline{v'^2}}/U \tag{2-18-1}$$

横向:

$$\varepsilon_3 = \sqrt{\overline{w'^2}}/U$$

式中 u'、v'、w'——脉动速度的三个分量;

U——当地流向平均速度。

也可以定义一个综合湍流强度:

$$\varepsilon = \sqrt{\frac{1}{3}(\overline{u'^2}+\overline{v'^2}+\overline{w'^2})}/U \tag{2-18-2}$$

风洞实验段平均流速分布的空间不均匀度是指流场某横截面上空间各点的平均速度偏离其横截面平均值的样本方差,表示横截面各点的平均速度在横截面上分布的相对均匀程度,是衡量风洞实验段平均流场空间分布均匀性和风洞实验段有效实验横截面面积大小的一个物理量。定义其为

$$\mu = \sqrt{\frac{\sum_{i=1}^{n}\left(\frac{U_i - \langle U \rangle}{U}\right)^2}{n-1}} \tag{2-18-3}$$

式中 U_i——空间第 i 测点的平均速度;

$\langle U \rangle$——断面所有各测点平均速度的平均值;

n——断面测点数。

$$\langle U \rangle = \frac{\sum_{i=1}^{n} U_i}{n} \tag{2-18-4}$$

风洞实验段平均流速的稳定度是指风洞实验段中心线上一点若干次在不同时间段内测量的平均速度偏离其总平均值的样本方差，表示风洞实验段平均速度在时间历程上的相对稳定程度，是衡量风洞运行稳定性的一个物理量。定义其为

$$S = \sqrt{\frac{\sum_{i=1}^{n} \left(\frac{U_i - \overline{U}}{\overline{U}}\right)^2}{n-1}} \tag{2-18-5}$$

式中 U_i——第 i 次测量的平均速度；

$\overline{U}$——n 次测量的平均速度的样本平均值；

n——测量次数。

$$\overline{U} = \frac{\sum_{i=1}^{n} U_i}{n} \tag{2-18-6}$$

二、实验仪器和设备

(1)低速回流式风洞。

(2)IFA－300 型热线风速仪和已经标定的热线探针。

(3)三维步进电机控制坐标架。

(4)计算机及实验数据分析处理软件。

三、实验目的和要求

要求用所给实验仪器和设备，分次测量风洞实验段一个横截面上各点瞬时速度信号的时间序列。通过本实验，测量风洞实验段一个横截面上空间各点的平均流速，并计算各空间点的湍流度、均匀度分布、中心线上平均速度的稳定度，绘出湍流度和均匀度空间分布曲线。通过本实验，达到以下目的：

(1)掌握风洞实验段的湍流度、均匀度和稳定度的基本概念；

(2)学会用热线风速仪和热线探针测量风洞实验段的湍流度、均匀度和稳定度；

(3)了解风洞实验段气流湍流度、均匀度空间分布情况。

四、问题讨论与思考

(1)风洞实验段横截面上速度均匀的区域沿流向如何变化？原因是什么？

(2)风洞实验段横截面上速度均匀的区域沿流向变化对风洞实验有何影响？

(3)如何保持风洞实验段横截面上速度均匀的区域沿流向变化最小？

(4)风洞实验段的湍流度各分量沿壁面法向大小如何变化？原因是什么？

(5)如何采取措施提高风洞运行稳定度?

实验 2-19 激光多普勒测速原理实验

一、实验原理

激光多普勒流速计主要是依据光学多普勒效应研制而成的。光源照射到物体上,若两者之间存在相对运动,那么物体所接收到的频率与光源频率不同(偏高或偏低),这种频率偏移的现象称为多普勒效应。这里包含一件事实:频移与运动有关。而运动常常是用速度来描述的,这就为测量流体运动速度提供了一种途径,即直接测量光学上的多普勒频移。

20 世纪 60 年代以来,国内外许多学者对这方面的研究取得了丰硕的成果。激光多普勒流速计就是在这种情况下诞生的,比较典型的是"双光束前向散射光路",如图 2-19-1 所示。

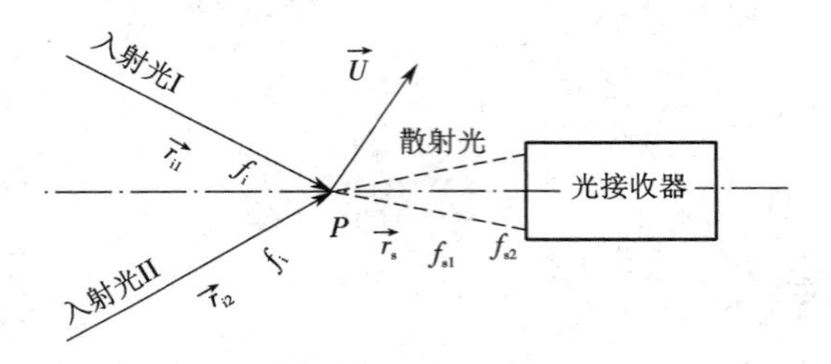

图 2-19-1 激光多普勒测速原理图

图中:$\vec{r}_i$,$\vec{r}_s$分别表示入射光、散射光方向的单位矢量;f_i,f_s分别表示光源和光接收器接收到的频率;P 为流场中运动的粒子,它的速度为$\vec{U}$。

光接收器接收到的光波频率经过了两次多普勒效应,即两次频移。第一次,光源不动,粒子 P 运动,粒子接收到的光波频率f_p为

$$f_p = f_i\left(1 - \frac{\vec{U}\cdot\vec{r}_i}{c}\right) \tag{2-19-1}$$

式中:c 表示光速。

第二次,散射光光源 P 运动,光接收器不动,光接收器接收到的光波频率f_s为

$$f_s = f_p\left(1 + \frac{\vec{U}\cdot\vec{r}_s}{c}\right) \tag{2-19-2}$$

将式(2-19-1)代入式(2-19-2)得

$$\begin{aligned} f_s &= f_i\left(1 - \frac{\vec{U}\cdot\vec{r}_i}{c}\right)\left(1 + \frac{\vec{U}\cdot\vec{r}_s}{c}\right) \\ &= f_i\left[1 - \frac{\vec{U}\cdot\vec{r}_i}{c} + \frac{\vec{U}\cdot\vec{r}_s}{c} - \frac{(\vec{U}\cdot\vec{r}_i)\cdot(\vec{U}\cdot\vec{r}_s)}{c^2}\right] \end{aligned} \tag{2-19-3}$$

因为 $c \gg U$,故略去$\left(\frac{U}{c}\right)^2$项,得

$$f_s = f_i\left[1 - \frac{\vec{U}(\vec{r_i} - \vec{r_s})}{c}\right] \tag{2-19-4}$$

对于两束入射光,式((2-19-3)可分别写成:

$$f_{s_1} = f_i\left[1 - \frac{\vec{U}(\vec{r_{i_1}} - \vec{r_s})}{c}\right] \tag{2-19-5}$$

$$f_{s_2} = f_i\left[1 - \frac{\vec{U}(\vec{r_{i_2}} - \vec{r_s})}{c}\right] \tag{2-19-6}$$

利用激光作光源,因其频率单一,且能满足相干条件。这样,虽然激光的频率很高,一般为 $10^{14} \sim 10^{15}$ Hz,借助于外差检测技术,含有 f_{s_1} 和 f_{s_2} 的散射光在光检测器上进行混频后,只输出差频,即

$$f_{s_1} - f_{s_2} = f_i \frac{\vec{U} \cdot (\vec{r_{i_2}} - \vec{r_s})}{c} \tag{2-19-7}$$

定义这一差频为 $f_D = f_{s_1} - f_{s_2}$,并称为多普勒频移。由几何关系(图 2-19-2)可知:

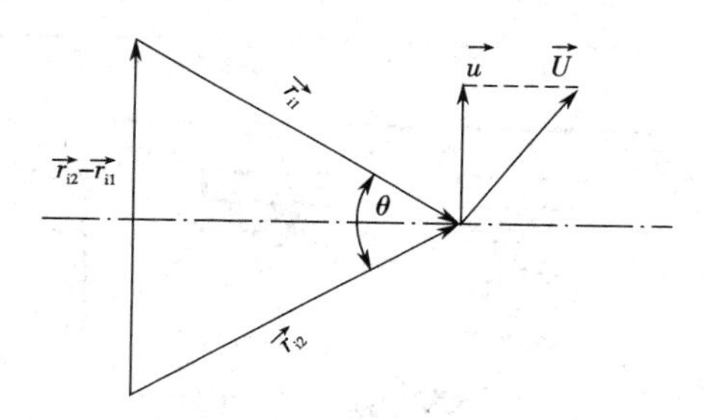

图 2-19-2　几何关系

$$|\vec{r_{i_2}} - \vec{r_{i_1}}| = 2\sin\frac{\theta}{2} \tag{2-19-8}$$

而 $\frac{c}{f_i} = \lambda$,则

$$f_D = \frac{2u\sin\frac{\theta}{2}}{\lambda} \tag{2-19-9}$$

式中　λ——激光波长;

θ——两束入射光的夹角;

u——矢量 $\vec{U}$ 在入射光平面内、垂直 θ 角平分线方向上的分量。

则有

$$\frac{\lambda}{2\sin\frac{\theta}{2}} f_D = K f_D \tag{2-19-10}$$

式中:系数 $K = \frac{\lambda}{2\sin\frac{\theta}{2}}$,只是激光波长和两束入射光夹角的函数,与被测流体无关。表明,u 与 f_D 是线性关系。

可用频率跟踪器检测f_D。由光电倍增管输出的信号是一个调幅、调频的信号，既包含多普勒频移f_D，又包含各种干扰和噪声；由于粒子不连续，因此又是一个不连续的信号，使用频率跟踪器能随时抑制干扰和噪声，密闭跟踪反映流速的多普勒信号，配上数字显示部分，将流速直接显示出来。此部分电路复杂，这里不予介绍，仅给出它的面板图（图 2-19-3），以便操作使用。

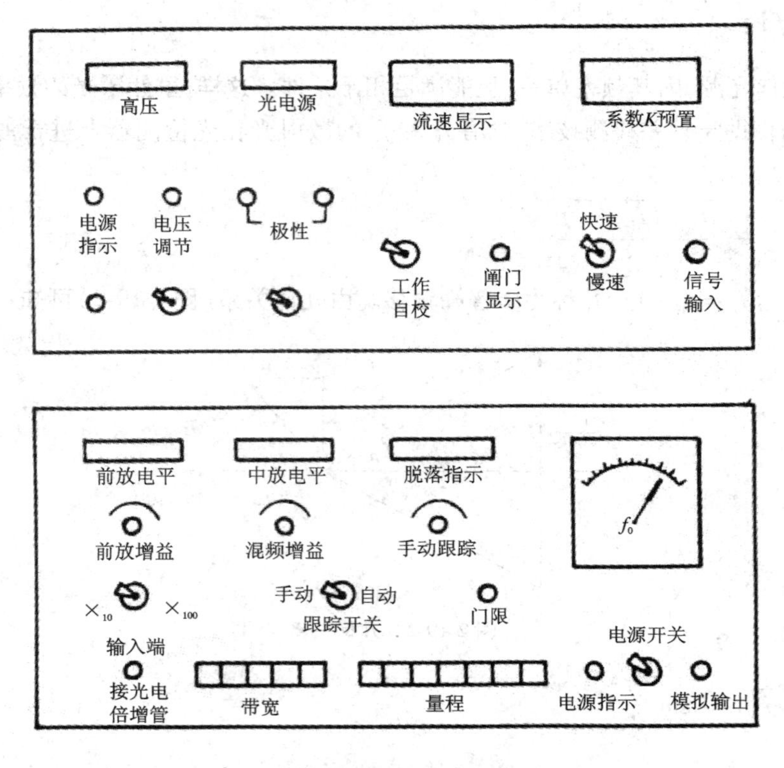

图 2-19-3 频率跟踪器面板示意图

在激光测速中，散射粒子的质量密度和直径要经过选择，使它的运动速度能代表流体运动的速度，即必须有良好的跟随性。

二、实验仪器和设备

（1）水槽。

（2）激光多普勒流速计（简称激光流速计，用 LDV 表示）。

（3）坐标架。

（4）示波器。

整体实验装置如图 2-19-4 所示。

三、实验目的和要求

（1）了解激光流速计的工作原理。

（2）学习激光流速计的调试技术。

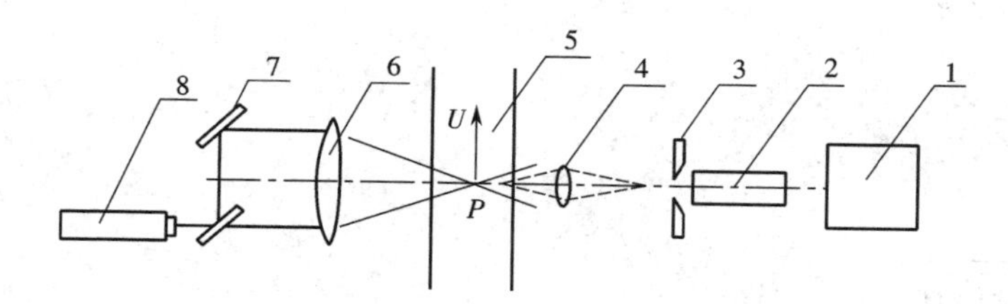

图 2-19-4　激光多普勒测速实验装置图

1—信号处理系统；2—光电倍增管；3—光阑；4—接收透镜；5—水槽；6—聚焦透镜；7—分光器；8—激光器

四、实验步骤

（1）向水槽放水，并开动水泵使水循环系统工作。

（2）调整光路，使两束光相交于一点，前后移动光电倍增管，并使散射光点位于其接收透镜的焦点上。

（3）连线：光电倍增管上的“电源”“输入”端分别接在仪器后面板上的“高压输出”和“信号输出”插座上，后面板上的“前置输出”接到示波器的输入插座上。

（4）操作频率跟踪器，使仪器处于测量状态，适当地调整混频带宽和量程开关，调节门限、混频增益（此时前置开关置于 ×10 挡）和“脱落”，找到谐振工作点，将“手动”拨到“自动”，预置好 K 值即可。

（5）测出壁面边界层的速度分布，调整坐标架对测点逐一进行测量，记下数据。

（6）结束实验，整理仪器设备。

（7）编写实验报告。

五、问题讨论与思考

（1）激光流速计是否需要校准；为什么？

（2）双光束激光流速计，两束入射光的夹角 θ 对测速有什么影响？

实验 2-20　用三维激光多普勒测速仪测量水槽主要性能指标

一、实验原理

水槽的湍流度、均匀度和稳定度是衡量其流场品质的重要指标。湍流度是指流场空间一点的脉动速度的均方根值（方差）与当地平均速度的比值，它用来表示瞬时速度偏离其平均速度的相对强度，是衡量水槽实验段瞬时流动状态是否平稳的一个物理量。

各个方向上的湍流度定义如下。

纵向：

$$\varepsilon_1=\sqrt{\overline{u'^2}}/U$$

法向：

$$\varepsilon_2=\sqrt{\overline{v'^2}}/U \tag{2-20-1}$$

横向：

$$\varepsilon_3=\sqrt{\overline{w'^2}}/U$$

式中 u'、v'、w'——脉动速度的三个分量；

U——当地流向平均速度。

也可以定义一个综合湍流强度：

$$\varepsilon=\sqrt{\frac{1}{3}(\overline{u'^2}+\overline{v'^2}+\overline{w'^2})}/U \tag{2-20-2}$$

实验段平均流速分布的空间不均匀度是指流场某横截面上空间各点的平均速度偏离其横截面平均值的样本方差，表示横截面各点的平均速度在横截面分布的相对均匀程度，是衡量水槽或风洞实验段平均流场空间分布均匀性和有效实验横截面面积大小的一个物理量。定义其为

$$\mu=\sqrt{\frac{\sum_{i=1}^{n}\left(\frac{U_i-<U>}{<U>}\right)^2}{n-1}} \tag{2-20-3}$$

式中 U_i——空间第 i 测点的平均速度；

$<U>$——断面所有测点平均速度的样本平均值；

n——断面测点数。

$$<U>=\frac{\sum_{i=1}^{n}U_i}{n} \tag{2-20-4}$$

实验段平均流速的稳定度是指水槽实验段中心线上一点若干次在不同时间段内测量的平均速度偏离其样本平均值的样本方差，表示水槽或风洞实验段平均速度在时间历程上的相对稳定程度，是衡量水槽或风洞运行稳定性的一个物理量。定义其为

$$S=\sqrt{\frac{\sum_{i=1}^{n}(\frac{U_i-\overline{U}}{\overline{U}})^2}{n-1}} \tag{2-20-5}$$

式中 U_i——第 i 次测量的平均速度；

$\overline{U}$——n 次测量的平均速度的样本平均值；

n——测量次数。

$$\overline{U}=\frac{\sum_{i=1}^{n}U_i}{n} \tag{2-20-6}$$

激光测速的原理是基于光的多普勒效应，当一束具有单一频率的激光照射到一运动粒子

时,粒子再将其散射到一静止的光检测器(如光电倍增管),那么接收到的信号便经历了两次多普勒效应。

最简单的一维激光多普勒流速计的测速公式为

$$u = f_D \frac{\frac{\lambda}{2}}{\sin\frac{\theta}{2}} \tag{2-20-7}$$

式中 f_D——多普勒频移;

λ——入射光波长;

θ——两入射光夹角。

对于3D-LDV系统,采用的是单探头五束光测三维模式,如图2-20-1所示。五束光按照上、下、左、右及透镜中心均匀分布:左、右两束为紫光,用于测量流向速度;上、下两束分别为绿光和蓝光,中心的一束为蓝光和绿光的混合光,上面的绿光束和中心的混合光束可用于测量法向速度,而下面的蓝光束和中心的混合光束可用于测量展向速度。当然这样做的结果是所测三个速度方向并不构成正交坐标系,但只需要进行简单的矢量推导:左、右两束紫光所测流向速度不用变换,把 y 向和 z 向速度(正交系)分别向2和3轴投影(图2-20-2),便可反解出如下的关系式:

$$\begin{aligned} u_x &= u_1 \\ u_y &= \frac{u_2 - u_3}{2\sin(\theta/2)} \\ u_z &= \frac{u_2 + u_3}{2\cos(\theta/2)} \end{aligned} \tag{2-20-8}$$

其中,1,2,3轴为变换前的速度方向(即LDV所初测的速度方向);x,y,z 轴为变换后的速度方向(实验所要的速度方向)。以上变换可由计算机自动完成。

图2-20-1　3D-LDV光束位置示意图

图2-20-2　3D-LDV光束与速度分量关系示意图

二、实验仪器和设备

(1)水槽。

(2)3D-LDV(包括激光器电源、激光器、光学单元、信号处理器及坐标架)。

(3)示波器。

(4)计算机及相应软件。

整体实验装置如图 2-20-3 所示。

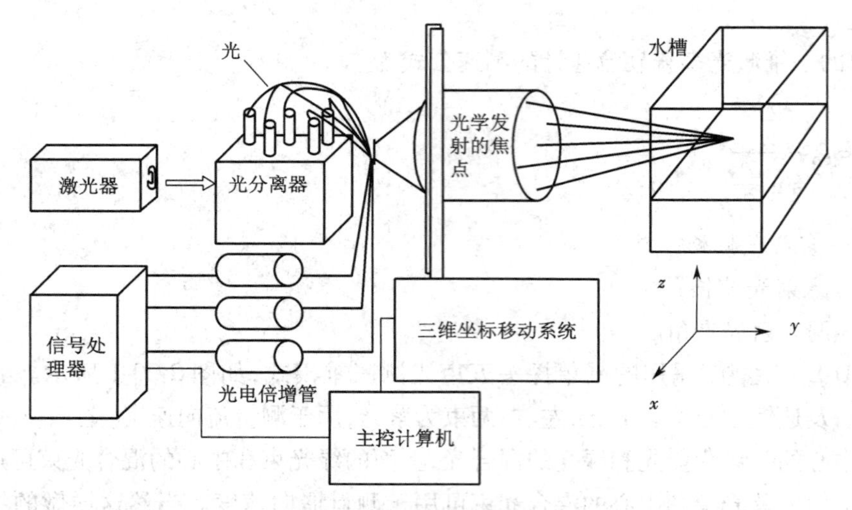

图 2-20-3 3D-LDV 测量水槽主要性能指标实验装置图

三、实验目的和要求

（1）了解三维激光多普勒流速计（简称 3D-LDV）的工作原理。

（2）学习 3D-LDV 测试技术。

（3）测量水槽流场的各流动参数指标。

四、实验步骤

（1）开启冷却水泵，由于激光器功率较高，必须先使冷却水循环才能开启激光器，注意水表压力，使读数在 0.16～0.64 MPa，以 0.25 MPa 为宜。

（2）合上三相稳压电源开关，打开激光器电源开关，接着将激光器前面板钥匙开关打开，把控制盒钥匙开关由 OFF 拨至 ON 位置，把功率拨至最小，然后按控制盒的“START”按钮。

（3）打开信号处理器和坐标架电源开关，开启计算机，执行 Burstware 软件，打开激光器出光开关，增大功率，给水槽充水。

（4）在主菜单下点击“Setup&Acquire”项，选择“Files”项，输入要采集的数据文件名称，然后选择“Acquire”项，进行测试，当然信号不强或采样频率不高时，可在参数窗口中（选择“Quick”项）适当加高压（HV）和改变中心频率 f_c（最好使 f_c 与速度大小接近）以及适当的带宽 B_w（即测速范围），当信号比较令人满意后，在“Mode”项中把原来的“Online”模式改为“Save&Acquire”模式，进行测量并把数据储存到计算机，选择“Traverse”项来移动坐标架，分别沿纵向和横向依次逐点进行测量。

（5）在主菜单下点击“Process”项，选择“Setup”项来设置数据处理参数（如“Velocity Data”是把原来信号变换成速度信号），然后再选择“Process”项开始处理。

（6）处理完毕后，选择“Present”项，弹出图形显示窗口，在“Select”中选择要显示的图形类型，在“Files”中选择数据文件，然后点击“Draw”项便可看到要显示的图形。

（7）结束实验，关闭信号处理器电源，逆序逐一关闭激光器电源，冷却水泵要 5 min 后再停。

（8）处理实验数据，编写实验报告。

五、问题讨论与思考

水槽实验段流场各参数在三维方向上是如何变化的？

第三篇 壁湍流相干结构认识与检测技术综合研究型实验

3.1 关于壁湍流相干结构流动显示与单点测量研究的综述

湍流边界层是工程技术中典型的湍流流动形态之一[1-4]，是指黏性流体流经固体表面一定阶段后，由于流动不稳定性的作用，在固体表面附近的区域内发展成为平均速度随法向空间坐标变化很快（梯度很大）而瞬时流动又极端混乱的流体流动状态，如图 3-1-1 所示。工程技术中大量的湍流问题与湍流边界层密切相关，如水轮机和汽轮机叶片表面附近的流动、航空航天飞行器固壁表面附近的流动、超燃发动机流道内的流动、船舶和潜艇表面附近的流动等[5,6]。

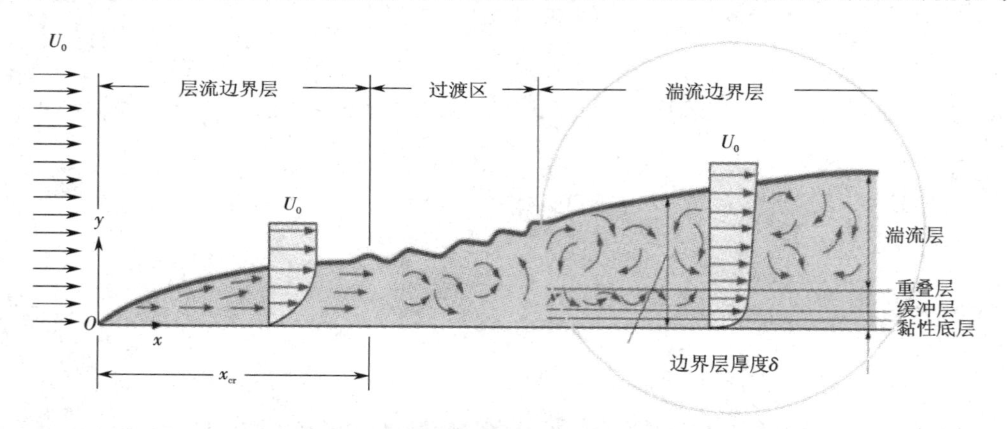

图 3-1-1 湍流边界层流动显示示意图和图像

相对于层流边界层，湍流边界层使壁面摩擦阻力大幅增加、壁面烧蚀严重、能耗增大、壁面振颤加剧、机械效率下降，从而对系统和结构的安全可靠性构成严重威胁[7,8]。边界层固壁表面摩擦阻力在各种运输工具中的总阻力占有很大的比例，例如：常规的运输机和水上船只，其表面摩擦阻力约占总阻力的50%；对于水下运动的物体如潜艇，这个比例可达到70%；而在长距离管道输送中，泵站的动力消耗几乎全部用于克服壁面摩擦阻力[9-11]。在这些运输工具中流体与固体接触的大部分区域，流动都处于湍流状态。因此，从机理上分析湍流边界层中的流动结构及其形成原因，进而提出控制湍流边界层的有效方法成为湍流研究的前沿课题。而控制湍流边界层的主要目的之一就是减小壁面摩擦阻力、降低能耗，所以研究湍流边界层减阻意义重大[12]。

3.1.1　壁湍流的分层结构

壁湍流虽然只是法向很薄的一层区域，但其内部的流动结构和流动现象却极其复杂，按照流动结构和流动现象划分，壁湍流从壁面开始主要分为内区和外区两大部分。内区是靠近壁面的区域，其流动直接受壁面条件的影响，也称为壁区。壁区外的区域只是间接受到壁面剪应力的影响，称为外区。外区以外为可以忽略流体黏性的主流区。

如果壁面是完全光滑的，根据流动特性的不同，壁区又可以分为三个子层，即黏性底层、缓冲层和完全湍流层。黏性底层是最靠近壁面的一个薄层，它的流动特性受固体壁面黏性剪应力的影响，流场主要由流体黏性控制。在黏性底层外和壁区内，惯性作用相对于流体的黏性作用越来越强，直到离开壁面一定距离后，流场变为完全湍流，这时惯性对流体的流动起主导作用，而黏性的影响可以忽略，称为完全湍流层，因为该区域流向平均速度剖面符合对数律，又称为对数律层。在这两个子层之间，还存在一个过渡层，在该层内湍流的惯性作用与黏性作用几乎相当，称为缓冲层(或过渡层)。实际上，在壁区的这三个子层的流动特性是逐渐变化的，并没有明显的分界线。湍流边界层分层结构如图3-1-2和图3-1-3所示。

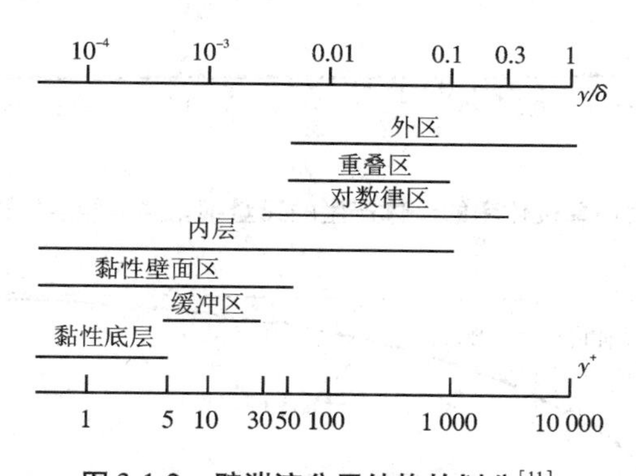

图3-1-2　壁湍流分层结构的划分[11]

图3-1-4和图3-1-5分别给出了湍流边界层内单位体积的流体产生的无量纲化湍动能随壁面法向的变化规律和湍流边界层内无量纲化湍动能产生率沿壁面的累积量随壁面法向的变化规律。从图3-1-4和图3-1-5可以看到，湍动能的产生率在近壁区域是最高的，超过50%以上的湍动能是在非常靠近壁面(1/10边界层厚度以内)的区域产生的，超过80%以上的湍动能是在1/5边界层厚度以内的区域(对数律区以内)产生的，而尾流区只产生不到20%的湍动能。所以，湍流边界层的近壁区域是壁湍流产生的主要区域，是壁湍流的主要来源，要控制湍流边界层实现湍流边界层减阻，需要重点控制壁湍流的产生和发展。

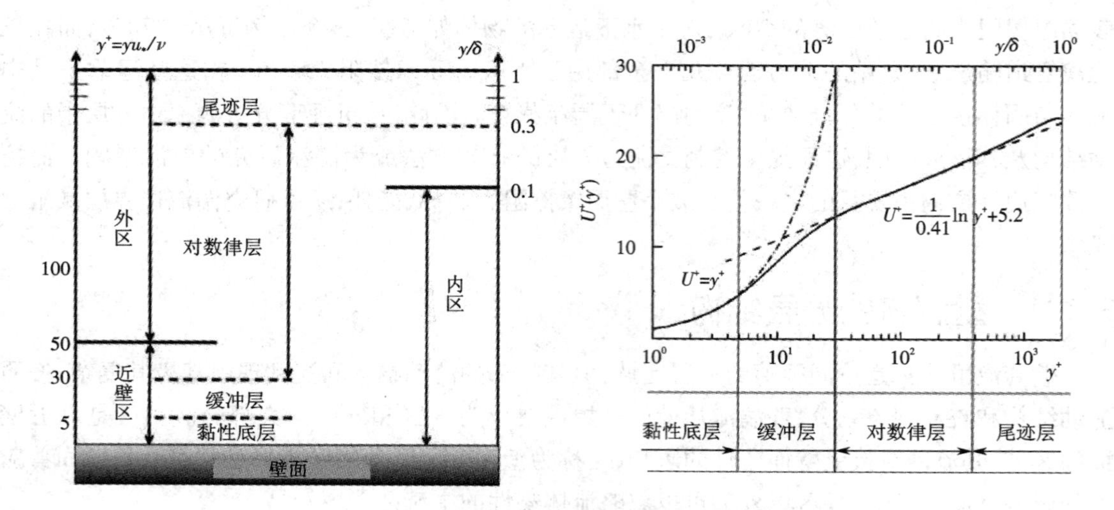

图 3-1-3 壁湍流分层结构示意图[11]

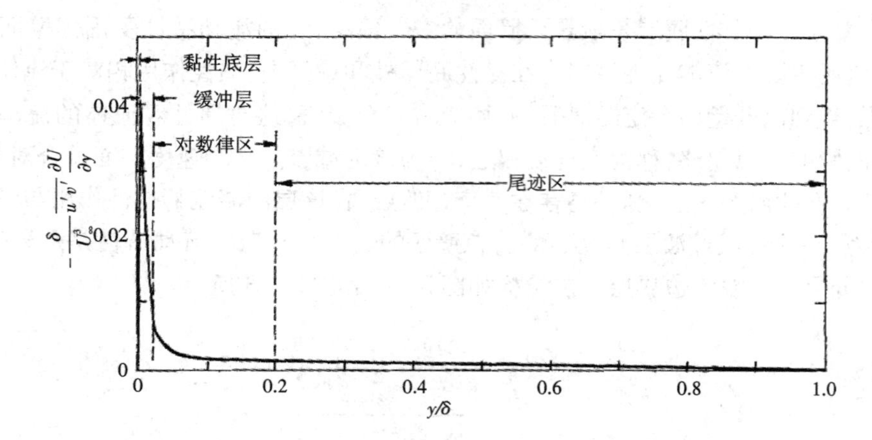

图 3-1-4 湍流边界层内单位体积的流体产生的无量纲化湍动能随壁面法向的变化规律[13]

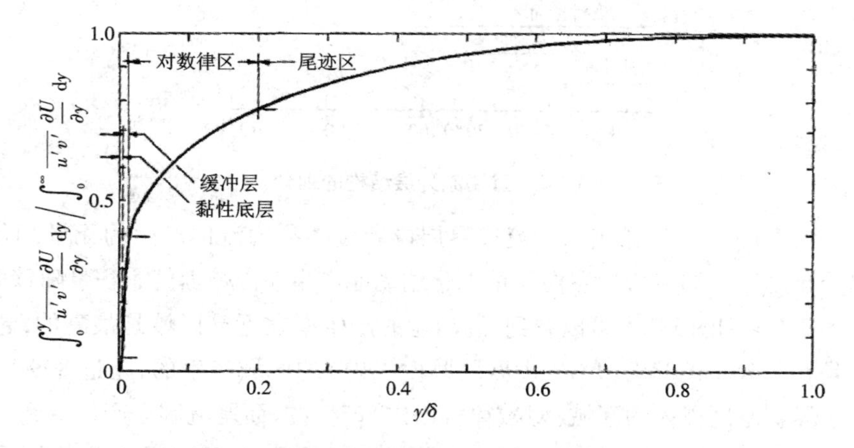

图 3-1-5 湍流边界层内无量纲化湍动能产生率沿壁面的累积量随壁面法向的变化规律[13]

3.1.2　不可压缩流体零压力梯度湍流边界层平均速度剖面

不可压缩均质流体定常的二维平板(零压力梯度)湍流边界层平均运动方程如下。

连续性方程:

$$\frac{\partial \overline{u_i}}{\partial x_i}=0 \tag{3-1-1}$$

动量方程:

$$\rho\left(\frac{\partial \overline{u_i}}{\partial t}+\overline{u_j}\frac{\partial \overline{u_i}}{\partial x_j}\right)=\mu\frac{\partial^2 \overline{u_i}}{\partial x_j \partial x_j}+\frac{\partial}{\partial x_j}\left(-\rho\overline{u'_i u'_j}\right) \tag{3-1-2}$$

经过量纲分析,动量方程简化为

$$\mu\frac{\partial^2 \overline{u}}{\partial y^2}+\frac{\partial}{\partial y}\left(-\rho\overline{u'v'}\right)=0,\frac{\partial \overline{p}}{\partial y}=0 \tag{3-1-3}$$

平板湍流边界层平均速度剖面的内区壁面律见表3-1-1。

表3-1-1　湍流边界层内部区域划分及其划分依据

区域	位置	划分的依据
内层	$y/\delta<0.1$	$<U>$由u_τ和y^+决定,与U_0和δ无关
黏性壁面区	$y^+<50$	黏性对剪切应力的贡献是显著的
黏性底层	$y^+<5$	与黏性应力相比,雷诺切应力可以忽略
外层	$y^+>50$	黏性对$<U>$的直接影响可以忽略
重叠区	$y^+>50,y/\delta<0.1$	在大雷诺数下,内区与外区的重叠区域
对数律层	$y^+>30,y/\delta<0.3$	对数律成立的区域
缓冲层	$5<y^+<30$	黏性底层与对数律层之间的区域

对于黏性底层,由于非常靠近壁面,湍流脉动非常微弱,流体黏性摩擦力起主要作用,可以忽略湍流雷诺应力,即

$$-\rho\overline{u'v'}\approx 0 \tag{3-1-4}$$

得到

$$\mu\frac{\partial^2 \overline{u}}{\partial y^2}=0 \tag{3-1-5}$$

即在黏性底层,黏性应力不随法向位置变化:

$$\mu\frac{\partial \overline{u}}{\partial y}=C=\tau_w=\rho u_\tau{}^2 \tag{3-1-6}$$

利用无滑移边界条件,对y积分一次得到

$$\overline{u}=\frac{\rho u_\tau^2}{\mu}y \tag{3-1-7}$$

$$\frac{\overline{u}}{u_\tau}=\overline{u}^+=\frac{\rho u_\tau}{\mu}y=y^+\quad y^+<5 \tag{3-1-8}$$

对缓冲层，由于是黏性应力与湍流应力共同作用，流动非常混乱，其机理还不完全清楚，平均速度剖面处于黏性底层向对数律层的过渡区，没有明确合理的平均速度表达式。一般的经验表达式为

$$\bar{u}^+ = 5.0\ln y^+ - 3.05 \quad 5 < y^+ < 30 \tag{3-1-9}$$

对于完全湍流层，湍流雷诺应力远大于黏性应力，忽略黏性应力，得到

$$\frac{\partial}{\partial y}(-\rho\overline{u'v'}) = 0 \tag{3-1-10}$$

即在完全湍流层内，雷诺应力不随法向位置变化：

$$-\rho\overline{u'v'} \approx \tau_w = \rho u_\tau^2 \tag{3-1-11}$$

利用 Prandtl 的混合长度理论：

$$u' \sim v' \propto \kappa y\frac{\partial\bar{u}}{\partial y} \tag{3-1-12}$$

得到

$$\rho\kappa^2 y^2\left(\frac{\partial\bar{u}}{\partial y}\right)^2 = \rho u_\tau^2 \tag{3-1-13}$$

$$\frac{\partial\bar{u}}{\partial y} = \frac{u_\tau}{\kappa y} \tag{3-1-14}$$

对 y 积分一次得到

$$\bar{u} = \frac{u_\tau}{\kappa}\ln y^+ + C \tag{3-1-15}$$

$$\frac{\bar{u}}{u_\tau} = \bar{u}^+ = \frac{1}{\kappa}\ln y^+ + B, \kappa = 0.4 \sim 0.41, B = 4.9 \sim 5.5 \tag{3-1-16}$$

外区的速度亏损律：

$$\frac{U_\infty - \bar{u}}{u_\tau} = 2.5 - 2.44\ln\frac{y}{\delta} \tag{3-1-17}$$

$$\bar{u}^+ = \frac{1}{\kappa}\ln y^+ + C + \frac{\Pi}{\kappa}\left[1 - \cos\left(\frac{y\pi}{\delta}\right)\right], C = 5.8, \kappa = 0.4, \Pi = 0.15 \tag{3-1-18}$$

速度亏损律：

$$\frac{U_\infty - \bar{u}}{u_\tau} = -2.44\ln\frac{y}{\delta} + \frac{\Pi}{\kappa}\left[1 + \cos\left(\frac{y\pi}{\delta}\right)\right] \tag{3-1-19}$$

Spalding 给出了一个全壁面律的速度分布式：

$$y^+ = \bar{u}^+ - e^{-\kappa B}\left[e^{\kappa\bar{u}^+} - 1 - \kappa\bar{u}^+ - \frac{(\kappa\bar{u}^+)^2}{2} - \frac{(\kappa\bar{u}^+)^3}{6}\right] \tag{3-1-20}$$

其中，$y^+ = \frac{yu_\tau}{\nu}$，$\bar{u}^+ = \bar{u}/u_\tau$，$\kappa = 0.41$，$B = 5.1$。

Musker 推导给出了一个显式公式：

$$\bar{u}^+ = 5.424\arctan\frac{2y^+ - 8.15}{16.7} + \lg\frac{(y^+ + 10.6)^{9.6}}{(y^{+2} - 8.15y^+ + 86)^2} - 3.52 \tag{3-1-21}$$

Spalding 公式的显式：

$$u^{+}=\ln[(y^{+2}+8.02y^{+}+17.06)^{1.352}\times(y^{+2}-7.46y^{+}+62.08)^{-0.102}]-2.91\arctan\frac{2y^{+}+8.02}{1.98}+4.66\arctan\frac{2y^{+}-7.46}{13.87}+2.75 \quad (3\text{-}1\text{-}22)$$

3.1.3　壁湍流相干结构的流动显示研究

早期,人们认为湍流边界层(除黏性底层外)中的流动也是流体质点的完全随机运动,而距离壁面最近的黏性底层则由于黏性起主要作用而处于层流状态,因此黏性底层又称为层流底层。Corrsin 和 Kistler (1954)[14]在湍流边界层中发现了间歇现象。Townsend(1956)[15]指出了在剪切湍流中存在小尺度脉动及具有准周期的大尺度结构,并提出了湍流结构的概念。Townsend (1956),Favre (1956)[16],Grant(1959)[17]在湍流边界层外区发现了大尺度涡的运动。Einstein(1956)[18],Kline 和 Runstadler(1959)[19]等用流动显示的方法在湍流边界层的近壁区观察到了具有明显周期性的流体喷射的大尺度运动。

标志开始进行湍流近壁区相干结构研究的是美国斯坦福大学的 Kline 小组(1967)[13,20]。在对湍流近壁区条纹结构进行的全面细致的观测工作中,他们发现了湍流近壁区的条纹结构并定量测量了条纹间距,发现由内尺度无量纲化的条纹间距与雷诺数无关,其值约为 100,这一结果被以后许多实验所证实,是这一领域中为数不多的为人们所普遍接受的结论之一,如图 3-1-6 所示。这一发现极大地改变了以往对边界层近壁区流动的传统认识。此后,Corino (1969)[21], Kim(1971)[22],Smith(1983)[23]又发现低速条纹的抬升在外区形成高剪切层,使低速条纹发生振荡,然后低速流体向外区喷射,使条纹结构破碎,接着一股来自外区的高速流体冲入内区,使由条纹破碎引起的紊乱流动变得比较平稳,并将这一系列的过程称为相干结构的猝发。至此,相干结构的猝发过程作为抬升—振荡—喷射—扫掠的往复拟序过程开始呈现其全貌。猝发过程在局部范围内对瞬时雷诺应力具有很大的贡献,其中喷射和扫掠是猝发中最重要的两个方面。

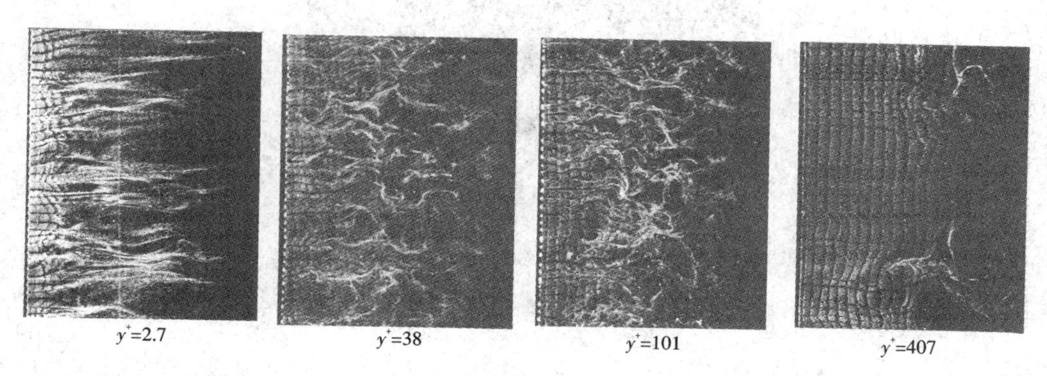

图 3-1-6　美国斯坦福大学的 Kline 小组(1967)壁湍流的氢气泡流动显示俯视图[19]

为了进一步获得相干结构的定量信息,从 20 世纪 70 年代初开始,许多学者进行了大量的测量研究,获得了许多很有价值的结论和结果,主要有 Stanford 小组、Tu(1966)[24]、Rao(1969, 1971)[25,26]、Kim(1971)[22]、Laufer(1971)[27]等用流动显示方法得到不同雷诺数下的平均猝发周期;Rao(1971)[26]和 Kim (1971)[22]使用热线测速仪提出了各自的检测方法。氢气泡流动显示不仅可以获得流动图像,还可以定性或定量分析流动结构和流动参数的时空演化过程。Schraub(1965)等[28]提出了根据脉冲的氢气泡时间线测量流速空间分布的时间线－染色线技术。在20世纪70年代,图像数字化处理技术尚不成熟,人工处理流动图像的工作量很大;20世纪80年代以后,随着计算机和图像处理技术的进步,应用时间线、时间线－脉冲线联合线等定量显示方法,可以从氢气泡流动显示图像中获得丰富的定量信息。Smith 和 Paxson(1983)[29],Lu 和 Smith(1985)[30]对氢气泡流动显示图像,通过应用计算机数字图像处理技术做了一些开创性的分析工作。Lu 和 Smith[30]利用流动图像数字化处理技术,从氢气泡时间线获得湍流边界层瞬时速度的法向分布,再通过 VITA 条件采样,求得猝发频率和发生猝发时的瞬时速度。此方法的优点是可以得到猝发产生前后的速度型和有关流动结构的定量变化。氢气泡流动显示数字图像处理技术成为用示踪粒子定量研究湍流相干结构空间形态演化的开端。壁湍流的氢气泡流动显示如图3-1-7至图3-1-9所示。

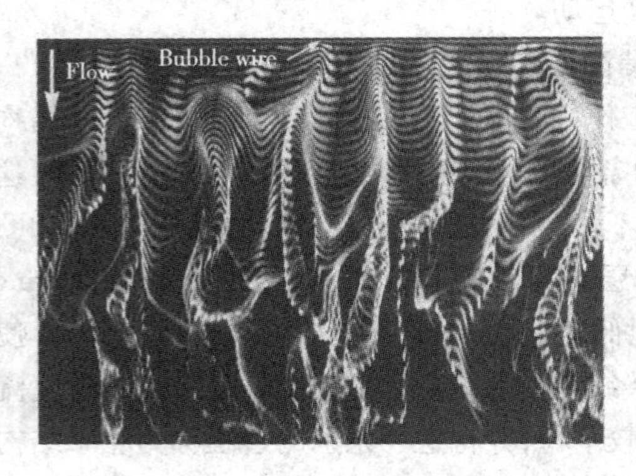

图3-1-7 壁湍流的氢气泡流动显示俯视图

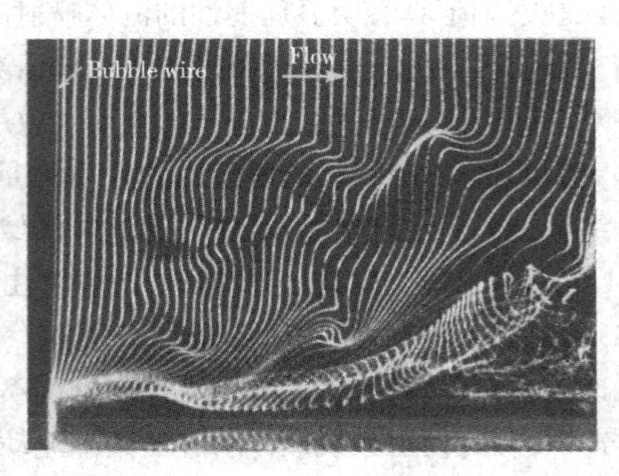

图3-1-8 壁湍流的氢气泡流动显示侧视图

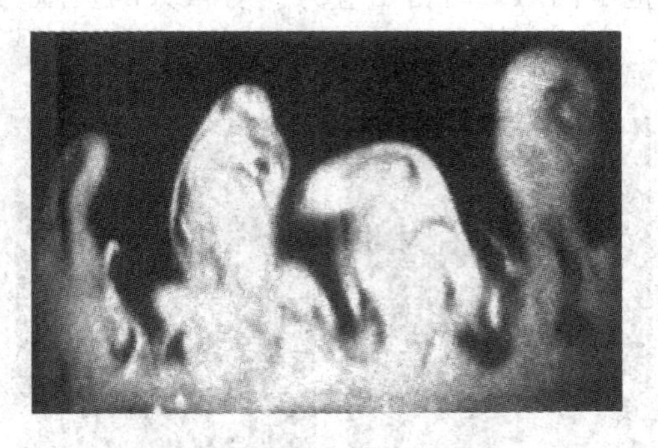

图3-1-9 壁湍流的氢气泡流动显示端视图

3.1.4 壁湍流相干结构的条件采样技术

壁湍流相干结构是一个可以识别的重复出现的流动过程,在这个流动过程中,流向脉动速度信号以并非严格意义上的一定典型过程演变和发展,这种可重复出现的典型过程具有拟周期性和间歇性。因此,可以通过测量湍流边界层的近壁区域的脉动速度和脉动温度等物理量的空间或时间序列信号,总结出相干结构的基本特征,以此为根据制定相应的判定准则,依据这个判定准则检测相干结构,提取出相干结构的条件平均波形,这个方法称为条件采样方法。自从 Kavasznay (1970)[31]在湍流边界层外区结构检测中运用了条件平均的方法后,这一方法在湍流猝发的检测和研究中就得到了很快的发展和广泛的应用,并随之出现了许多检测猝发信号的条件采样方法[32,33]。可以规定一个检测函数 $D(t)$,当湍流信号中含有相干结构的信号成分时,$D(t)=1$,输出采集的湍流信号;否则,$D(t)=0$,停止输出采集的湍流信号。这些方法虽然判据各不相同,但都是根据流动显示观测到的现象与探头测量到的脉动信号的关系而制定其检测标准。由于侧重方面和标准的不同以及各自对于猝发过程的理解不同,判断会有很大的差异,检测结果也因而各不相同。目前常用的条件采样方法主要有如下几种。

1. 速度门限法(u-level 法)与修正的速度门限法(mu-level 法)

Lu(1973)[34]在测量近壁湍流的雷诺数时发现,当流向脉动速度 u 与其均方根值 u' 的比值为 -1 时,瞬时雷诺应力具有最大值。据此,Bogard 等(1986)[35]和 Luchik 等(1987)[36]总结出检测相干结构的速度门限法(u-level 法)。u-level 法的检测函数定义如下:

$$D(t)=\begin{cases}1 & u\leqslant -Lu' \\ 0 & u>-Lu'\end{cases} \tag{3-1-23}$$

式中　L——一个门限值,一般取 0.5~1.3;

u'——流向脉动速度的均方根值。

u-level 法的含义是,当相干结构经过测量点时,流向瞬时速度远远小于时均流速,从而出现流速的亏损,这说明底层靠近壁面的低速流体从壁面向外喷射到达测点,使测点当地的流速降低。因此,u-level 法检测的是相干结构中的低速流体从近壁区向外喷射的阶段。

Luchik 等(1987)[36]又提出了修正的速度门限法(mu-level 法),mu-level 法的检测函数定义如下:

$$D(t)=\begin{cases}1 & u\leqslant -Lu' \\ 1 & -Lu'<u<-0.25u',D(t-\Delta t)=1 \\ 0 & u\geqslant -0.25u' \\ 0 & -Lu'<u<-0.25u',D(t-\Delta t)=0\end{cases} \tag{3-1-24}$$

其与 u-level 法不同的是,对满足 $u<-0.25u'$,但并未达到 $u<-Lu'$ 的脉动速度信号增加了一个检测条件,并区分成两种情况,如果前一个时刻满足 $u\geqslant -0.25u'$,即前一个时刻满足 $D(t-\Delta t)=0$,没有相干结构,则该时刻继续 $D(t)=0$;如果前一个时刻满足 $u<-Lu'$,即前一个时刻满足 $D(t-\Delta t)=1$,有相干结构,则该点被看作相干结构的延续,即 $D(t)=1$,从而大大减少了误判和漏判,如图 3-1-10 所示。

2. 变间隔时间平均法

变间隔时间平均法(Varying Interval Time Average Method,VITA)是 Blackwelder(1976)[37]提出并由 Johansson(1984)[38,39]加以补充和完善的,这一方法的检测函数定义如下:

$$D(t)=\begin{cases}1 & \hat{\mathrm{Var}}(u(t))\geqslant Ku'^2,\dfrac{\mathrm{d}u}{\mathrm{d}t}>0 \\ 0 & 其他\end{cases} \tag{3-1-25}$$

式中　K——门限值,一般取 1.2~2.0;

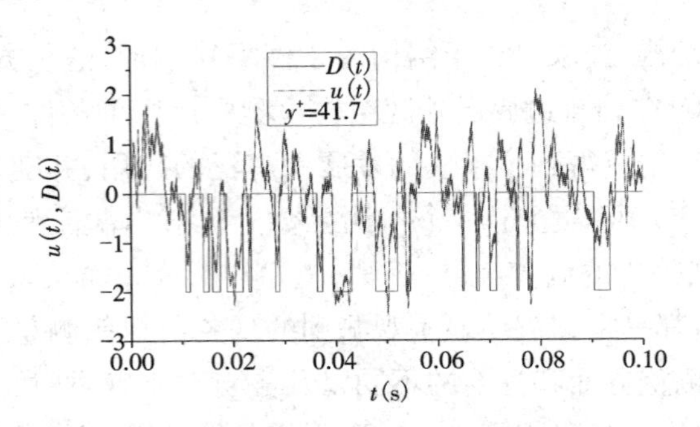

图 3-1-10 mu-level 法检测壁湍流相干结构的喷射事件

u'——流向脉动速度的均方根值；

$\hat{\mathrm{Var}}(u(t))$——短时间平均下的流向脉动速度的方差，其定义为

$$\hat{\mathrm{Var}}(u(t))=\frac{1}{T}\int_{t-\frac{T}{2}}^{t+\frac{T}{2}}[u(t)]^2\mathrm{d}t-\left[\frac{1}{T}\int_{t-\frac{T}{2}}^{t+\frac{T}{2}}u(t)\mathrm{d}t\right]^2 \tag{3-1-26}$$

式中 T——短时间平均的周期。

可以把 $\hat{\mathrm{Var}}(u(t))$ 看作是短时间平均脉动动能的一种尺度，而 $u'=\left\{\lim_{T\to\infty}\frac{1}{T}\int_{t-\frac{T}{2}}^{t+\frac{T}{2}}[u(t)]^2\mathrm{d}t\right\}^{\frac{1}{2}}$ 表示长时间平均脉动动能，检测条件 $\hat{\mathrm{Var}}(u(t))\geqslant Ku'^2$ 表示相干结构经过测量点时短时间平均脉动动能大于长时间平均脉动动能。因此，VITA 法认为湍流的相干结构是一种低频成分，相干结构对脉动动能具有很大的贡献，用短时间平均（相当于 $1/T$ 低通滤波）使其（相干结构）得以保留，如图 3-1-11 和图 3-1-12 所示。

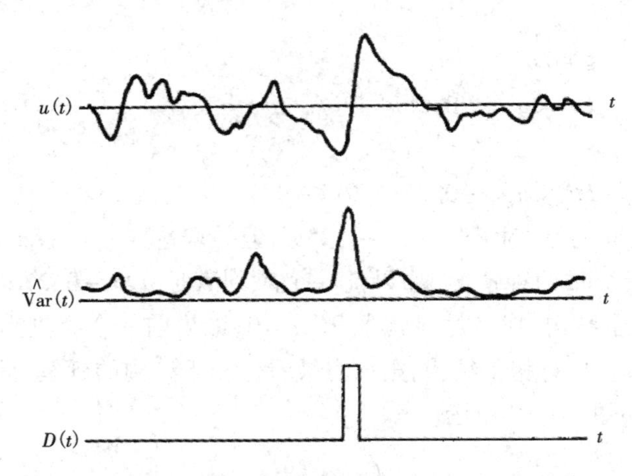

图 3-1-11 VITA 法检测壁湍流相干结构的喷射事件示意图

从时域上看，VITA 法检测的是流向脉动速度短时间平均方差较大的部分，即流向脉动速度在短时间内变化最快的部分，包括流向脉动速度在短时间内增长最快和流向脉动速度在短时间内下降最快两种情况。如果加上 $\frac{\mathrm{d}u}{\mathrm{d}t}>0$ 的条件，则 VITA 法检测的是流向脉动速度流向脉动速度在短时间内增长最快的部分。

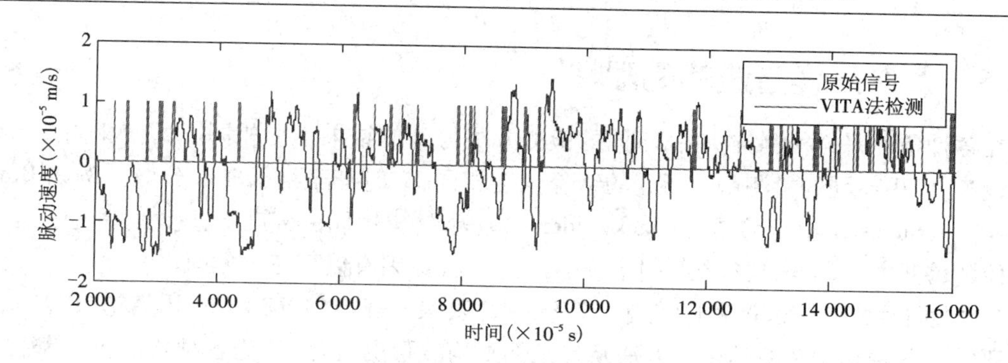

图 3-1-12　VITA 法检测壁湍流相干结构的喷射事件检测结果

3. 象限分裂法[34,38]

以流向脉动速度 u 为横坐标,法向脉动速度 v 为纵坐标,构成包含四个象限的 u-v 像平面,用测量两个流速的测速仪(如 X 形热线探头或者二分量激光测速仪)测出同一瞬时的 u,v 瞬时值,然后根据其符号按照四个象限分类:

Ⅰ:$u>0,v>0$;Ⅱ:$u<0,v>0$;Ⅲ:$u<0,v<0$;Ⅳ:$u>0,v<0$。

检测函数定义如下:

$$D(t)=\begin{cases}1 & |uv|_2>H_2u'v' \\ -1 & |uv|_4>H_4u'v' \\ 0 & \text{其他}\end{cases} \tag{3-1-27}$$

式中　$H_{2,4}$——某一门限值;

$|uv|_{2,4}$——第二、四象限的 uv 绝对值;

u',v'——u,v 的均方根值。

象限分裂法的主要依据是:壁湍流相干结构的主要特征是在流场较小的时间范围内对雷诺应力的贡献很大,而在四个象限的分类中又以第二象限的贡献最大,如图 3-1-13 所示。因此,当探头接触 $|uv|_2>H_2u'v'$ 的流体时,就可以认为它是相干结构。门限值 H 是一个经验值,一般取 1~4.5。

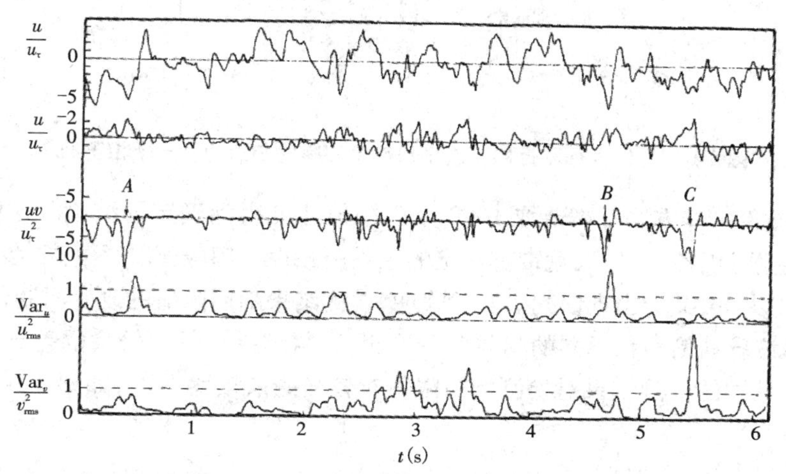

图 3-1-13　象限分裂法检测壁湍流相干结构的喷射事件检测结果

3.1.5 条件采样方法的局限性

在各种条件采样检测方法中,不同的检测方法得到的结果不尽相同。即使相同的流动条件和设备,应用不同的检测函数得到的结论也会相同,有时甚至结果非常分散。例如 Brodkey (1974)[40],Simpson (1976)[41], Blackwelder (1979)[42,43]用同一套设备进行实验,但是他们各自应用的检测方法不同,所得结果非常分散。分析其原因有以下三个方面。

(1)人们对如何辨识猝发还没有一个统一的认识。舒玮(1988)[44]、孙葵花(1994)[45]系统地研究了各种猝发现象的检测方法及其条件平均波形的特点,认为各种检测方法都只是检测猝发的部分特征,用热线探针在空间单点检测相干结构有点像瞎子摸象,有的检测准则检测的是象腿,有的检测准则检测的是象耳,有的检测准则检测的是象尾。由于猝发过程的"准周期"性,这些特征出现的所谓的"相位关系"并不是完全唯一的。一个客观的标准对猝发时间的研究非常关键,石建军(1997)[46]认为 mu-level 法和 VITA 法检测到的是同一时间的不同阶段,mu-level 法检测到的是低速流体经探头的信号阶段,两种条件平均的时间窗中心在猝发过程上有先后之分。若 mu-level 法条件采样的时间窗中心取为后缘点或者 VITA 法条件平均的时间窗取为前缘点,则两种方法的条件平均在相位上基本一致,得到的条件平均波形也有共同的特点。

(2)湍流脉动速度信号是由不同尺度成分组成的,小尺度脉动对大尺度相干结构成分的检测产生影响,小尺度脉动会改变大尺度脉动的局部行为。同一个大尺度相干结构会有多次小尺度相邻喷射,在统计相干结构的检测个数时,应该将多次小尺度相邻喷射归组为同一个相干结构[47],如图 3-1-14 所示。

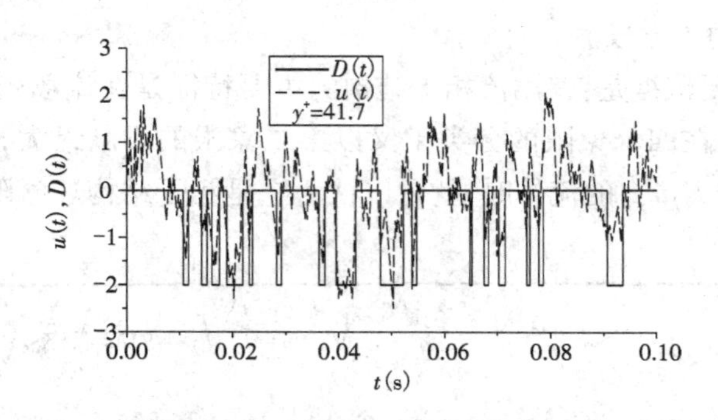

图 3-1-14 0.02 s 附近的多次小尺度相邻喷射归组为同一个相干结构

(3)各种条件采样方法都需要取 1 ~ 2 个门限值才能得到确定的结论。这些门限值虽然有一些经验数据可以参考,但毕竟带有一定的主观臆断性。门限值取得过高,会出现猝发的漏判;门限值取得太低,又会出现误判。实验表明,检测结果随门限值的改变而变化,即使对实验采集的同一湍流脉动信号在不同的门限值下检测,所得结果也具有较大的差异。检测结果的差异说明条件采样的检测结果对检测的门限值有较强的依赖性[48,49],如图 3-1-15 和图 3-1-16 所示。

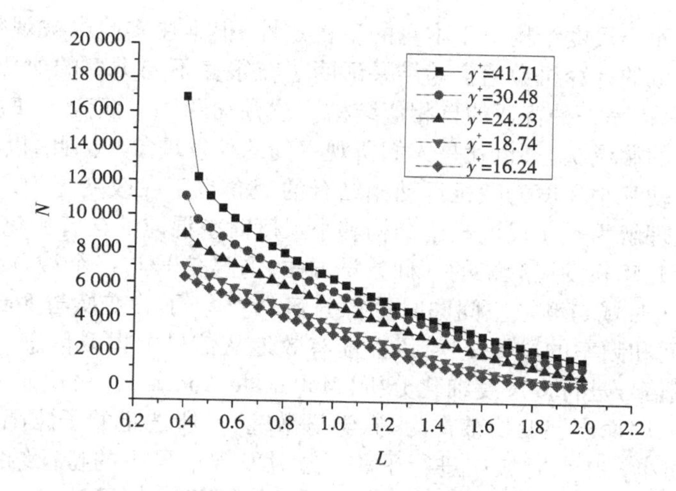

图 3-1-15　mu-level 法门限值对检测结果的影响[50]

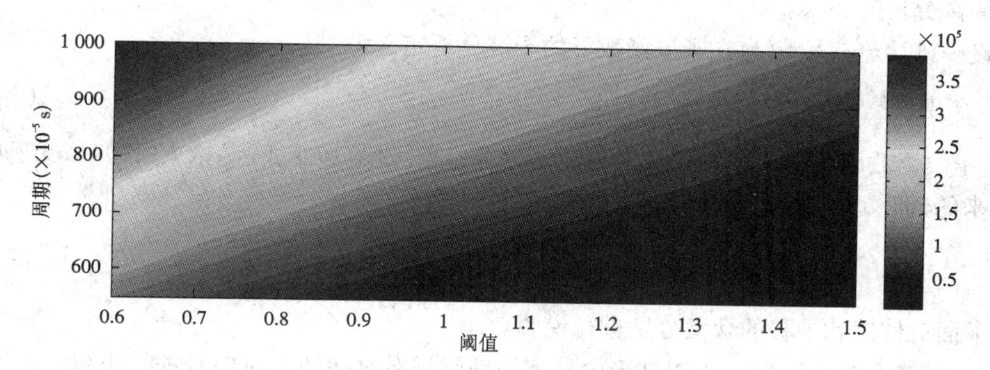

图 3-1-16　用 VITA 法检测壁湍流猝发的检测结果随检测阈值以及短时间平均周期的变化[51]

3.1.6　用子波分析检测壁湍流多尺度相干结构

近年来,已经发现在湍流流动中不仅存在有序的大尺度结构,而且存在普适的有序的小尺度结构。这说明在每一个尺度中都存在不同层次的结构,不同层次的结构的作用也是强弱不同的,其中起决定作用的结构是相干结构(最强间歇结构),相干结构不仅存在于大尺度中,也存在于小尺度中。前面所提到的大尺度相干结构只是其中一种尺度比较大、作用比较强、作用效果明显的拟序结构,因而在湍流实验研究中被较早发现。在湍流边界层中,大尺度相干结构表现为典型的猝发现象。

小尺度结构一般表现为类似马蹄涡或发卡涡的管状或丝状相干结构。即使在均匀各向同性湍流的小尺度结构中,也存在相干结构[52-55]。Ruiz-Chavarria[56],Toschi[57,58],Camussi[59],Onorato[60]在槽道湍流和边界层湍流的数值实验和物理实验中发现,槽道湍流近壁区和平板湍流边界层中也存在多尺度相干结构,不同尺度相干结构都具有很强的间歇性,条件相位平均结果表明,它们的发展和演化过程具有共同的特征,剪切湍流中的多尺度相干结构对湍流的统计性质产生重要影响。小尺度的相干结构(或称微尺度结构)并不直接依赖于边界条件,而主要由流体局部的流动本身的特征来决定。具体来讲,主要依赖于流体在局部内的速度梯度、涡量和压力的变化。然而小尺度结构由于本身的不稳定性,很难在实验中被观察到。但近年来已有许多直接数值模拟的计算机数值实验结果证明了在很多不同类型的剪切湍流中,普遍存在一种马蹄涡结构,而且是一种普适的自相似结构。这种马蹄涡的演变会使规则的流动结构遭到破坏而产生局部的湍流状态,也就是人们所观察到的猝发现象。因此,以前人们把湍流看成是大尺度的有序运动和小尺度的随机运动相结合的观念也正在改变之中。确切地说,湍流的小尺度运动应该被理解为是小尺度相干结构和小尺度时空混沌的交替变化共同形成的。

子波分析是近几年新发展起来的一种数学方法,通过信号与一个被称为子波的解析函数进行卷积,将信号在时域与频域空间同时进行分解[61-65]。子波变换与 Fourier 变换、Gabor 变换相比,是一个时间和频率的局域变换,因而能有效地从信号中提取信息,通过伸缩和平移等运算功能对函数或信号进行多尺度细化分析(Multiscale Analysis),解决了 Fourier 变换不能解决的许多困难问题,因而子波变换被誉为"数学显微镜"。所选定的子波函数可以在尺度上进行任意地放大或缩小,并在时域中进行平移,这对发现信号中的特征结构具有很大的优越性。传统的 Fourier 变换所得到的频谱主要提供了频域数据,而子波变换能够满足对信号时频双局部分析的要求。

设一维湍流信号 $u(t)$ 在子波函数下的子波分析定义为

$$W_u(a,b)=\int_{-\infty}^{+\infty}u(t)\overline{W}_{ab}(t)\mathrm{d}t \tag{3-1-28}$$

其中,子波函数族 $W_{ab}(t)$ 是由子波的母波函数 $W(t)$ 经过平移变换(参数 b)和伸缩变换(参数 a)而来的,即

$$W_{ab}(t)=\frac{1}{\sqrt{a}}W\left(\frac{t-b}{a}\right) \tag{3-1-29}$$

下面对伸缩和平移的含义分别进行说明。

(1)尺度伸缩(Scaling)。对波形的尺度伸缩就是在时间轴上对信号进行压缩。在不同尺度下,子波的持续时间随 a 加大而增宽,幅度则与 $\sqrt{a}$ 成反比减小,但波的形状不变。子波基函数 $W_{ab}(t)$ 的窗口随尺度因子的不同而伸缩,当 a 逐渐增大时,基函数 $W_{ab}(t)$ 的时间窗口也逐渐变大,而其对应的频域窗口相应减小,中心频率逐渐变低。相反,当 a 逐渐减小时,基函数 $W_{ab}(t)$ 的时间窗口逐渐减小,而其频域窗口相应增大,中心频率逐渐升高。

(2)时间平移(Shifting)。时间平移就是指子波函数在时间轴上的波形平行移动。

子波分析是一种时频窗口可以变化的变换方法,即在低频部分具有较高的频率分辨率和相对比较低的时间分辨率,而在高频部分则正好相反。正是这种特性使得子波具有自适应性和自我调焦的功能。子波分析的调焦功能正是由位移参数 b 和尺度参数 a 的变化来起作用的:b 规定了子波窗口在时间轴上的位置;而 a 不仅影响频率轴上的位置,同时也影响窗口的形状。这样使得子波对不同频率的信号函数在时间上的分辨率具有可调节性,在高频部分,时间分辨率较高;而在低频部分,时间的分辨率较差,这也正是子波的优势所在。子波变换的尺度伸缩和时间平移特性如图 3-1-17 所示。

假设定义子波母函数 $W(t)$ 的时间窗口宽度为 Δt,窗口中心为 t_0,则相应可求出连续子波 $W_{ab}(t)$ 的窗口中心为 $t_0=at_0+b$,窗口宽度为 $\Delta t_{ab}=a\Delta t$。同样,设 $\hat{W}(\omega)$ 为 $W(t)$ 的傅立叶变换,其频率窗口为 ω_0,窗口宽度为 $\Delta\omega$,$W_{ab}(t)$ 的傅立叶变换为 $W_{ab}(\omega)$,则有 $\hat{W}_{ab}(\omega)=$

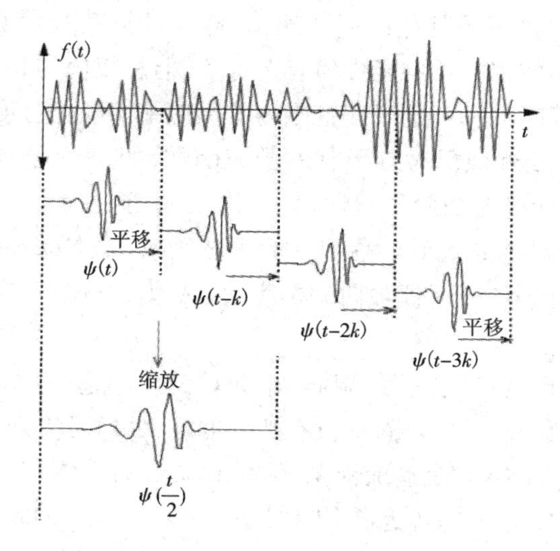

图 3-1-17　子波分析方法示意图

$\sqrt{a}\mathrm{e}^{-\mathrm{i}\omega b}W(a\omega)$，所以其频率窗口中心为 $\omega_{ab}=\dfrac{\omega}{a}$，窗口宽度为 $\Delta\omega_{ab}=\dfrac{\Delta\omega}{a}$，频域窗口中心及其宽度都随尺度 a 的变化而伸缩，如图 3-1-18 所示。

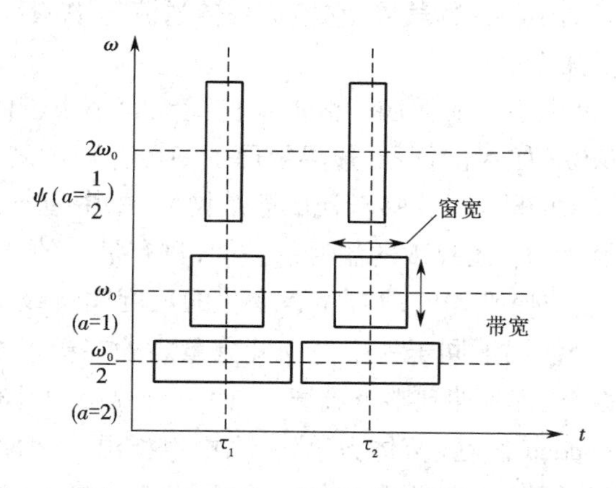

图 3-1-18　子波函数时－频的分析特点

“子波”，在它的名称中就反映了它的性质。

(1)它是局部的“小”波，也就是相对于傅立叶分析中在时域无限伸展的波函数来说，它是定义在时域的有限范围或近似有限范围内的，即所谓的“紧支撑或近似紧支撑”。对信号进行确定位置 b、确定尺度 a 的子波分析就相当于对 $x(t)$ 中以 b 为中心、长度为 $2a$ 的一段信号 $t\in[b-a,b+a]$ 与一定形状的子波函数 $W_{ab}(t)$ 进行尺度范围为 $2a$ 的局部振荡加权互相关分析，如果其相关性高，表明该信号在该处含有该子波函数性状的成分，使得信号在该处与该尺度该形状的子波函数具有较好的相似性。其中，子波函数在各点的函数值为权值，权值有正有负，但总权值之和必须为零。这对应于湍流中的涡结构存在时间和空间上的局域性，湍涡的作用范围是有限的。

(2)它是波,是一定尺度下局部范围内的振荡,即局部振荡幅值必须有正有负,但其整体平均值为零。由于子波函数在各点的函数值有正有负,但总权值的和为零,湍流信号的子波系数还表示湍流信号在局部时刻和一定尺度范围内的局部平均变化程度。根据子波函数种类和形状的不同,对于反对称或近似反对称形状的子波函数,如 Harr 子波、Gaussian 的一阶导数,子波系数表示湍流信号一阶(奇数阶)局部平均变化,类似于一阶(奇数阶)导数在一定尺度范围内的局部平均值;对于对称或近似对称形状的子波函数,如 Mexican Hat 子波和 French Hat 子波,子波系数表示湍流信号二阶(偶数阶)局部平均变化,类似于二阶(偶数阶)导数在一定尺度范围内的局部平均值[66]。

在研究湍流时,现在已经广泛使用"湍涡(eddy)"这个概念,湍涡是组成湍流的基本结构单元[67]。湍涡的概念和湍流一样,虽然尚没有严格的定义,但可以列举出一些湍涡的特征。

(1)湍涡是湍流中的结构,它是湍流能量、动量和质量的载体,对湍流的能量、动量和质量的传递起决定性作用,它比分子的传递作用大很多。1915 年,Taylor 在《大气中的湍涡运动》(Eddy motion in the atmosphere)[68]一文中,用"湍涡运动"来分析大气中的热传递、风速变化以及稳定性,并给出了相应的计算公式。他指出:"湍涡不仅传送热量和水蒸气,而且还传送动量,把原来所在层的动量传送到另一层并与之混合。"根据这一设想,他在文中提出了"湍涡导热性(eddy conductivity)"和"湍涡黏性(eddy viscosity)"两个物理概念。Taylor 把湍涡看作是由流体质点组成的湍流运动中特有的载体,它担负着传送流体中的热量、动量和质量的任务,而且它的输运能力比分子强大很多。

(2)它是具有有限尺度大小的流体团。湍流中充满大大小小不同尺度的湍涡,最大的湍涡与平均流动的尺度同量级(如网格孔径、边界层厚度、管道直径、绕流体直径等),最小的湍涡的尺度为耗散尺度[69]。Obukhov[70]在《湍流的微结构》一书中指出:"在高雷诺数情况下,湍流可以看作是各种差别很大的长度尺度的湍涡的叠加,只有最大的湍涡是直接由平均流动的不稳定性产生的,它的尺度与使平均流动有显著变化的尺度同量级。"Tritton[71]在《物理流体力学》一书中也指出:"一个湍涡不同于一个傅立叶分量之处在于下述方面:一个单一的傅立叶分量不论它的波长多么小,都延伸到整个流场上;而一个湍涡则是有局限性的,它的大小由它的长度尺度来表示。"Landau[72]在《流体力学》一书中也指出:"叠加在平均运动上的不规则运动可以定性地看作是不同尺度的湍涡叠加的结果,所谓湍涡的尺度是指速度发生显著改变的距离。"

(3)它有时间尺度(有寿命),湍流中的湍涡处于不断地产生、发展和消亡的过程中。剪切湍流产生与平均流动同量级的最大的湍涡,它在剪切运动或与其他湍涡的相互作用中会破碎(如壁湍流相干结构的猝发)从而消亡,同时产生更小的湍涡。最小尺度的湍涡的能量耗散为热,从而破碎成流体分子[69]。

(4)它以一定的速度在流场中运动,可以旋转和变形,它只对流场在有限的范围内产生影响,这种影响不会延伸到流场的无穷远处。湍流中一个湍涡的作用范围用相关为零时对应的距离定义,当关联为零时,就表示该湍涡的作用到此为止。

(5)不同尺度的湍涡具有一定的相似性。表征不同尺度湍涡的物理量如速度、温度、压力随时间、空间的变化具有一定的相似性,只是变化的尺度不同。

蔡树棠[73]教授认为："湍流就本质来说，是由许许多多大小尺度不同，运动着的旋涡组成，所以应该先寻找作为湍流基元的旋涡的结构，然后再按照一定统计平均的方法得到所需要的物理量的平均值和各种关联函数。"

Lumley[67]在《A first course in turbulence》一书中指出："由湍谱曲线中的波数表示湍涡的大小与湍涡的局域性相矛盾，用傅立叶变换分解湍流只是因为它方便(湍谱易于测到)，如果用湍涡代替波分解速度场，则需要一种更高级的变换。"Lumley 认为，如果湍流速度是由波构成的，则每一个波数的波在谱空间对应一个点，在物理空间则对应延伸向无穷远的波，其自相关函数则也会延伸向无穷远而不会衰减，这与湍涡有一定大小尺度，湍流信号的自相关函数在有限处逐渐衰减为零是矛盾的。因此，湍涡在谱空间不应该是对应于一个点的波，而应该有一定频带宽度。因此，他提出了单个湍涡的波数空间及相应的相关曲线，如图 3-1-19 所示。

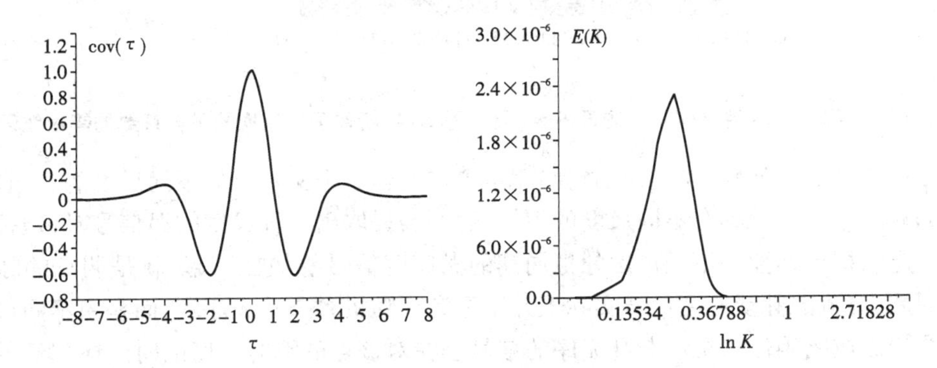

图 3-1-19　涡在物理空间的自相关函数及其在波数空间的形状

图 3-1-20 和图 3-1-21 分别给出了湍流边界层近壁区域脉动速度信号及其用 Morlet 子波母函数(墨西哥草帽)所作子波变换的子波系数的等值线云图。

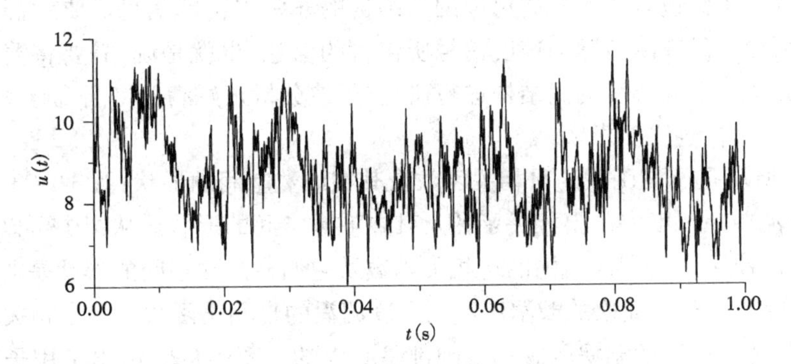

图 3-1-20　湍流边界层近壁区域脉动速度信号

子波的概念用于湍流分析，在物理上和湍涡的概念是十分吻合的[74]，子波函数 $W_{ab}(t)$ 具有特定的物理意义。用子波对湍流进行分解可以作为湍流的湍涡结构分解的数学模型来代替傅立叶分解，用子波来分解湍流中的湍涡结构是一种客观而有效的方法。将一个湍流信号进行子波分析就相当于将该信号与子波在一定位置和一定尺度下进行局部互相关分析，如果其相关性高，表明该信号在该处含有该相干结构成分，使得信号在该处与该子波具有较好的相似

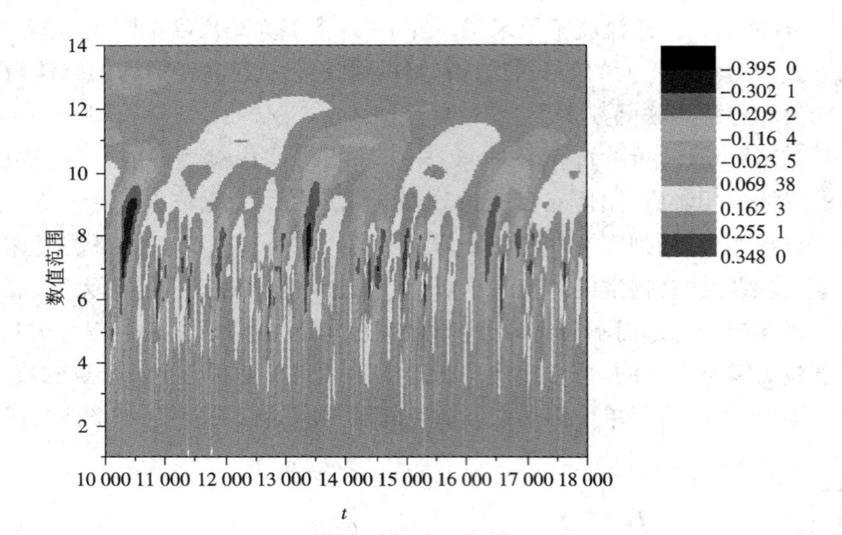

图 3-1-21 图 3-1-20 用 Morlet 子波母函数(墨西哥草帽)所作子波变换的子波系数的等值线云图

性。正是由于涡的相似性,使得流场空间固定一点处当一个又一个的不同尺度的涡通过时,该点速度的时间序列信号具有不同尺度的拟周期性,当提取出一种尺度的涡信号时,这种信号就会具有一定的拟周期性。不同尺度的拟周期的涡速度信号叠加在一起,就是湍流的脉动速度信号。因此,湍流的脉动速度信号实际上并不是完全随机和杂乱无序的,而是由不同尺度的拟序信号叠加而成的貌似随机和杂乱无序的信号。在对该点的瞬时速度的时间序列信号进行长时间统计平均时,由不同尺度的拟周期的涡速度信号叠加在一起形成的湍流脉动速度信号就会被平均掉,这种平均相当于截止频率为零的低通滤波,这样不同尺度的涡速度信号也就会被滤掉,关于不同尺度的涡结构的信息也就被滤掉。事实上,湍流脉动速度信号是由不同尺度的涡信号叠加而成,其中包含关于不同尺度的涡结构的非常丰富的信息。要对湍流中的涡结构进行研究,必须深入研究湍流脉动速度信号所包含的信息,也就是说,需要将湍流脉动速度信号进行分解,分解成不同尺度的涡结构进行研究,子波分析正好满足将湍流脉动速度信号分解成不同尺度的涡结构这一要求。

图 3-1-22 所示是子波函数的自相关函数及其在波数空间的形状;图 3-1-23 所示是子波分解提取的壁湍流单一尺度涡的自相关函数及其在波数空间的形状。从图中可以看出,涡结构、子波函数和壁湍流单一尺度涡结构的自相关函数及它们在波数空间的形状是非常相似的。图 3-1-24 给出了用子波分解提取的壁湍流不同尺度湍涡的自相关函数。从自相关函数趋于零的趋势可以看到,每一尺度的湍涡的影响范围都是有限的。图 3-1-25 给出了用子波分解提取的壁湍流不同尺度脉动速度信号。

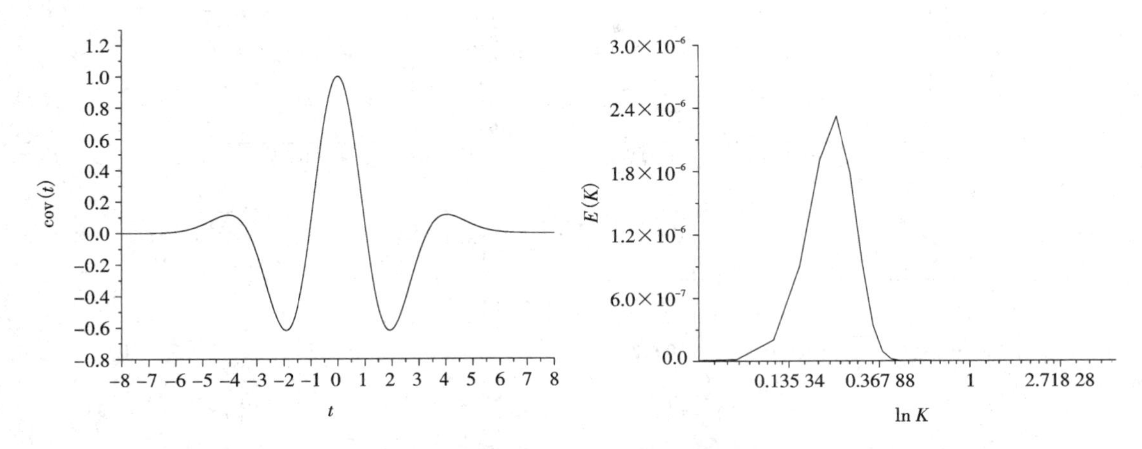

图 3-1-22　子波函数的自相关函数及其在波数空间的形状

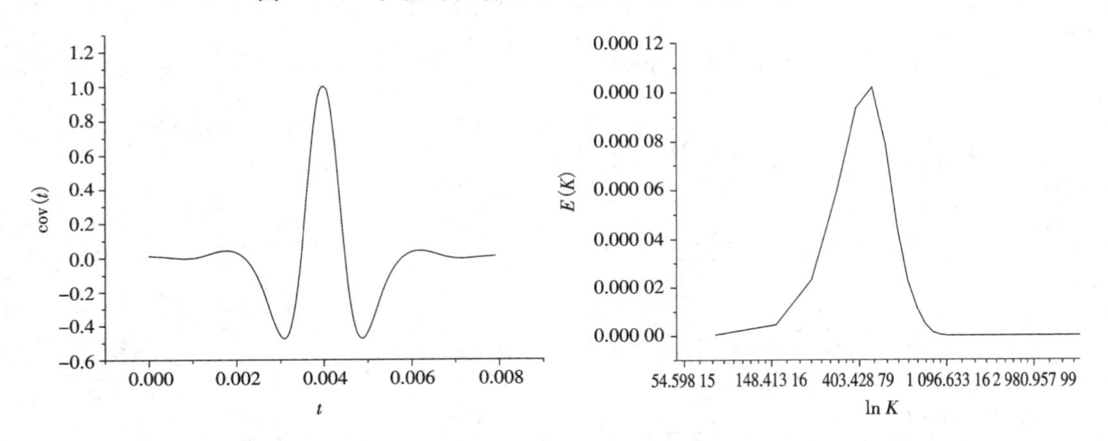

图 3-1-23　子波分解提取的壁湍流单一尺度涡的自相关函数及其在波数空间的形状

3.1.7　湍流多尺度局部平均结构函数

流向脉动速度在流向的速度结构函数 $\delta u(b,a)=u\left(b+\frac{a}{2}\right)-u\left(b-\frac{a}{2}\right)$表示沿流向空间距离为 a 的空间两点 $b+\frac{a}{2}$和 $b-\frac{a}{2}$的流向速度分量的差(相对速度)。$\delta u(b,a)>0$ 表示下游流体质点的速度大于上游流体质点的速度,两个流体质点正在进行拉伸变形;$\delta u(b,a)<0$ 表示下游流体质点的速度小于上游流体质点的速度,两个流体质点正在进行压缩变形。如果两个流体质点间距离的尺度 a 非常小,可忽略由于流体黏性导致的湍流结构对流体质点的束缚,忽略 $b+\frac{a}{2}$和 $b-\frac{a}{2}$两点之间其他流体质点的存在引起的尺度效应,用空间两点近似代表一个流体微元,$\delta u(b,a)=u\left(b+\frac{a}{2}\right)-u\left(b-\frac{a}{2}\right)$是合理的。但是,当 a 比较大时,对于雷诺数有限的真实湍流,用流体质点的相对速度来计算速度结构函数就不合理了,这时不能忽略 $b+\frac{a}{2}$和 $b-\frac{a}{2}$之间其他流体质点的存在引起的尺度效应。特别是对于由宏观尺度的湍涡作为基本单元组成

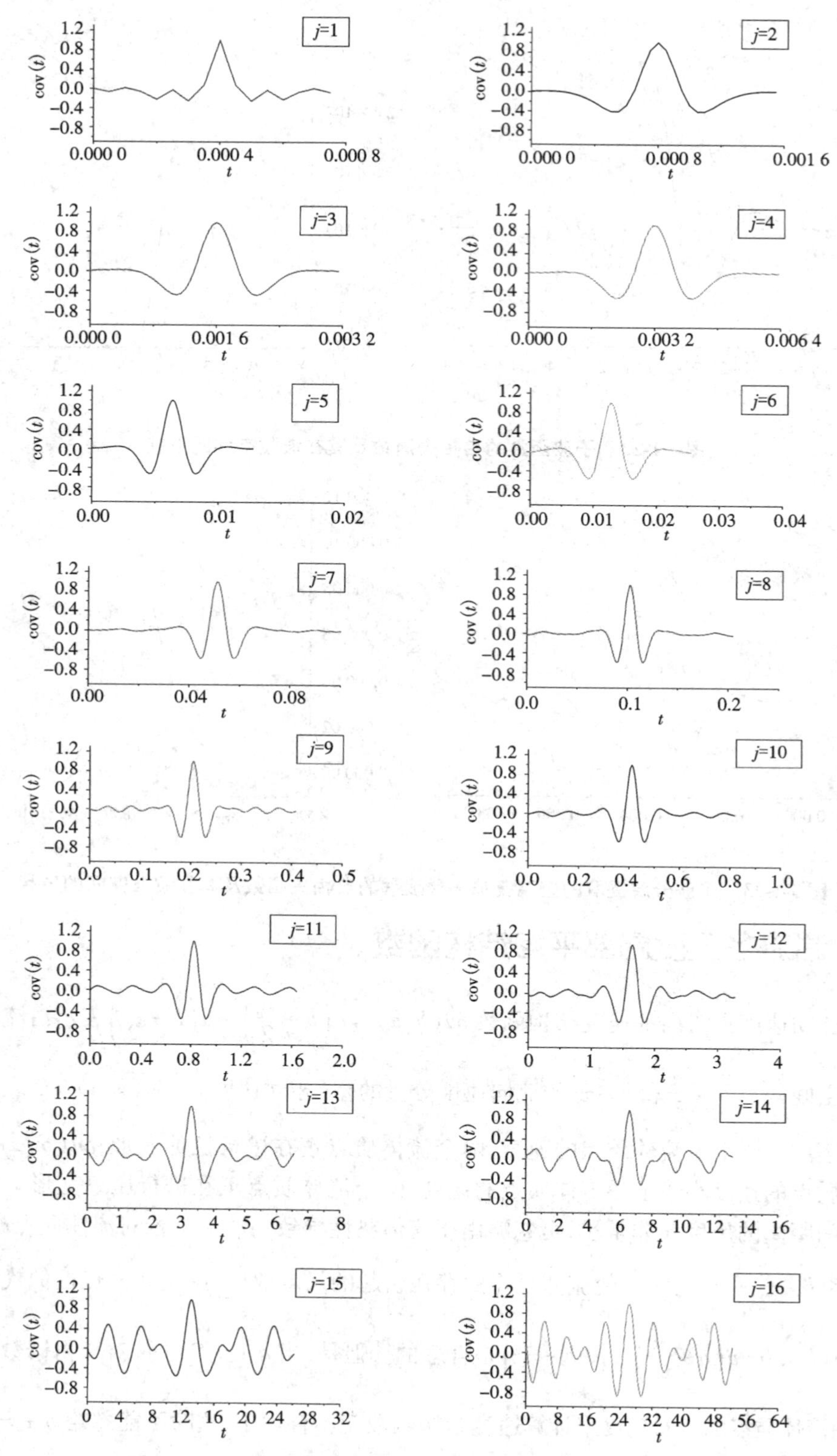

图 3-1-24 子波分解提取的壁湍流单一尺度湍涡自相关函数

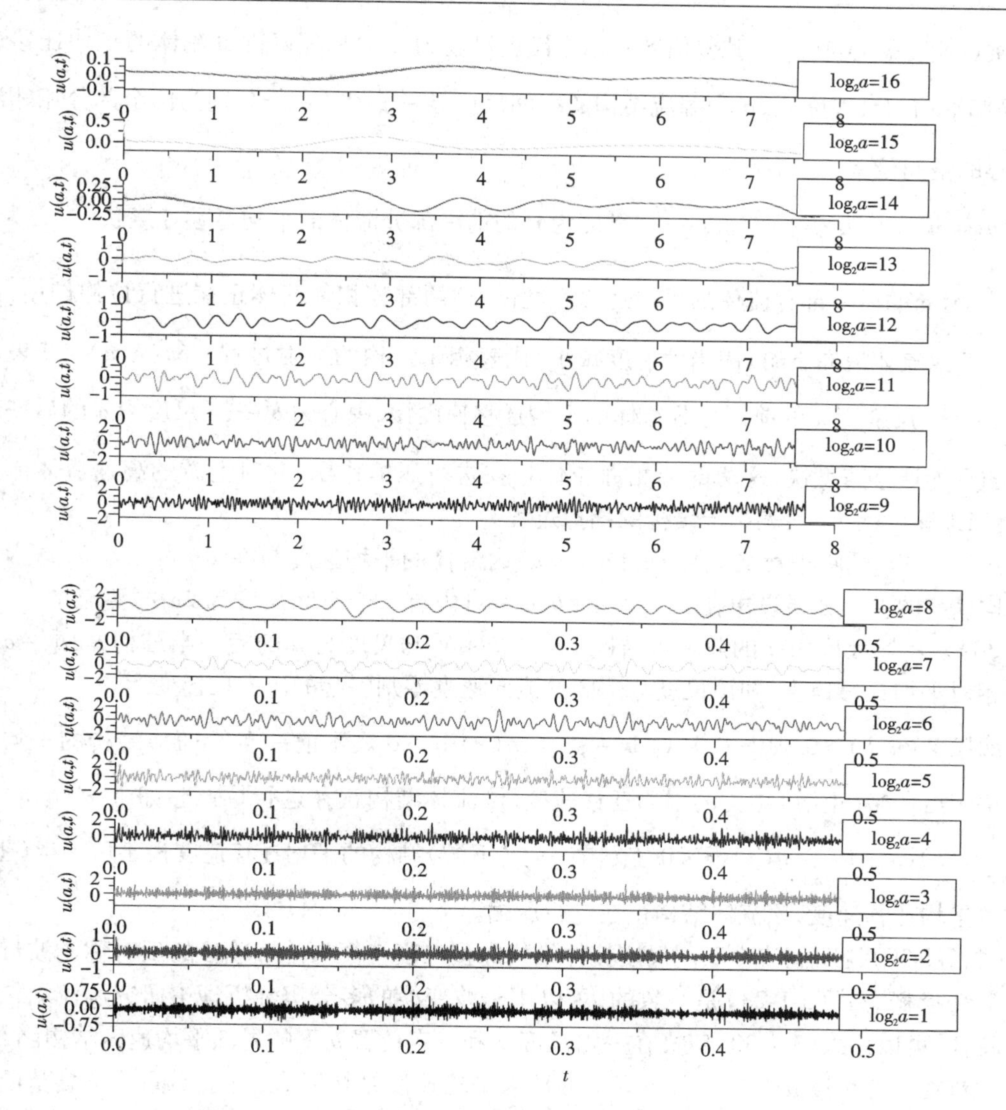

图 3-1-25 子波分解重构的壁湍流单一尺度脉动速度信号

的湍流，应该用湍流局部结构平均的速度结构函数来表示一个湍流结构的相邻部分间的相对运动和相对变形。因此，直径为 $2a$ 的一个湍流结构的速度结构函数 $\delta u(b,a)$ 应该表示一个直径为 $2a$ 的湍流结构的前后两部分的局部平均速度差（局部平均相对速度），而不是两个流体质点的相对运动速度。因此，应该对速度结构函数 $\delta u(b,a)$ 中的速度分量 $u\left(b+\frac{a}{2}\right)$ 和 $u\left(b-\frac{a}{2}\right)$ 分别在尺度 a 内先进行局部平均，得到这个湍流结构前后两部分的平均迁移速度，于是描述这个湍流结构前后两部分的相对运动和变形的湍流局部平均速度结构函数定义为

$$\delta u(b,a)=\overline{u(b+x)}_{x\in[0,a]}-\overline{u(b-x)}_{x\in[0,a]} \tag{3-1-30}$$

式中：$\overline{u(x)}$ 表示在中心分别为 $b-\frac{a}{2}$ 和 $b+\frac{a}{2}$，同一个湍流结构内尺度为 a 的前后相邻两部分

流体质点速度的局部平均,其差值 $\delta u(b,a)$ 代表尺度为 a 的相邻两部分流体的平均迁移速度差(局部平均相对速度),$2a$ 为湍流结构的空间尺度,$b-\frac{a}{2}$和 $b+\frac{a}{2}$分别为两个部分相邻流体的中心的空间位置。

$\delta u(b,a)>0$ 表示中心为 $b+\frac{a}{2}$、尺度为 a 的前一部分流体的平均迁移速度快,中心为 $b-\frac{a}{2}$、尺度为 a 的后一部分流体的平均迁移速度慢,这两部分相邻流体正在进行拉伸作用,此时上游的低速流体流向下游,使当地速度减小,代表相干结构的喷射过程。$\delta u(b,a)<0$ 表示中心为 $b+\frac{a}{2}$、尺度为 a 的前一部分流体的平均迁移速度慢,中心为 $b-\frac{a}{2}$、尺度为 a 的后一部分流体的平均迁移速度快,这两部分相邻流体正在进行压缩作用,此时上游的高速流体流向下游,使当地速度增大,代表相干结构的扫掠过程。

式(3-1-30)的物理意义是在 $x\in[b,a+b]$ 内流体的平均速度与在 $x\in[-a+b,b]$ 内流体的平均速度的差。如果设想在 $x\in[-a+b,a+b]$ 内有一个空间尺度为 $2a$ 的湍流结构,则式(3-1-30)表示其尺度为 a 的前一半结构 $x\in[b,a+b]$ 与尺度为 a 的后一半结构 $x\in[-a+b,b]$ 的相对平均迁移速度,即该尺度范围内的流向速度差别引起的流向拉伸变形。

如果 $W(a,b)>0$,则 $\int_{b}^{a+b}u(x)\mathrm{d}x-\int_{-a+b}^{b}u(x)\mathrm{d}x>0$ 表示前一半(下游)结构的平均迁移速度快于后一半(上游)结构的平均迁移速度,该流体结构正在进行拉伸。如果 $W(a,b)<0$,则 $\int_{b}^{a+b}u(x)\mathrm{d}x-\int_{-a+b}^{b}u(x)\mathrm{d}x<0$ 表示前一半(下游)结构的平均迁移速度慢于后一半(上游)结构的平均迁移速度,该流体结构正在进行压缩。

式(3-1-30)说明湍流中不同尺度流体结构的多尺度特征与单峰单谷的反对称子波母函数的子波变换概念式(3-1-28)是一致的,可以用子波变换的多分辨分析理论研究湍流结构的多尺度特征,可以用式(3-1-30)定义在一定尺度 a 和一定位置 b 下的局部平均速度结构函数。

湍流在一定尺度 a 和一定位置 b 下的局部平均速度结构函数,对于不同的子波基函数可以具有与式(3-1-30)不尽相同的具体表达形式,子波函数的多样性也可以说明不同类型湍流中局部多尺度湍流涡结构的多样性,但其对湍流局部多尺度结构的物理意义是相同的。[75-78]

3.1.8 湍流多尺度涡结构的间歇性

根据子波系数或局部平均结构函数,信号的能量可以按照尺度进行分解,各尺度信号占有的动能的总和等于信号的总动能。

$$\int_{-\infty}^{+\infty}|u(t)|^2\mathrm{d}t=\int_{0}^{+\infty}\frac{E(a)}{a^2}\mathrm{d}a \tag{3-1-31}$$

其中

$$E(a)=\frac{2}{C_w}\int_{-\infty}^{+\infty}|W_u(a,b)|^2\mathrm{d}b \tag{3-1-32}$$

姜楠等(1997)[79]提出了用子波分析的能量最大准则确定壁湍流相干结构猝发周期时间

尺度的方法。在 $E(a)$ 随尺度 a 的分布中，每个尺度的湍流脉动速度所占有的湍流脉动动能是不同的，存在一个峰值对应能量最大的尺度 a^*，该尺度就是相干结构猝发周期对应的时间尺度，如图 3-1-26 所示。

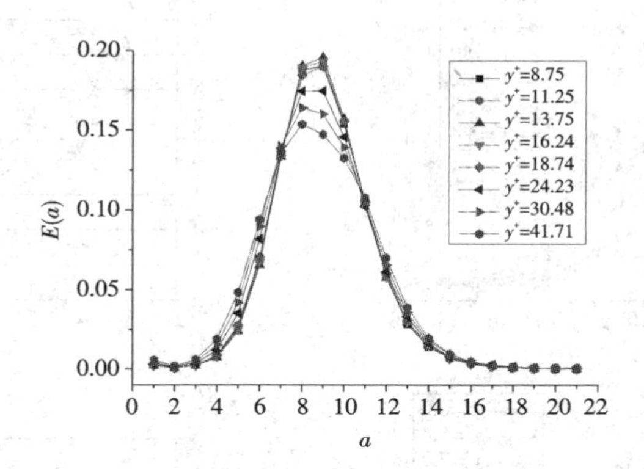

图 3-1-26　分尺度的湍流脉动速度所占有的湍流脉动动能的百分比随尺度 a 的分布

根据子波系数或局部平均结构函数可以定义间歇性的量化指标。由 Farge 等（1992）[62] 引入的一种测量间歇性的测度——瞬时强度因子定义为

$$I(a,b)=\frac{|W_u(a,b)|^2}{<|W_u(a,b)|^2>_b}=\frac{|W_u(a,b)|^2}{E(a)} \tag{3-1-33}$$

瞬时强度因子表示速度场每个尺度的局部行为的强度，其中 $W_u(a,b)$ 是不同尺度下的子波系数，$|\quad|$ 表示模，$\langle\quad\rangle_b$ 表示对时间样本取系综平均。

第二个描述间歇性的量化指标是分尺度平坦因子：

$$FF(a)=\frac{<|W_u(a,b)|^4>_b}{<|W_u(a,b)|^2>_b^2} \tag{3-1-34}$$

$FF(a)$ 用于区分 $W_u(a,b)$ 作为随机变量，其不同幅值大小的样本及其分布对四阶统计矩的贡献。$W_u(a,b)$ 幅值大小不同，$|W_u(a,b)|^4$ 的幅值大小的差别会更加明显，因此 $FF(a)$ 更加突出放大了 $W_u(a,b)$ 幅值大小及其分布的差别。$FF(a)$ 大，表示 $W_u(a,b)$ 的样本中大幅值样本比较多。$FF(a)$ 和 I 是执行分尺度相干结构检测方法的基本要素。瞬时强度因子和平坦因子是具有严格联系的，把式（3-1-33）取平方再对 b 取平均，得到

$$FF(a)=<I(a,b)^2>_b \tag{3-1-35}$$

图 3-1-27 给出了不同法向位置的湍流脉动速度信号的分尺度子波系数平坦因子随尺度的分布。从图中可以看出，在缓冲层以内，对 $a<a^*$ 的尺度，$FF(a)>3$，说明这些尺度中的湍涡结构存在大幅值的样本确定性（总在发生、有序、准周期性）的成分，其发生的概率远远超出随机分布的概率，导致其平坦因子很高；对 $a\geqslant a^*$ 的大尺度，$FF(a)\leqslant 3$，说明这些大尺度湍涡结构的分布是随机的，它们是由 $a<a^*$ 尺度的湍涡结构组成的大尺度涡包结构。

综上所述，湍流多尺度相干结构是具有一定特征尺度的，其运动形态和强度具有较强的拟序必然性和可重复性。湍流多尺度相干结构导致湍流脉动速度信号的分尺度子波系数间歇因子、平坦因子等统计性质明显超出随机分布的特征，湍流多尺度相干结构是使湍流场出现间歇

性的根本原因,是真实湍流场与完全随机场的本质区别[80,81]。

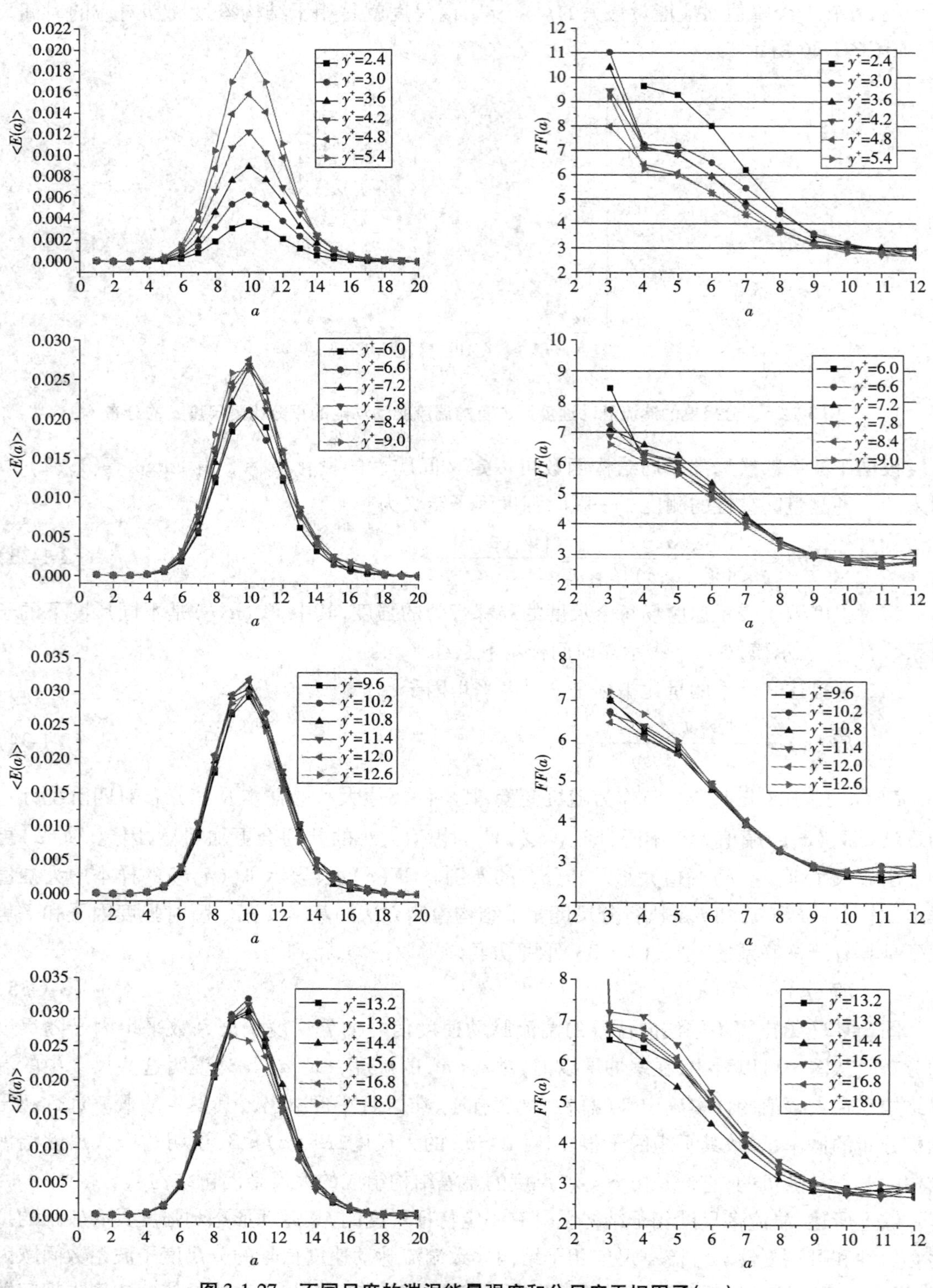

图 3-1-27 不同尺度的湍涡能量强度和分尺度平坦因子(一)

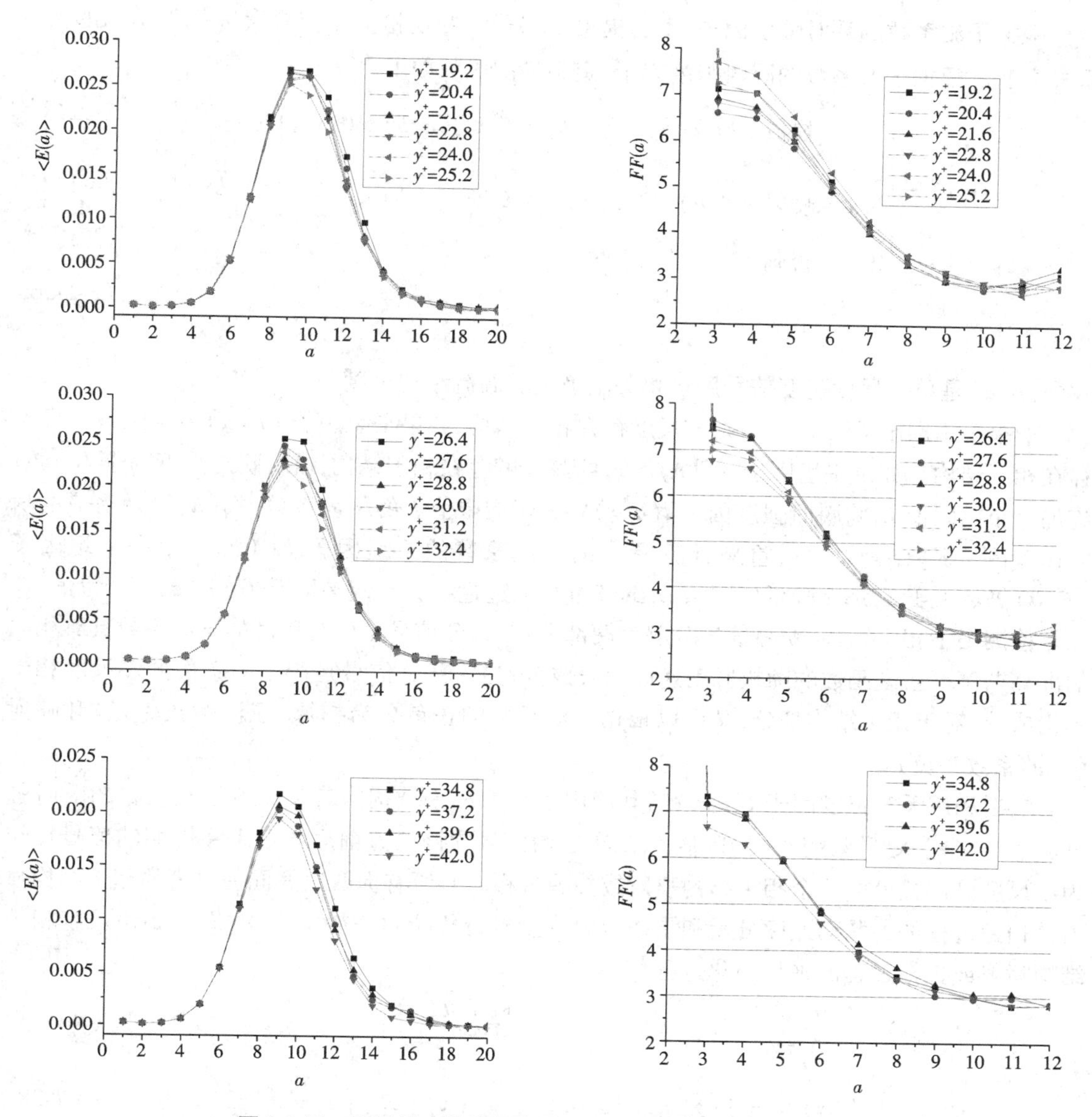

图 3-1-27 不同尺度的湍涡能量强度和分尺度平坦因子(二)

用子波系数的瞬时强度因子 $I(a,b)$ 和平坦因子 $FF(a)$ 检测和提取多尺度相干结构的方法,将间歇性和多尺度相干结构猝发过程联系起来。将平坦因子 $FF(a)$ 是否偏离正态(高斯)分布($FF(a)=3$)作为判断该尺度是否存在相干结构的标准,将导致平坦因子 $FF(a)>3$ 的大幅值瞬时强度因子 $I(a,b)$ 作为湍流多尺度相干结构的定量特征指标。为了在所有的尺度中系统地检测相干结构,采取一种后验的选择门限值的方法,即利用在每一个尺度下使平坦因子等于 3 的方法来选择门限值 L。这种方法可以简单地概括为:首先在每个尺度上计算平坦因子 $FF(a)$,以平坦因子 $FF(a)$ 是否大于 3 作为判断该尺度是否存在偏离随机分布的大幅值瞬时强度因子 $I(a,b)$,即是否存在相干结构的标准。

根据子波系数的瞬时强度因子,本文提出了用子波变换检测湍流多尺度相干结构的条件采样方法。根据子波系数的瞬时强度因子,定义检测函数如下[82]:

$$D(x)=\begin{cases}1 & \text{扫掠 } FF(a)>3, I(a,b)>L, W_H(a,b)>0, x\in\left[b-\dfrac{T(a)}{4}, b+\dfrac{T(a)}{4}\right] \\ -1 & \text{喷射 } FF(a)>3, I(a,b)>L, W_H(a,b)<0, x\in\left[b-\dfrac{T(a)}{4}, b+\dfrac{T(a)}{4}\right] \\ 0 & \text{否则}\end{cases} \tag{3-1-36}$$

式中:$T(a)$是单一尺度速度信号用自相关法确定的湍流结构尺度。

如果平坦因子 $FF(a)>3$,则该尺度存在相干结构;如果平坦因子 $FF(a)<3$,则该尺度不存在相干结构。如果平坦因子 $FF(a)>3$,即该尺度存在相干结构,就对瞬时强度因子 $I(a,b)$ 施加一个门限值 L,将瞬时强度因子 $I(a,x)$ 中大于门限值 L 的子波系数 $W_H(a,b)$ 及对应的瞬时速度信号提取出来,然后重新计算剩下的子波系数的平坦因子 $FF(a)$。如果平坦因子 $FF(a)$ 仍然大于 3,那么降低门限值 L,继续重复上述过程直到使平坦因子 $FF(a)<3$ 为止。

检测出了相干结构,就将信号分解为两部分:一部分信号是所有尺度的子波系数具有相同的准高斯概率密度函数的随机脉动速度信号成分;另一部分信号是产生间歇性的多尺度相干结构成分,对于相干结构部分,又可以根据子波系数的正负分为扫掠(子波系数为正)和喷射(子波系数为负)。

然后利用瞬时强度因子 $I(a,x)$ 与其门限值提取相干结构。若某尺度下某位置的瞬时强度因子 $I(a,x)$ 大于该尺度的门限值 L,则在原始信号中该位置前后各取 1/4 周期的信号点作为该尺度该位置处的一个相干结构喷射或扫掠过程。对所有提取出的同一尺度的相干结构喷射或扫掠过程的各脉动速度分量和雷诺应力分量进行相位对齐叠加平均,即得到该尺度相干结构喷射或扫掠过程的平均演化过程。

$$<u_i(x)>=\frac{1}{N}\sum_{k=1}^{N}u_i(b_k+x) \quad x\in\left[-\frac{T(a)}{4},\frac{T(a)}{4}\right] \tag{3-1-37}$$

$$<u'_i(x)u'_j(x)>=\frac{1}{N}\sum_{k=1}^{N}u'_i(b_k+x)u'_j(b_k+x) \quad x\in\left[-\frac{T(a)}{4},\frac{T(a)}{4}\right] \tag{3-1-38}$$

检测和提取湍流多尺度相干结构的流程如图 3-1-28 所示。

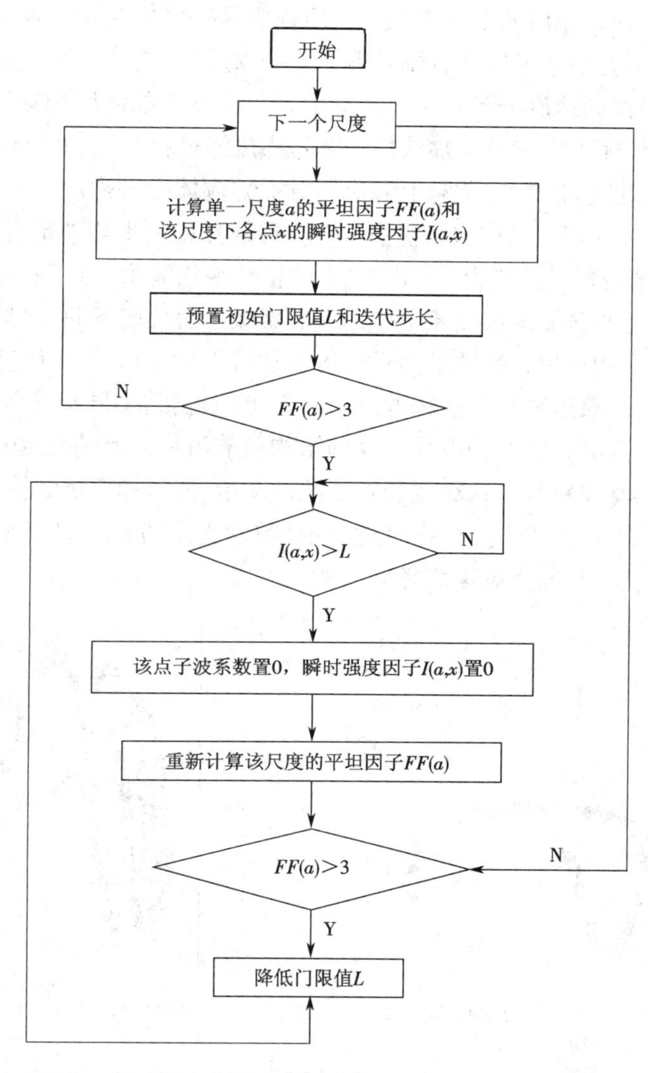

图 3-1-28　湍流边界层多尺度相干结构检测方法流程图

3.1.9　壁湍流相干结构不同速度分量和雷诺应力分量的相位平均波形

湍流相干结构猝发过程在局部范围内对瞬时雷诺应力具有很大的贡献,其中喷射和扫掠是猝发过程中最重要的两个方面。利用上节提出的根据子波系数的瞬时强度因子和平坦因子的方法可以检测和提取多尺度相干结构喷射和扫掠阶段流向脉动速度分量的条件相位平均波形[83]。

图 3-1-29 给出了在法向位置 $y^+=20$ 时,喷射和扫掠阶段不同尺度相干结构流向脉动速度的条件相位平均波形。图 3-1-30 给出了在法向位置 $y^+=20$ 时,喷射和扫掠阶段不同尺度相干结构法向脉动速度的条件相位平均波形。图 3-1-31 给出了在法向位置 $y^+=20$ 时,喷射和扫掠阶段不同尺度相干结构展向脉动速度的条件相位平均波形。其中,喷射事件的条件相

位平均波形的主要特征是流向速度分量在时间历程中是一个突然的急剧减速过程,在物理空间中则是下游速度快、上游速度突然急剧减慢的一个强烈拉伸过程;而扫掠事件的条件相位平均波形的主要特征是流向速度分量在时间历程中是一个突然的急剧加速过程,在物理空间中则是下游速度慢、上游速度突然急剧加快的一个强烈压缩过程,在压缩过程中高速流体向下剧烈扫掠使测点当地速度急剧增加,此时上游流体对下游流体有剧烈的推动作用。图 3-1-32 给出了 $y^+=20$ 时不同尺度相干结构雷诺应力$\langle u'v'\rangle$的条件相位平均波形,图 3-1-33 给出了 $y^+=20$ 时不同尺度相干结构雷诺应力$\langle u'w'\rangle$的条件相位平均波形。从图 3-3-29 至图 3-3-33 可以看出,湍流边界层近壁区域多尺度相干结构猝发现象虽然尺度不同,但都具有很好的尺度相似性,不同尺度的喷射和扫掠过程的动力学和运动学行为都是相似的,脉动速度和雷诺应力的变化过程都是相似的。喷射和扫掠过程的持续时间虽然短暂,但脉动速度和雷诺应力变化都很快,作用非常强烈,具有很强的间歇性。这种结构是湍流中所特有的物理结构,也是湍流场区别于其他随机场的本质特征。这个过程对于湍流动量、能量和质量的输运以及湍流的维持、演化和发展起着重要作用。同时,在扫掠过程中,黏性流体的剧烈剪切作用产生壁面摩擦阻力,这就是湍流较层流产生较大壁面摩擦阻力的根本原因。

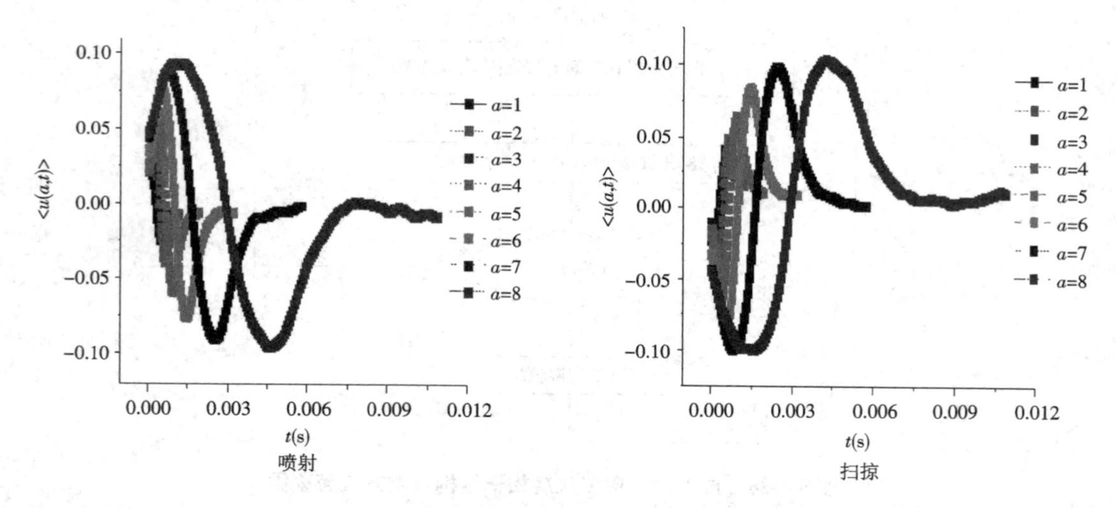

图 3-1-29 $y^+=20$ 相干结构流向脉动速度的条件相位平均波形

为了研究在喷射和扫掠过程中流向、法向、展向各脉动速度分量之间的关系以及雷诺应力产生的过程,图 3-1-34 给出了不同法向位置处相干结构喷射和扫掠过程中流向、法向脉动速度和雷诺应力分量$\langle u'v'\rangle$的条件相位平均波形。可以看到,猝发过程在局部范围内对瞬时雷诺应力具有很大的贡献,其中流向脉动速度负向最小值和法向脉动速度正向最大值、流向脉动速度正向最大值和法向脉动速度负向最小值这两个时刻分别对应雷诺应力$\langle u'v'\rangle$的两个负向极大值,在相空间上即为第二、四象限事件,其中又以第二象限事件流向脉动速度负向最小值和法向脉动速度正向最大值产生的雷诺应力最大,而且流向脉动速度与法向脉动速度的相位关系基本保持不变。验证了流向脉动速度和法向脉动速度异号的第二、四象限事件是雷诺应力$\langle u'v'\rangle$主要产生过程的结论,这也解释了雷诺应力分量$\langle u'v'\rangle$为负值的原因。随着远离壁

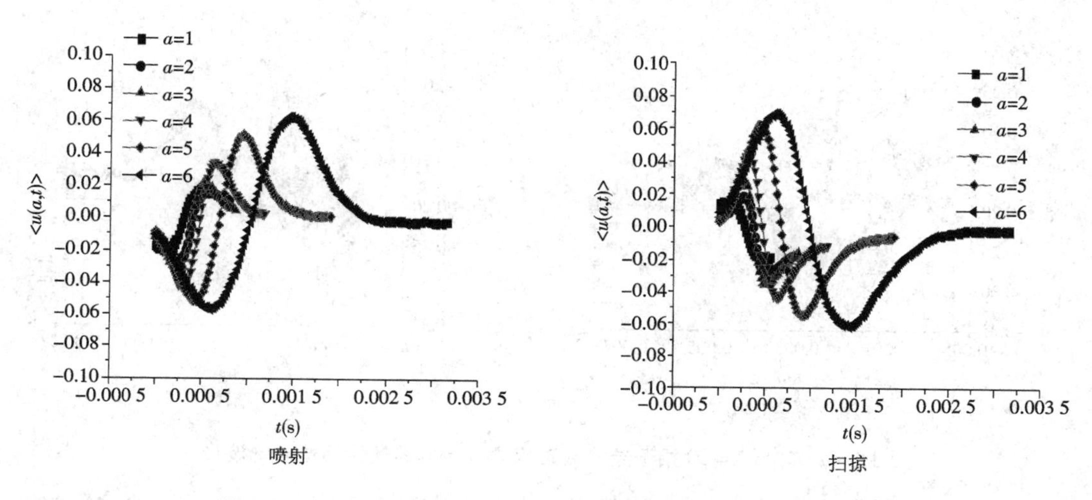

图 3-1-30　$y^+=20$ 相干结构法向脉动速度的条件相位平均波形

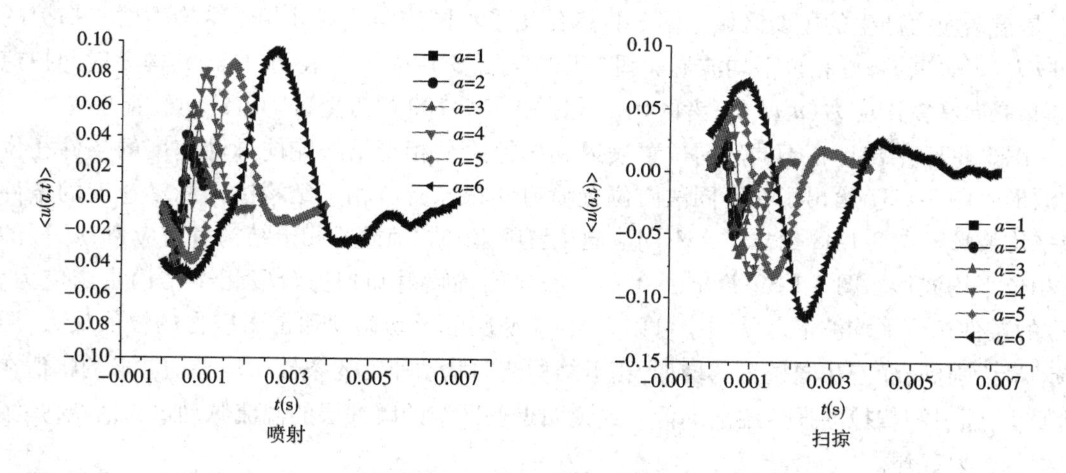

图 3-1-31　$y^+=20$ 相干结构展向脉动速度的条件相位平均波形

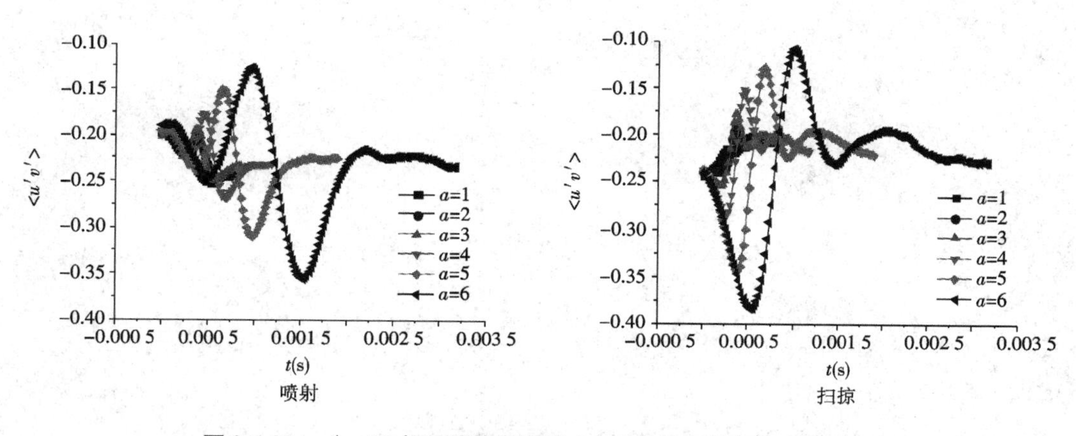

图 3-1-32　$y^+=20$ 相干结构雷诺应力 $\langle u'v' \rangle$ 的条件相位平均波形

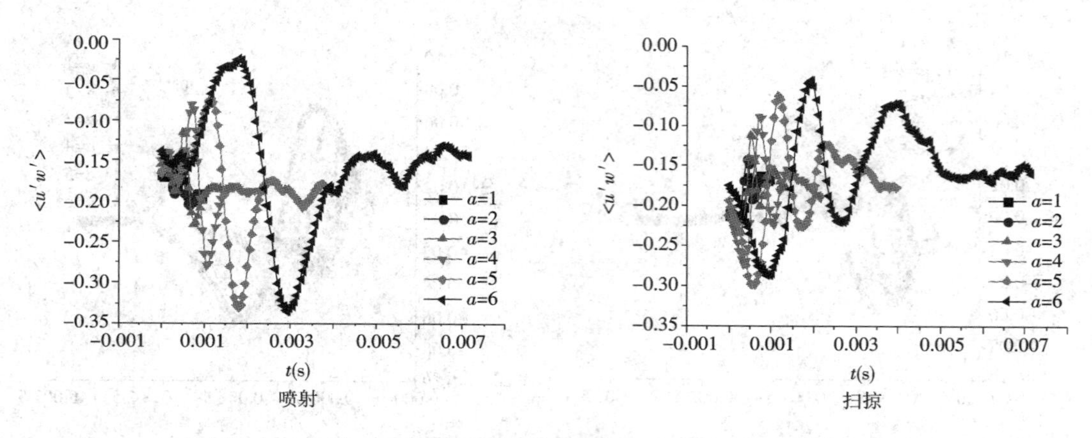

图 3-1-33 $y^+=20$ 相干结构雷诺应力$\langle u'w' \rangle$的条件相位平均波形

面,脉动速度和雷诺应力的幅值逐渐减小,说明湍流边界层近壁区域是相干结构猝发的活跃区域,是雷诺应力产生的主要区域。图 3-1-35 给出了不同法向位置处相干结构喷射和扫掠的雷诺应力$\langle u'w' \rangle$的条件相位平均波形。图 3-1-35 与图 3-1-34 不同表明,相干结构喷射和扫掠的流向、展向和雷诺应力$\langle u'w' \rangle$三者的相位关系在 $y^+<100$ 的近壁区随着法向位置改变。

图 3-1-36 给出了在不同法向位置喷射和扫掠阶段相干结构流向脉动速度的条件相位平均波形。图 3-1-37 给出了在不同法向位置喷射和扫掠阶段相干结构法向脉动速度的条件相位平均波形。图 3-1-38 给出了在不同法向位置喷射和扫掠阶段相干结构雷诺应力$\langle u'v' \rangle$的条件相位平均波形。图 3-1-39 给出了在不同法向位置喷射和扫掠阶段相干结构雷诺应力$\langle u'w' \rangle$的条件相位平均波形。从图中可以看出,缓冲层的脉动速度和雷诺应力的幅值最大,湍流脉动最为强烈,随着法向位置的增加,相干结构流向脉动速度的条件相位平均波形的幅值在逐渐变小,喷射和扫掠的强度逐渐降低。这说明近壁区域的缓冲层的湍流脉动最为活跃,是湍流产生的主要区域。

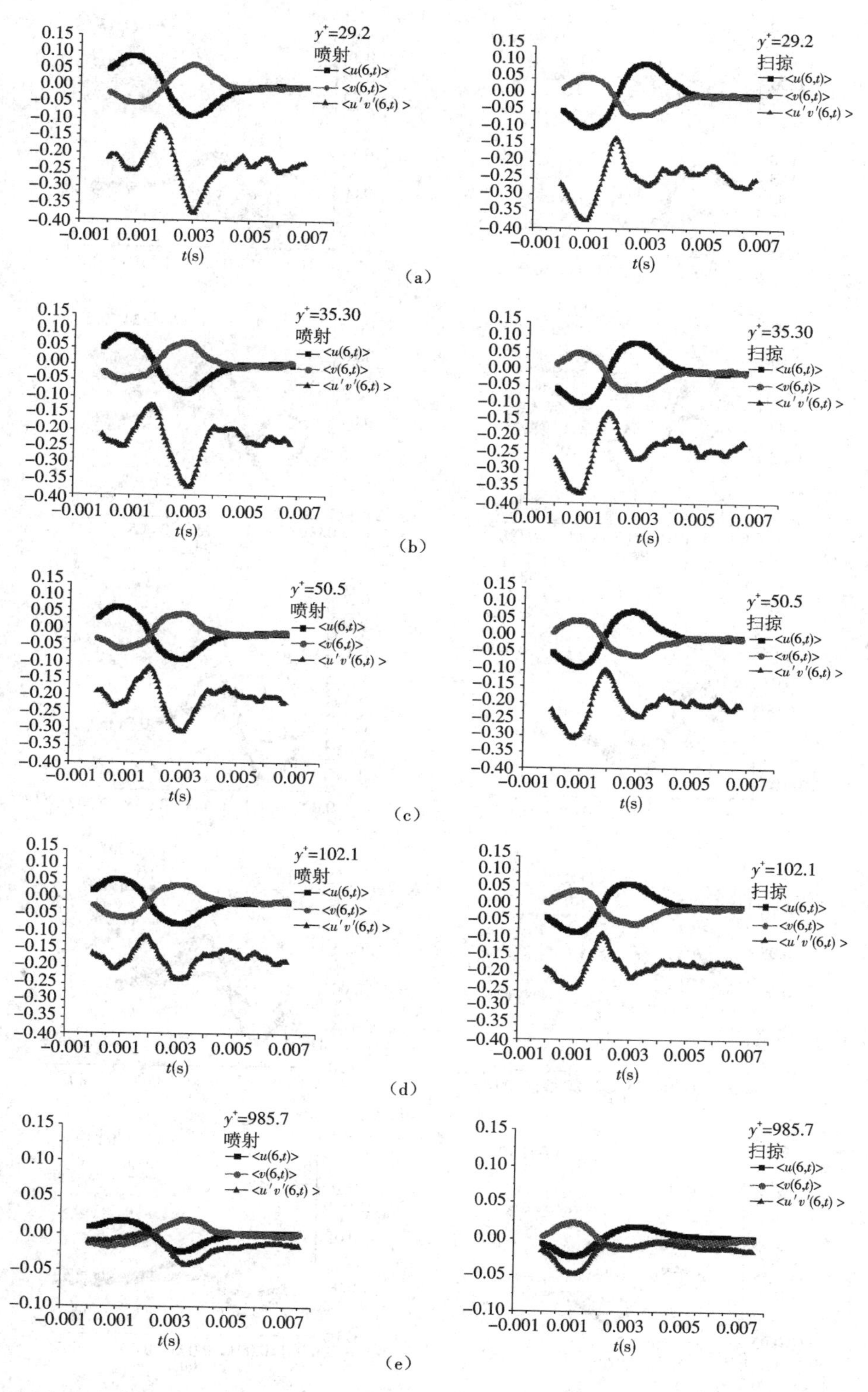

图 3-1-34　喷射和扫掠过程中流向、法向脉动速度和雷诺应力$\langle u'v' \rangle$的条件相位平均波形

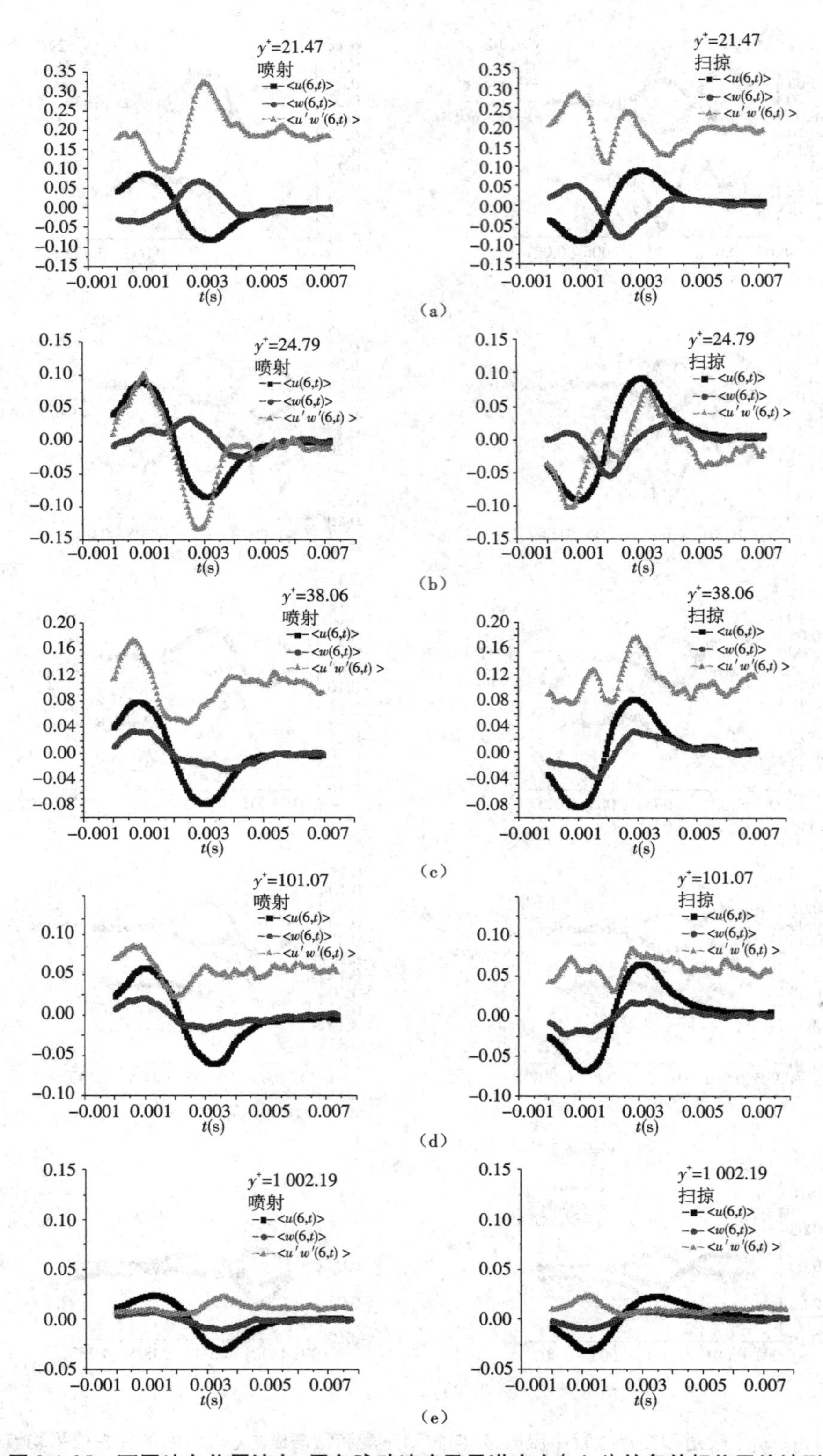

图 3-1-35 不同法向位置流向、展向脉动速度及雷诺应力$\langle u'w' \rangle$的条件相位平均波形

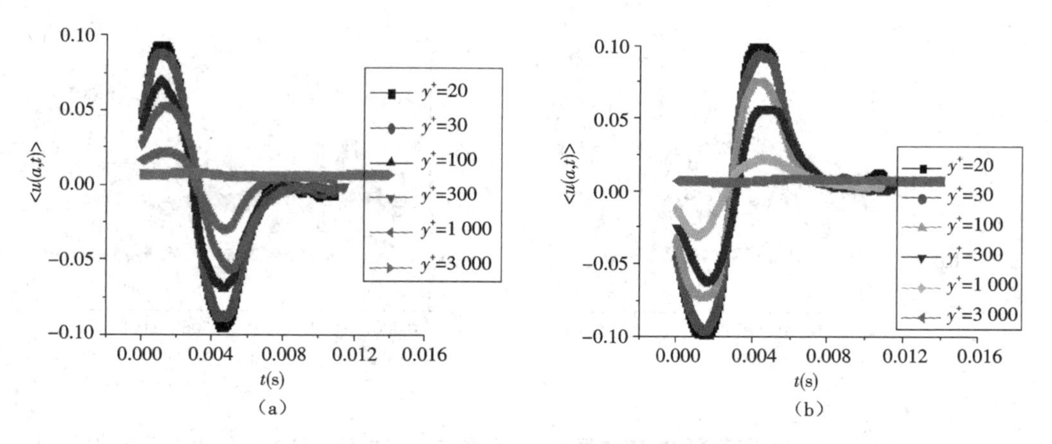

图 3-1-36　不同 y^+ 处喷射和扫掠阶段流向脉动速度的条件相位平均波形

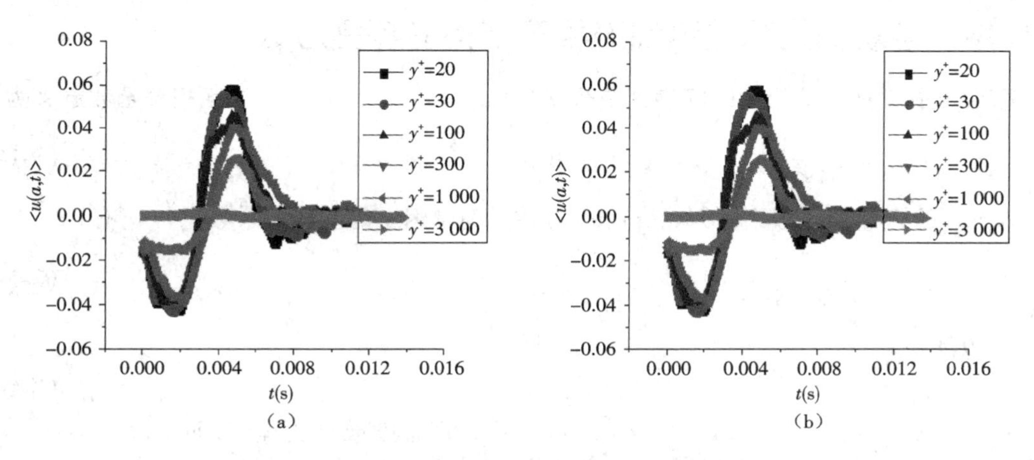

图 3-1-37　不同 y^+ 处相干结构法向脉动速度的条件相位平均波形

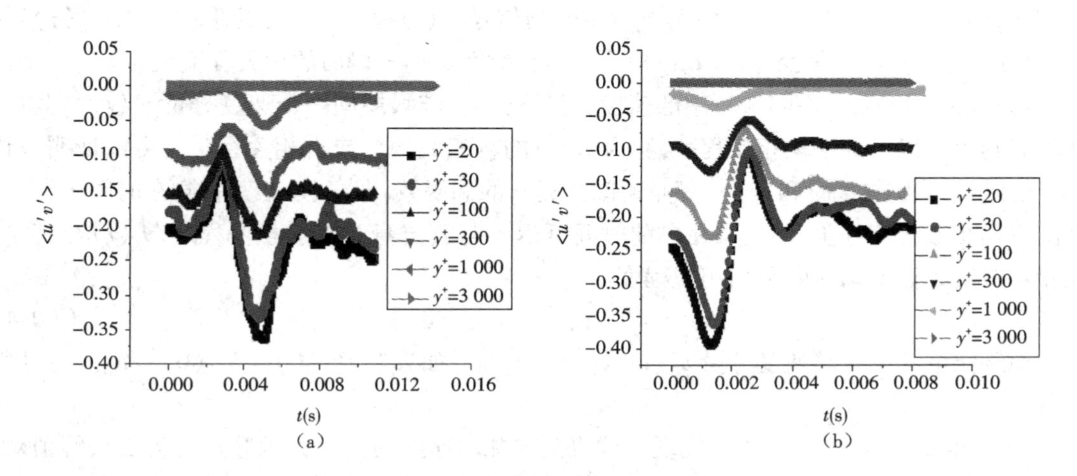

图 3-1-38　不同 y^+ 处喷射和扫掠过程中相干结构雷诺应力 $\langle u'v' \rangle$ 的条件相位平均波形

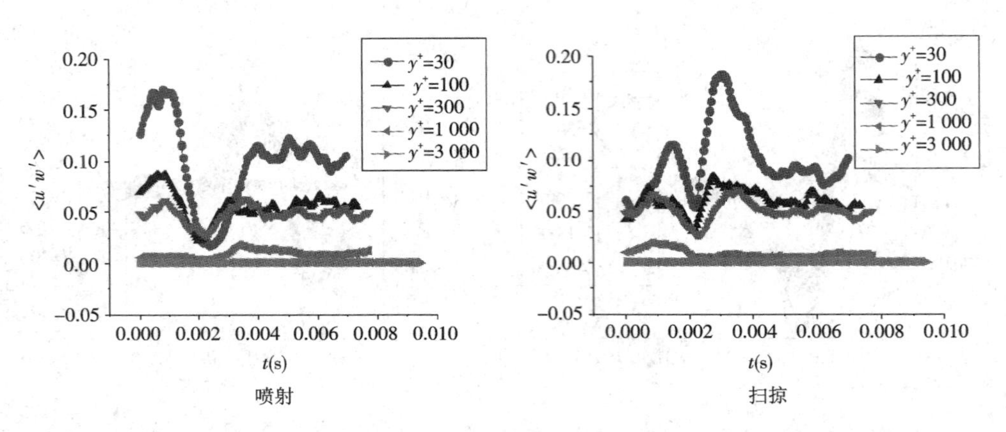

图 3-1-39 不同 y^+ 处喷射和扫掠过程中相干结构雷诺应力 $\langle u'w' \rangle$ 的条件相位平均波形

3.1.10 客观识别和检测湍流相干结构的综合方法

壁湍流脉动速度分量的时间序列信号 $u_i(t)$，$u_j(t)$ 在时间延迟 τ 的互相关函数定义为

$$R_{ij}(\tau) = \lim_{T \to +\infty} \frac{1}{T} \int_0^T u_i(t) u_j(t+\tau) \mathrm{d}t \tag{3-1-39}$$

$R_{ij}(\tau)$ 的无量纲化形式称为 $u_i(t)$，$u_j(t)$ 在时间延迟 τ 的互相关系数 $r_{ij}(\tau)$，有

$$r_{ij}(\tau) = \frac{R_{ij}(\tau)}{\sqrt{R_{ii}(0) R_{jj}(0)}} \tag{3-1-40}$$

可以证明

$$|r_{ij}(\tau)| \leqslant 1 \tag{3-1-41}$$

$R_{ij}(\tau)$ 或 $r_{ij}(\tau)$ 表示 $u_i(t)$ 与 $u_j(t+\tau)$ 的平均相似程度或相关程度，即 $u_i(t)$ 与 $u_j(t)$ 在时间延迟 τ 以后的平均相似程度或相关程度。如果信号 $u_j(t+\tau)$ 与信号 $u_i(t)$ 很像且相位也几乎相同，则 $r_{ij}(\tau)$ 很接近 1；如果信号 $u_j(t+\tau)$ 与信号 $u_i(t)$ 很像且相位几乎相反，则 $r_{ij}(\tau)$ 很接近 -1。$|r_{ij}(\tau)| \approx 1$ 也表示信号 $u_i(t)$ 与 $u_j(t)$ 在时间延迟 τ 以后的相关程度很高。

当式(3-1-39)和式(3-1-40)中的速度分量下标 $i=j$ 时，即同一个速度分量 $u_i(t)$ 与其自身在时间延迟 τ 以后的平均相似程度，称为 $u_i(t)$ 的自相关函数或自相关系数。可以证明，对于平稳的随机过程，$R_{ii}(\tau)$ 和 $r_{ii}(\tau)$ 都是时间延迟 τ 的偶函数，即 $u_i(t)$ 与其自身在时间延迟 τ 以后的平均相似程度等价于 $u_i(t)$ 在向前时间延迟 τ 与其自身的平均相似程度，$u_i(t)$ 与其自身在相对时间延迟 τ 以后的平均相似程度。

$$R_{ii}(\tau) = R_{ii}(-\tau), r_{ii}(\tau) = r_{ii}(-\tau) \tag{3-1-42}$$

对于湍流三个脉动速度分量 $u_1(t)$、$u_2(t)$、$u_3(t)$，如果有 $R_{11}(0) = R_{22}(0) = R_{33}(0)$，则成为各向同性湍流。

1971 年 Kim 等[22]在实验中发现壁湍流流向脉动速度的自相关函数达到第二个峰值对应的延迟时间非常接近壁湍流相干结构的平均猝发周期，但当时没有解释原因。相干结构的平均猝发周期是通过在水槽中流动显示猝发人工计数而得到的，因而在后来的相干结构猝发检测中并没有引起人们的注意。检测壁湍流相干结构平均猝发周期的自相关法是根据统计平均的理论客观地检测壁湍流相干结构平均猝发周期的方法。它根据湍流近壁区流向脉动速度的自相关函数达到第二个峰值对应的延迟时间检测壁湍流相干结构的平均猝发周期。这是因为壁湍流相干结构是壁湍流中起主要作用的结构，它的周期性喷射、扫掠等猝发现象在湍流信号中非常明显，因而壁湍流脉动速度信号的拟周期性很强，所以壁湍流脉动速度信号的自相关函数也就显示出一定的周期性，而且其周期与壁湍流脉动速度信号的周期一致。所以壁湍流流向脉动速度的自相关函数的波长非常接近壁湍流相干结构的平均猝发周期。在这一方法中，平均猝发周期是根据信号的自相关函数计算确定的，没有任何经验门限值，排除了由于人为确定门限值造成的主观随意性，因而是一种比较客观的方法。但是，该方法是一种统计平均的方法，只能用统计平均的方法计算壁湍流相干结构的平均猝发周期，不能实现对湍流相干结构信号在时域进行实时检测，既不能检测到相干结构的猝发在什么时刻发生，也不能得到相干结构的信号波形。

因此，有必要将子波分析法、自相关法和条件采样法结合起来，取长补短，创造一种新的方法，使其既具有自相关法的客观性，克服由于人为确定门限值造成的主观性，又能够实时地检测相干结构的猝发过程。

相干结构流向速度往往要比法向或展向速度具有更明显的周期变化规律性。在壁湍流脉动速度信号多尺度子波分析中，由同一尺度的子波系数的模的平方和表示该尺度占有的湍流脉动动能。从图 3-1-26 和图 3-1-27 可以看出，每个尺度的湍流脉动速度所占有的湍流脉动动能是不同的，存在一个峰值对应能量最大的尺度 a^*，对能量最大尺度的子波系数（或重构的能量最大尺度壁湍流脉动速度信号）进行自相关分析，可以看到，能量最大尺度的子波系数（或重构的能量最大尺度壁湍流脉动速度信号）的自相关函数与壁湍流原始脉动速度信号的自相关函数对应的波长是一致的，而且由于去除了其他尺度脉动的干扰，能量最大尺度的子波系数（或重构的能量最大尺度壁湍流脉动速度信号）的自相关函数比壁湍流原始脉动速度信号的自相关函数更加光滑，波动的周期规律性更明显，说明该能量最大尺度就是相干结构猝发周期对应的时间尺度。

以壁流向脉动速度的能量最大尺度子波系数作为检测量。当喷射发生时，流向脉动速度减小，相应的能量最大尺度子波系数为负值；当扫掠发生时，流向脉动速度增加，相应的能量最大尺度子波系数为正值。据此，提出了用流向子波系数的极值法检测和提取相干结构猝发的方法。将负的且为极小值的子波系数作为判断喷射过程的标准；将正的且为极大值的子波系数作为判断扫掠过程的标准。提出这种子波系数极值法的依据是：在相干结构的中心位置，相干结构的拉伸（喷射，减速）、压缩（扫掠，加速）特征最为明显，根据前述局部平均结构函数的意义，$W_u(a,b)>0$ 时的正极大值代表相干结构的扫掠中心，$W_u(a,b)<0$ 时的负极小值代表相干结构的喷射中心。因此，用子波系数的幅值（模）达到极大值的位置，可以判断相干结构的喷射或扫掠阶段的中心位置。此时，湍流脉动速度减速（拉伸）或加速（压缩）特征最为明显。

以子波系数 $W_u(a,b)>0$ 时的正极大值作为相干结构的扫掠中心，以能量最大尺度的子波系数（或重构的能量最大尺度壁湍流脉动速度信号）的自相关函数的波长的一半为周期，截取湍流原始脉动速度信号并进行相位对齐叠加平均，就可以获得相干结构扫掠相位平均波形；

以子波系数 $W_u(a,b)<0$ 时的负极小值作为相干结构的喷射中心,以能量最大尺度的子波系数(或重构的能量最大尺度壁湍流脉动速度信号)的自相关函数的波长的一半为周期,截取湍流原始脉动速度信号并进行相位对齐叠加平均,就可以获得相干结构喷射相位平均波形。

根据能量最大尺度子波系数的瞬时极大值和极小值,提出了检测湍流相干结构喷射和扫掠的相位平均波形的条件采样方法。检测函数如下:

$$D(x)=\begin{cases}1 & \text{扫掠},W_u(a,b)>0\text{ 且达到局部极大值},x\in\left[b-\dfrac{T(a)}{4},b+\dfrac{T(a)}{4}\right]\\ -1 & \text{喷射},W_u(a,b)<0\text{ 且达到局部极小值},x\in\left[b-\dfrac{T(a)}{4},b+\dfrac{T(a)}{4}\right]\\ 0 & \text{否则}\end{cases} \tag{3-1-43}$$

对于低速流体的喷射过程,也可以用能量最大尺度的子波系数从负值到正值的过零点检测,此时能量最大尺度的脉动速度达到负的极小值,代表低速流体向上喷射到达探针所在位置;对于高速流体的扫掠过程,也可以用能量最大尺度的子波系数从正值到负值的过零点检测,此时能量最大尺度的脉动速度达到正的极大值,代表高速流体向下扫掠到达探针所在位置。检测函数如下:

$$D(x)=\begin{cases}1 & \text{扫掠},W_u(a,b-\Delta t)>0,W_u(a,b)=0,W_u(a,b+\Delta t)<0,x\in\left[b-\dfrac{T(a)}{4},b+\dfrac{T(a)}{4}\right]\\ -1 & \text{喷射},W_u(a,b-\Delta t)<0,W_u(a,b)=0,W_u(a,b+\Delta t)>0,x\in\left[b-\dfrac{T(a)}{4},b+\dfrac{T(a)}{4}\right]\\ 0 & \text{否则}\end{cases} \tag{3-1-44}$$

对于经典的象限分裂法,也可以根据流向脉动速度和法向脉动速度的子波系数,用子波分析的能量最大准则进行类似的改进。检测函数如下:

$$D(x)=\begin{cases}1 & \text{扫掠},W_u(a,b)>0\text{ 且达到局部极大值},W_v(a,b)<0\text{ 且达到局部极小}\\ & \text{值},x\in\left[b-\dfrac{T(a)}{4},b+\dfrac{T(a)}{4}\right]\\ -1 & \text{喷射},W_u(a,b)<0\text{ 且达到局部极小值},W_v(a,b)>0\text{ 且达到局部极大}\\ & \text{值},x\in\left[b-\dfrac{T(a)}{4},b+\dfrac{T(a)}{4}\right]\\ 0 & \text{否则}\end{cases} \tag{3-1-45}$$

$$D(x)=\begin{cases}1 & \text{扫掠},W_u(a,b)\text{从负到正经过零点},W_v(a,b)\text{从正到负经过零点},\\ & x\in\left[b-\dfrac{T(a)}{4},b+\dfrac{T(a)}{4}\right]\\ -1 & \text{喷射},W_u(a,b)\text{从正到负经过零点},W_v(a,b)\text{从负到正经过零点},\\ & x\in\left[b-\dfrac{T(a)}{4},b+\dfrac{T(a)}{4}\right]\\ 0 & \text{否则}\end{cases}$$

(3-3-46)

式中：$T(a)$是能量最大尺度脉动速度信号用自相关法确定的相干结构猝发周期。

可以看到，式(3-1-44)检测结果比式(3-1-43)检测结果在时间相位上推迟了$\frac{T(a^*)}{8}$，式(3-1-46)检测结果比式(3-1-45)检测结果在时间相位上也推迟了$\frac{T(a^*)}{8}$。

在上述方法中，由于只对脉动速度的能量最大尺度子波系数进行检测，排除了其他尺度湍流脉动对检测结果的干扰，使得检测结果更加准确；通过对原始脉动速度信号进行一定周期下的相位锁定平均，获得了相干结构在喷射和扫掠过程中发展演化的典型特征规律性；平均猝发周期是根据能量最大尺度的自相关函数计算确定的，没有任何经验门限值，排除了由于人为确定门限值造成的主观随意性，因而是比较客观的方法。

3.2　壁湍流相干结构 PIV 测量的综述

旋涡结构是流场中最主要的相干结构，它们通过涡量的扩散、诱导，对周围的流体施加影响，使流体的速度和浓度等出现随机的涨落，进而大大提高质量传递的效率或急剧增强流体的扩散和混合能力。虽然旋涡结构是湍流演化过程不可或缺的关键元素，但至今对其没有一个统一的定义。Robinson 等(1988)将涡结构描述为：在随旋涡中心(涡核)运动的参考系下，瞬时流线投影在垂直于涡核的平面内，显示出近似圆形或螺旋线形的结构[84]。这个描述非常清楚地定义了旋涡是具有特定的拓扑形状和数学上易于描述的特征(如涡量、螺旋度等)的结构，但是定义的缺陷在于必须提前知道涡核的位置，这无疑具有一定的难度。除此之外，许多旋涡的定义也被提出，如涡量的等值面、局部紧促的涡线、瘦长的低压区、速度梯度张量的复特征值区域、速度梯度的第二不变量等，常用有 Q 准则和 λ_{ci} 准则。

3.2.1　涡量准则

涡量可以用于量度旋涡运动的强度和方向：

$$\boldsymbol{\omega}=rot(\boldsymbol{u})=\nabla\times\boldsymbol{u} \tag{3-2-1}$$

即

$$\boldsymbol{\omega}=\left(\frac{\partial w}{\partial y}-\frac{\partial v}{\partial z}\right)\boldsymbol{i}+\left(\frac{\partial u}{\partial z}-\frac{\partial w}{\partial x}\right)\boldsymbol{j}+\left(\frac{\partial v}{\partial x}-\frac{\partial u}{\partial y}\right)\boldsymbol{k} \tag{3-2-2}$$

理论上，某一流场区域只要 $\boldsymbol{\omega}\neq0$，则说明该区域的流动是有旋的，涡量极大的地方是涡的中心,但是此判据具有局限性:①涡量极大不等于有涡存在,以平板湍流边界层为例,壁面上的涡量最大,但明显没有涡,其只是剪切区域,如图 3-2-1 所示;②不具有伽利略不变性,大小和坐标系的选择有关。

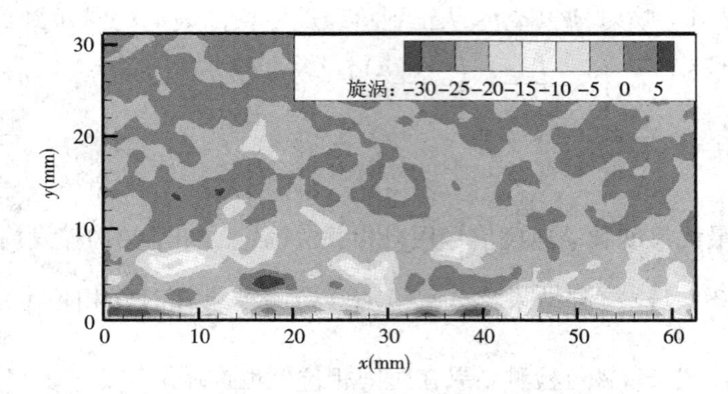

图 3-2-1 涡量准则检测得到的某一瞬时流场的涡量云图

3.2.2 Galilean 速度分解

Galilean 速度分解可以识别固定速度运动的涡结构。图 3-2-2 表示使用 Galilean 分解检测以 $0.8U_\infty$ 速度运动的涡结构,可以看出其只能识别部分的涡结构。

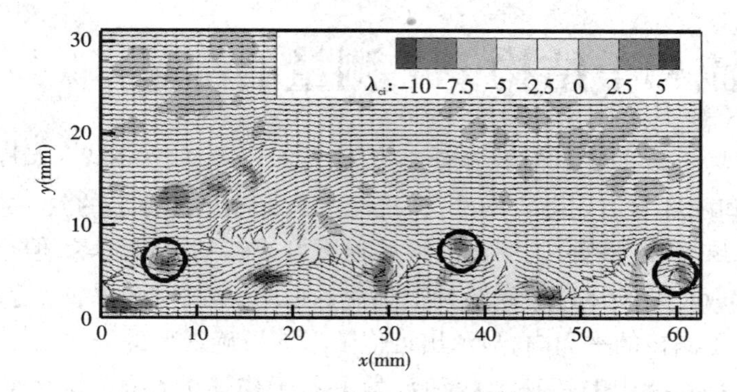

图 3-2-2 Galilean 速度分解得到的某一瞬时流场的速度矢量图及 λ_{ci} 值

3.2.3 Q 准则

对于涡量判据的缺陷,Hunt 等提出的 Q 准则[85]很好地解决了这两个问题,如图 3-2-3 所示。由于速度梯度张量可以分解为反对称部分的旋转张量 Ω 和对称部分的应变率张量 S,将其定义为

$$Q=\frac{1}{2}(\|\Omega\|^{2}-\|S\|^{2})>0 \tag{3-2-3}$$

其中:

$$\begin{cases}\Omega=\frac{1}{2}(\nabla\boldsymbol{v}-(\nabla\boldsymbol{v})^T),\ \|\Omega\|=tr[\Omega\Omega^T]^{\frac{1}{2}}\\ S=\frac{1}{2}(\nabla\boldsymbol{v}+(\nabla\boldsymbol{v})^T),\ \|S\|=tr[SS^T]^{\frac{1}{2}}\end{cases}\tag{3-2-4}$$

Q 反映了局部旋转率与拉伸率相对大小。湍涡所在的区域，Q 值为正，且极大值为涡核的位置，Q 值为负代表流场可能存在剪切运动。

对于二维流场：

$$\begin{aligned}Q&=\frac{1}{2}(\|\Omega\|^2-\|S\|^2)=\frac{1}{2}(tr[\Omega\Omega^T]^{\frac{1}{2}}-tr[SS^T]^{\frac{1}{2}})\\&=\frac{1}{4}\left(\frac{\partial u}{\partial y}-\frac{\partial v}{\partial x}\right)^2-\frac{1}{2}\left(\frac{\partial u}{\partial x}\right)^2-\frac{1}{2}\left(\frac{\partial v}{\partial y}\right)^2-\frac{1}{4}\left(\frac{\partial u}{\partial y}+\frac{\partial v}{\partial x}\right)^2\end{aligned}\tag{3-2-5}$$

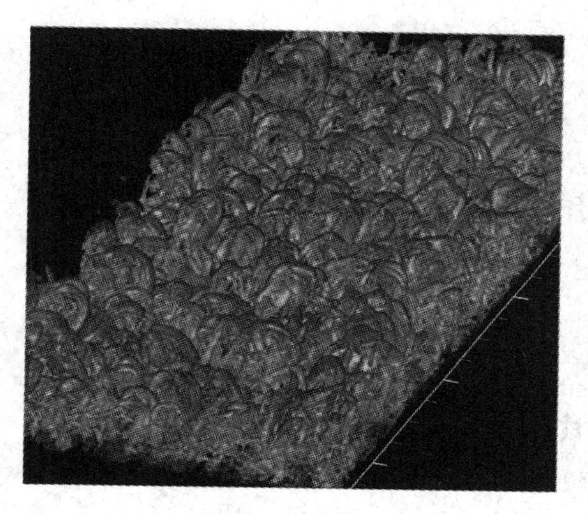

图 3-2-3　Q 准则检测得到的某一瞬时流场中的发卡涡森林结构[86]

3.2.4　Δ 准则

Chong 等[87]指出涡心处的速度梯度具有虚数特征值，以此提出 Δ 判据。速度梯度张量的特征方程可以写成：

$$\lambda^3-p\lambda^2+q\lambda-r=0\tag{3-2-6}$$

对于不可压缩流动，速度梯度张量的第一不变量 $p=\frac{\partial u_i}{\partial x_i}=0$，则速度梯度张量的特征方程具有虚数解，等价于判别式：

$$\Delta=\left(\frac{q}{3}\right)^3+\left(\frac{r}{2}\right)^2>0\tag{3-2-7}$$

式中：q，r 分别为速度梯度张量的第二、三不变量，该判别式具有伽利略不变性。但该判据是一个偏弱的判据，其没有提到没有涡的区域是否所有特征值均为实数。将其与 Q 判据比较，由于 $q=2Q$，因此若 $Q>0$，必然有 $\Delta>0$，所以 Δ 判据比 Q 判据更弱，并不常使用。

3.2.5 λ_2 准则

Melander 等[88]认为涡心处压力极小,从 N-S 方程出发结合涡量输运方程,并忽略黏性和非定常效应,推导得到方程:

$$S_{ik}S_{kj} + \Omega_{ik}\Omega_{kj} = -\frac{\partial p}{\partial x_i \partial x_j} \tag{3-2-8}$$

式(3-2-8)等号右边是压力的二阶导数,为一个对称张量,如果局部压力极小,那么 P_{ij} 至少有两个正特征值。记$S_{ik}S_{kj} + \Omega_{ik}\Omega_{kj}$为$S^2 + \Omega^2$,并且其特征值为 $\lambda_1 \leqslant \lambda_2 \leqslant \lambda_3$,如果 $\lambda_2 < 0$,则认为有涡存在,此判据同样具有伽利略不变性。前面提到的 Q 判据也可以用$S^2 + \Omega^2$ 的特征值表示,即

$$Q = -\frac{1}{2}(\lambda_1 + \lambda_2 + \lambda_3) \tag{3-2-9}$$

3.2.6 λ_{ci}准则

速度梯度张量 $\boldsymbol{D}$ 在笛卡儿坐标系下可以分解为

$$\boldsymbol{D} = [\boldsymbol{v}_r \quad \boldsymbol{v}_{cr} \quad \boldsymbol{v}_{ci}]\begin{bmatrix} \lambda_r & & \\ & \lambda_{cr} & \lambda_{ci} \\ & -\lambda_{ci} & \lambda_{cr} \end{bmatrix}[\boldsymbol{v}_r \quad \boldsymbol{v}_{cr} \quad \boldsymbol{v}_{ci}]^{-1} \tag{3-2-10}$$

式中:实特征值 λ_r 对应的特征向量为 $\boldsymbol{v}_r$,$\lambda_{cr} \pm \lambda_{ci}\mathbf{i}$ 是复特征向量 $\boldsymbol{v}_{cr} \pm \boldsymbol{v}_{ci}\mathbf{i}$ 对应的共轭复特征值。曲线坐标系下,涡核附近特征向量的局部流线可以表示为

$$\begin{cases} y_1(t) = C_0 \exp\lambda_r t \\ y_2(t) = \exp\lambda_{cr} t[C_1\cos(\lambda_{ci}t) + C_2\sin(\lambda_{ci}t)] \\ y_3(t) = \exp\lambda_{cr} t[C_2\cos(\lambda_{ci}t) - C_1\sin(\lambda_{ci}t)] \end{cases} \tag{3-2-11}$$

式中:C_0,C_1 和 C_2 都为常数。局部流动中,流体沿 v_r 轴拉伸或压缩,在 v_{cr}和 v_{ci}的平面内旋转,局部旋转运动的强度可以用 λ_{ci}来表征。基于此,Zhou 提出使用速度梯度张量复特征值的虚部来识别涡[88]。它有如下优点:① 它是参考系独立的,避免了选择合适参考系的麻烦;②由于只有圆形或者螺旋形的流线位置处具有复特征值,所以 λ_{ci}消除了有涡量却无旋转的区域,如剪切层;③λ_{ci}^2类似于拟涡能($\omega_i\omega_i/2$),它能表示涡强的大小,而且与 Q 等其他涡准则检测出的涡在尺寸上相一致;④ 在不同的流动条件下,此方法总能准确地检测出涡。由于此准则不能识别出涡的方向,结合涡量的正负可以得到带方向的涡强值,如图 3-2-4 所示。

在平面流场中:

$$\lambda_{ci}^2 = 0.25\left(\frac{\partial u}{\partial x} - \frac{\partial v}{\partial y}\right)^2 + \frac{\partial v}{\partial x}\frac{\partial u}{\partial y} \tag{3-2-12}$$

3.2.7 条件平均

为了得到流场中相干结构的拓扑形状,可以采用条件采样和相位平均的方法,首先根据选

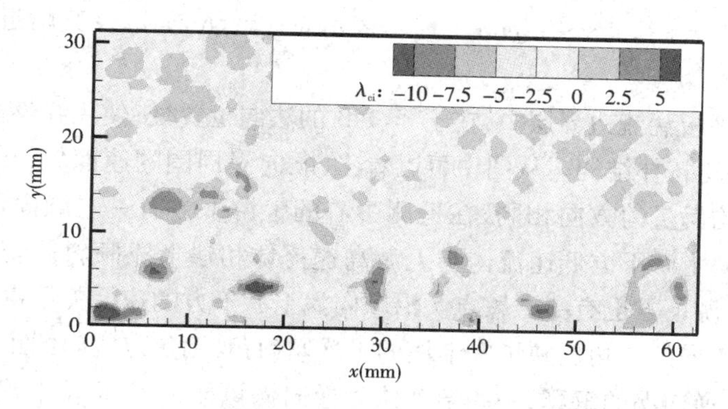

图 3-2-4　λ_{ci}准则检测得到的某一瞬时流场中的涡结构

择的条件检测准则（一般选择涡心）在全流场的区域内对各点进行遍历检测，当检测到条件事件后，以此检测中心为基准，对其周围的流场进行提取，然后将所有提取到的流场以各自的检测中心为原点，进行相位叠加平均。应注意选择局部流场的尺寸时应当适合，使其至少包括一个拓扑结构，区域过小可能造成结构的缺失，区域过大可能造成检测点数变少、样本数减小。上面的拓扑思想简单，也只能提取流场中的单个结构，检测中心周围存在的其他结构由于平均作用，在最终得到的平均场中可能被抹去。在单一的条件采样、相位平均的基础上，有学者提出了使用线性随机估计的方法，来检测流场中的涡或者涡包[90,91]。广义上随机估计是指用流场中已知的随机变量来估计未知随机变量的方法，例如在流场中，我们用特定点的速度来估计其他位置处的速度分布，或者用特定点的涡量来估计其他点的涡量。线性随机估计的表达式为

$$\langle u_i'(x') \mid E(x) \rangle \approx \sum_{j=1}^{M} \frac{\langle E_j(x) u_i'(x') \rangle}{\langle E_j(x) E_j(x) \rangle} E_j(x) \tag{3-2-13}$$

式中：$\langle E_j(x) u_i'(x') \rangle$表示未知量 $u'(x')$ 与事件 $E(x)$ 的相关函数，$\langle E_j(x) E_j(x) \rangle$表示事件数据矢量 $E(x)$ 的自相关函数，线性随机估计方法得到的结果是在特定事件 $E(x)$ 下，与之相关联未知物理量的最可能值或分布。从其表达式可以看出，式(3-2-13)中的系数来自于变量间的统计相关，因此它属于统计分析方法，具有统计分析的优点。此外，它也结合了条件平均方法的特点，能够捕捉和提取特定检测条件的相干结构特征。另外，每个空间位置处的待估计物理量的求解过程不涉及其他位置处的信息，各位置处的物理量互相独立而不干扰，因此线性随机估计方法适合获得流场中某一场变量的分布。更直观地理解，条件事件变量值的大小显示了变量在条件平均场中所占比例的大小，某一时刻条件事件的值越大，这一时刻的各变量在条件平均场所占的比例就越大，起的作用也就更大；相反，则各变量在条件平均场所占的比例就越小，起的作用也就越小。线性随机估计相当于按条件事件值的大小对流场中的变量值在平均场中进行了权重。

以顺向涡的涡心为检测事件，使用线性随机估计的方法提取得到了顺向涡周围的拓扑结构($y^+=143$)，如图 3-2-5 所示。检测事件的表达式如下：

$$\begin{cases} \Lambda_{ci}(x, prey) = \min(\Lambda_{ci}(x-1:x+1, prey-1:prey+1)) \\ \max(\Lambda_{ci}(x-1:x+1, prey-1:prey+1)) < 0 \end{cases} \tag{3-2-14}$$

式中：$\min(\Lambda_{ci}(x-1:x+1, prey-1:prey+1))$ 表示点 $(x, prey)$ 以及其附近 8 个点中 Λ_{ci} 值的最小值。

图 3-2-5 表示平板湍流边界层中，在 $y^+=143$ 的法向位置处，使用线性随机估计得到的顺时针展向涡局部平均拓扑结构。从图中可以看出，顺向涡周围的速度矢量绕涡心以顺时针方向进行旋转，与平均涡量的方向相同，在检测中心的上游下方有一与顺向涡旋向相反的逆向涡。此外，在顺向涡上游下方低速流体与上游高速流体相遇形成倾斜剪切层和驻点（鞍点），在两个焦点连线上游下方也有一个鞍点。沿顺向涡上游下方的速度矢量作切线可以得到图中的黑色实线，它与流向的夹角反映了发卡涡的平均倾斜角，两焦点之间的距离也反映了发卡涡的平均尺度。关于逆向涡的解释，一些学者认为逆向涡可能是 Ω 型发卡涡的涡颈[92,93]，还有一些学者认为它是残余发卡涡涡腿和另一发卡涡连接的印记[93]，也可能是多个发卡涡合并的印记[94]。

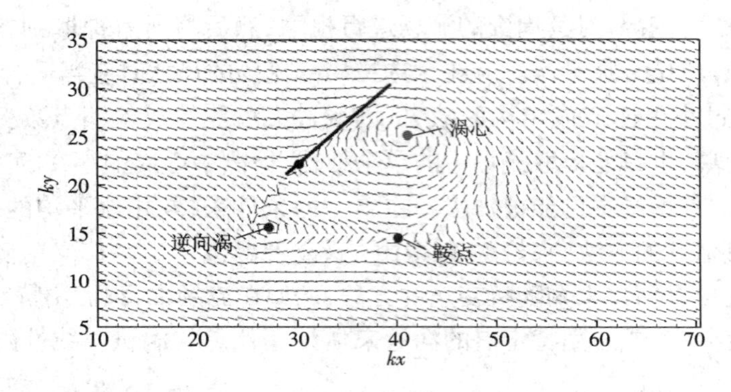

图 3-2-5 线性随机估计得到的平板湍流边界层流场中 $y^+=143$ 处的速度矢量图

Tomo-PIV 得到的平板湍流边界层速度场条件平均（基于喷射事件）的结果如图 3-2-6 所示。从图中可以看出，在发卡涡的涡腿之间存在低速条带结构，并且呈现出强烈的喷射态势，速度矢量均呈现出向上游和沿法向向外的方向（$u'<0$, $v'>0$），并且在上游与高速流体相遇，从而在发卡涡的头部存在强剪切，所以在展向平面内可以清楚地看见速度矢量在该平面内呈现出了顺时针旋转的形状；其次，条件平均结果的空间对称性也在展向－法向平面内得以展现，关于法向轴对称的一对涡结构清晰地表明了喷射事件在流向平面的投影结果（图 3-2-6（c））；再次，流向－展向平面给出了发卡涡结构涡颈的横截面示意图（图 3-2-6（d）），与图 3-2-6（c）类似一对流向轴对称的涡结构展示了喷射事件在法向平面内的投影，而且更为重要的是在上游如黑色圆圈所示的位置代表了低速流体与高速流体的交汇点，即喷射事件与扫掠事件的驻点。

3.2.8 Lagrangian 涡辨识准则

基于 Lagrangian 体系的涡识别准则，有限时间 Lyapunov 指数（Finite-Time Lyapunov Exponents, FTLE）是由 Haller 等[96]提出的，是描述混沌现象的一个重要参数，表征了系统在相空间中相邻轨道间收敛或发散的平均指数率。从 Lagrangian 观点出发，可以将旋涡边界视为分割旋涡内部流体微团和环境流体的物质面，借用 Lyapunov 指数的观点，可以认为在旋涡边界处

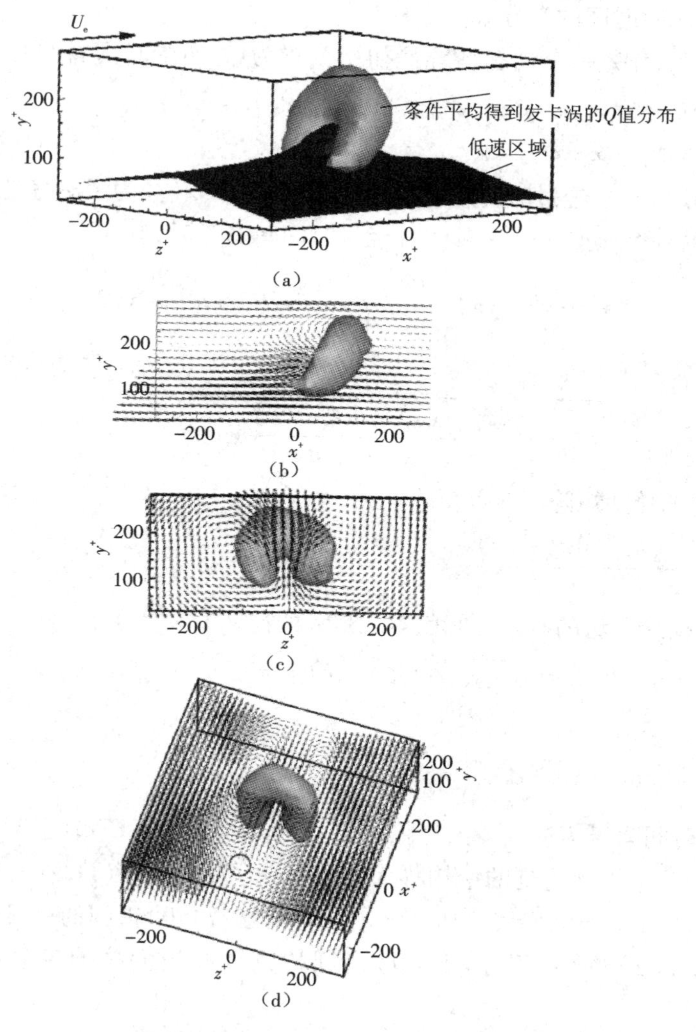

图 3-2-6　基于喷射事件条件平均识别出的发卡涡($y^+=193$)[95]

(a)条件平均得到发卡涡的 Q 值分布和低速区域

(b)发卡涡侧视图和流向-法向平面内的速度矢量分布

(c)发卡涡的正视图和展向-法向平面内的速度矢量分布

(d)发卡涡的俯视图及流向-展向平面内的速度矢量图

两个无限接近的流体质点将具有最大的离开或靠近速率，对应于该位置出现最大或最小 Lyapunov 指数。Haller 等[97]通过严格的数学推导证明,流体微团将在旋涡边界面上出现最大拉伸率或压缩率,因此旋涡的边界对应于在有限时间内积分的 Lyapunov 指数场出现极值的位置。

对于任意不定常流场 $u(x,t)\in D$,初始位置为x_0,初始时间为 t_0 的流体迹线可以从下述微分方程的解中得出:

$$\begin{cases}\dot{x}(t;t_0,x_0)=u((t;t_0,x_0),t)\\x(t;t_0,x_0)=x_0\end{cases}\tag{3-2-15}$$

式中:微分符号表示对时间的微分。

上式的解可以看作是一个动态系统从初始位置为x_0,初始时间 t_0 到时间 t 的流场图,用$\varphi_{t_0}^{t}$表示并满足下式:

$$\varphi_{t_0}^{t}:D\to D:x_0\to\varphi_{t_0}^{t}(x_0)=x(t,t_0,x_0) \tag{3-2-16}$$

则初始时刻 t_0 的点在经过时间间隔 T 后迁移到 $\varphi_{t_0}^{t_0+T}(x)$。为了更好地理解迹线的拉伸,假设离 x 无限近的一个质点 $y=x+\delta x(0)$,经过时间间隔 T 后,有

$$\delta x(T)=\varphi_{t_0}^{t_0+T}(y)-\varphi_{t_0}^{t_0+T}(x)=\frac{\mathrm{d}\varphi_{t_0}^{t_0+T}(x)}{\mathrm{d}x}\delta x(0)+\mathrm{o}(\|\delta x(0)\|^2) \tag{3-2-17}$$

扰动的幅值为

$$\|\delta x(T)\|=\sqrt{\left\langle\delta x(0)\frac{\mathrm{d}\varphi_{t_0}^{t_0+T}(x)^*}{\mathrm{d}x}\frac{\mathrm{d}\varphi_{t_0}^{t_0+T}(x)}{\mathrm{d}x}\delta x(0)\right\rangle} \tag{3-2-18}$$

式中:$\boldsymbol{M}^*$ 表示 $\boldsymbol{M}$ 的伴随矩阵。对称矩阵

$$\boldsymbol{\Delta}=\frac{\mathrm{d}\varphi_{t_0}^{t_0+T}(x)^*}{\mathrm{d}x}\frac{\mathrm{d}\varphi_{t_0}^{t_0+T}(x)}{\mathrm{d}x} \tag{3-2-19}$$

是 Gauchy-Green 变形张量的有限时间版本。最大的拉伸率发生在

$$\max_{\delta x(0)}\|\delta x(T)\|=\sqrt{\lambda_{\max}(\boldsymbol{\Delta})}\,\|\overline{\delta x(T)}\|=\mathrm{e}^{\sigma_{t_0}^{T}(x)\,|T|}\|\overline{\delta x}(0)\| \tag{3-2-20}$$

其中

$$\sigma_{t_0}^{T}(x)=\frac{1}{T}\ln\sqrt{\lambda_{\max}(\boldsymbol{\Delta})} \tag{3-2-21}$$

$\sigma_{t_0}^{T}(x)$代表时间间隔 T 内的最大有限时间 Lyapunov 指数。FTLE 空间上的脊线可以表征旋涡结构的边界,用此方法得到的结构称为 Lagrangian 拟序结构(LCS)。其中$|T|$为绝对值,因此 T 可大于 0 也可小于 0,沿流体质点轨迹后向积分($T<0$)得到的是具有最大压缩率的吸引 LCS(attracting LCS),前向积分($T>0$)得到的是具有最大拉伸率的排斥 LCS(repelling LCS)[98]。

首先将 FTLE 脊线与排斥型 LCSs 联系起来的是 Haller[99]。随后,很多研究者将 FTLE 用于 LCS 的提取,Voth 等(2002)[100]用于时间周期性的实验数据,Mathur 等(2007)[101]用于湍流的实验数据,辨识了二维湍流中的 LCS。图 3-2-7 给出了圆柱尾流中识别出的 Lagrangian 特征结构(Kasten 等,2010)[102]。

图 3-2-7 圆柱尾流卡门涡街的 Lagrangian 结构

相比于欧拉坐标系的涡识别方法,FTLE 有以下优势:①不需要人为设定判别阈值,更具客

观性；②判别函数不受速度梯度张量的限制，因此对速度场的空间分辨率要求不高；③以流体质点在流场中对流特性的时间积分为主要考虑因素，衡量的是时间积分信息，对速度场中的个别异常数据不敏感，因此该方法更适合 PIV 的测量结果[103]。

将 FTLE 用于本实验室，用 TRPIV 测得的平板湍流边界层二维流场得出了图 3-2-8 的结果，可以看出捕捉到的发卡涡结构呈一种倾斜的条带或发卡涡模式，涡腿在近壁区呈条带形式，涡头沿下游向外区伸展，形成半封闭的类发卡形状。Green 等[104]在槽道湍流 DNS 的 FTLE 场中也观察到了单个发卡涡的模型。

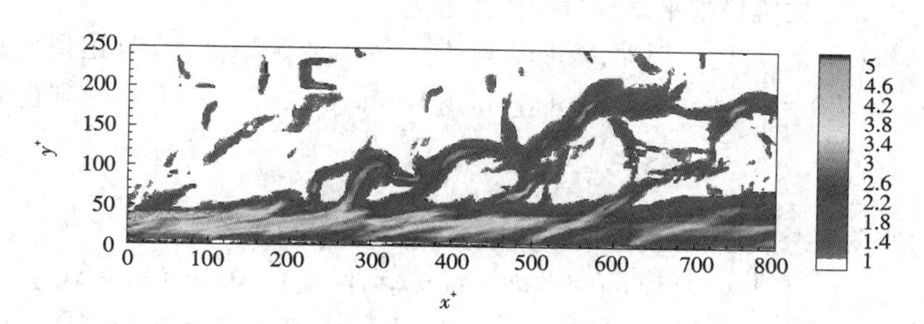

图 3-2-8　FTLE 方法识别出的平板湍流边界层中 Lagrangian 相干结构

3.2.9　速度空间局部平均结构函数辨识准则

对于 PIV 瞬时速度场$[u(x,y),v(x,y)]$，湍流空间局部平均速度结构函数定义为

$$\delta u_x(x_0,y_0,l_x)=\overline{u(x,y_0)}_{x\in[x_0,x_0+l_x]}-\overline{u(x,y_0)}_{x\in[x_0-l_x,x_0]} \tag{3-2-22}$$

$$\delta v_x(x_0,y_0,l_x)=\overline{v(x,y_0)}_{x\in[x_0,x_0+l_x]}-\overline{v(x,y_0)}_{x\in[x_0-l_x,x_0]} \tag{3-2-23}$$

$$\delta u_y(x_0,y_0,l_y)=\overline{u(x_0,y)}_{y\in[y_0,y_0+l_y]}-\overline{u(x_0,y)}_{y\in[y_0-l_y,y_0]} \tag{3-2-24}$$

$$\delta v_y(x_0,y_0,l_y)=\overline{v(x_0,y)}_{y\in[y_0,y_0+l_y]}-\overline{v(x_0,y)}_{y\in[y_0-l_y,y_0]} \tag{3-2-25}$$

式(3-2-22)表示流向速度分量沿空间流向的局部平均速度差。式中等号右边第一项$\overline{u(x,y_0)}_{x\in[x_0,x_0+l_x]}$表示以点$\left(x_0+\frac{l_x}{2},y_0\right)$为中心，对流向尺度为$l_x$范围内的流体质点的流向速度分量的局部平均，表示该处流向尺度为l_x的湍涡结构的下游部分流向平均迁移速度；第二项$\overline{u(x,y_0)}_{x\in[x_0-l_x,x_0]}$则表示以点$\left(x_0-\frac{l_x}{2},y_0\right)$为中心，对流向尺度为$l_x$范围内的流体质点的流向速度分量的局部平均，表示该处流向尺度为l_x的湍涡结构的上游部分的流向平均迁移速度。式中等号左边$\delta u_x(x_0,y_0,l_x)$的物理意义为沿流向尺度为l_x的湍涡结构前后两个部分之间的流向相对迁移速度，即它们沿流向相对运动引起的拉伸与压缩变形。

如果$\delta u_x(x_0,y_0,l_x)>0$，说明湍涡下游部分的局部平均迁移速度$\overline{u(x,y_0)}_{x\in[x_0,x_0+l_x]}$大于湍涡上游部分的局部平均迁移速度$\overline{u(x,y_0)}_{x\in[x_0-l_x,x_0]}$，湍涡处于沿流向拉伸变形。特别地，$\delta u_x(x_0,y_0,l_x)>0$，且达到正的极大值时，表明拉伸处于最强烈的时刻，这是由于高速流体扫掠造成的下游流体快速迁移。因此，$\delta u_x(x_0,y_0,l_x)>0$且达到正的极大值代表高速流体扫掠发生的位置。

同样，如果$\delta u_x(x_0,y_0,l_x)<0$，说明湍涡下游部分的局部平均迁移速度$\overline{u(x,y_0)}_{x\in[x_0,x_0+l_x]}$小于湍涡上游部分的局部平均迁移速度$\overline{u(x,y_0)}_{x\in[x_0-l_x,x_0]}$，湍涡上游部分推动湍涡下游部分前

进，湍涡处于沿流向压缩变形阶段。特别地，$\delta u_x(x_0,y_0,l_x)<0$，且达到负的极小值时，表明压缩处于最强烈的时刻，这是由于下游低速流体上喷造成的。因此，$\delta u_x(x_0,y_0,l_x)<0$ 且达到负的极小值代表低速流体喷射发生的位置。

为此，制定检测相干结构喷射和下扫的新 VITA 法检测准则：

$$D(x_0,y_0,l_x)=\begin{cases}1 & \text{扫掠},\delta u_x(x_0,y_0,l_x)>0\text{ 且达到正的极大值}\\-1 & \text{喷射},\delta u_x(x_0,y_0,l_x)<0\text{ 且达到负的极小值}\\0 & \text{其他}\end{cases}\tag{3-2-26}$$

也可以提出如下二维局部平均涡量的检测准则：

$$D(x_0,y_0,l_x)=\begin{cases}1 & \text{扫掠},\delta v_x(x_0,y_0,l_x)-\delta u_y(x_0,y_0,l_y)<0\text{ 且达到负的极小值}\\-1 & \text{喷射},\delta v_x(x_0,y_0,l_x)-\delta u_y(x_0,y_0,l_y)>0\text{ 且达到正的极大值}\\0 & \text{其他}\end{cases}\tag{3-2-27}$$

也可以仿照象限分裂法，提出如下新象限分裂法检测准则[105]：

$$D(x_0,y_0,l_x,l_y)=\begin{cases}1 & \text{扫掠},u'>0,\delta u_x(x_0-\Delta x,y_0,l_x)>0,\delta u_x(x_0+\Delta x,y_0,l_x)<0,\\ & v'<0,\delta v_y(x_0,y_0-\Delta y,l_y)<0,\delta v_y(x_0,y_0+\Delta y,l_y)>0\\-1 & \text{喷射},u'<0,\delta u_x(x_0-\Delta x,y_0,l_x)<0,\delta u_x(x_0+\Delta x,y_0,l_x)>0,\\ & v'>0,\delta v_y(x_0,y_0-\Delta y,l_y)>0,\delta v_y(x_0,y_0+\Delta y,l_y)<0\\0 & \text{其他}\end{cases}\tag{3-2-28}$$

式中：u'为流向脉动速度，v'为法向脉动速度。即检测中心点为喷射事件时，$u'<0,v'>0$；为扫掠事件时，$u'>0,v'<0$，且都取局部极值，对应此时局部雷诺剪切应力 $-u'v'$最大。在相干结构猝发中低速流体从近壁区向外喷射的阶段，当地的流向脉动速度达到局部负的极小值，其低通滤波的一阶导数从负的方向向正的方向变化并经过零点，同时低速流体抬升远离壁面，法向脉动速度 $v'(x,y)>0$。因此，可以用 $u'<0,\delta u_x(x_0,y_0,l_x)$ 从负的方向向正的方向变化并经过零点，而且 $v'(x,y)>0,\delta v_y(x_0,y_0,l_y)$ 从正的方向向负的反向变化并经过零点来检测喷射事件。

而对于外区高速流体冲向壁面的扫掠事件，当地的流向脉动速度达到局部极大值，其低通滤波的一阶导数从正的方向向负的方向变化并经过零点，流动结构的下游在压缩，上游在拉伸，同时高速流体向下冲向壁面，法向速度 $v'(x,y)<0$。因此，可以用 $u'>0,\delta u_x(x_0,y_0,l_x)$ 从正的方向向负的方向变化并经过零点，而且 $v'(x,y)<0,\delta v_y(x_0,y_0,l_y)$ 从负的方向向正的方向变化并经过零点来检测扫掠事件。

利用空间局部平均速度结构函数的概念，对壁湍流在固定法向位置的流向速度分量沿流向进行多尺度分析，沿流向和法向检测其中的“喷射”和“扫掠”事件，运用空间条件相位平均方法，提取“喷射”和“扫掠”事件脉动速度分量、脉动速度梯度、脉动速度变形率、脉动涡量等物理量的空间相位平均模态：

$$<f(\xi,\eta;y_0,l_x,l_y)>_e=\frac{1}{E_{xz}}\sum_{x_0}\sum_{z}f(\xi,\eta,\zeta)$$

$$\xi\in(x_0-l_x,x_0+l_x),\eta\in(y_0-l_y,y_0+l_y),D(x_0,y_0,l_x)=-1\tag{3-2-29}$$

$$<f(\xi,\eta;y_0,l_x,l_y)>_s=\frac{1}{S_{xz}}\sum_{x_0}\sum_{z}f(\xi,\eta,\zeta)$$

$$\xi \in (x_0 - l_x, x_0 + l_x), \eta \in (y_0 - l_y, y_0 + l_y), D(x_0, y_0, l_x) = 1 \tag{3-2-30}$$

式中：$<f(\xi,\eta;y_0,l_x,l_y)>_{\mathrm{e}}$ 代表喷射事件的脉动速度、脉动速度梯度、脉动速度变形率、脉动涡量等任何物理量在法向位置 y_0 和空间尺度 l_x，l_y 条件下，经过时间和空间流向－展向检测的空间相位平均模态，E_{xz} 为在法向位置 y_0 检测到的空间尺度 l_x，l_y 的喷射事件总次数；$<f(\xi,\eta;y_0,l_x,l_y)>_{\mathrm{s}}$ 代表扫掠事件的脉动速度、脉动速度梯度、脉动速度变形率、脉动涡量等任何物理量在法向位置 y_0 和空间尺度 l_x，l_y 条件下，经过时间和空间流向－展向检测的空间相位平均模态，S_{xz} 为在法向位置 y_0 检测到的空间尺度 l_x，l_y 的扫掠事件总次数。

图 3-2-9 给出了使用新象限分裂法检测得到的不同法向位置壁湍流相干结构喷射事件物理量空间拓扑形态。其中，相干结构喷射事件流向脉动速度的分量如图 3-2-9(a)所示。从图中可以看出，所得结果很好地检测到了壁湍流相干结构的喷射事件，即上游的低速流体流向下游时使得下游的流体减速并相对地向上游喷射。相干结构喷射事件法向脉动速度分量云图如图 3-2-9(b)所示，低速流体远离壁面向外喷射，相干结构喷射事件展向涡量的云图如图 3-2-9(c)所示，显示为流向和法向正负交替的四极子结构。

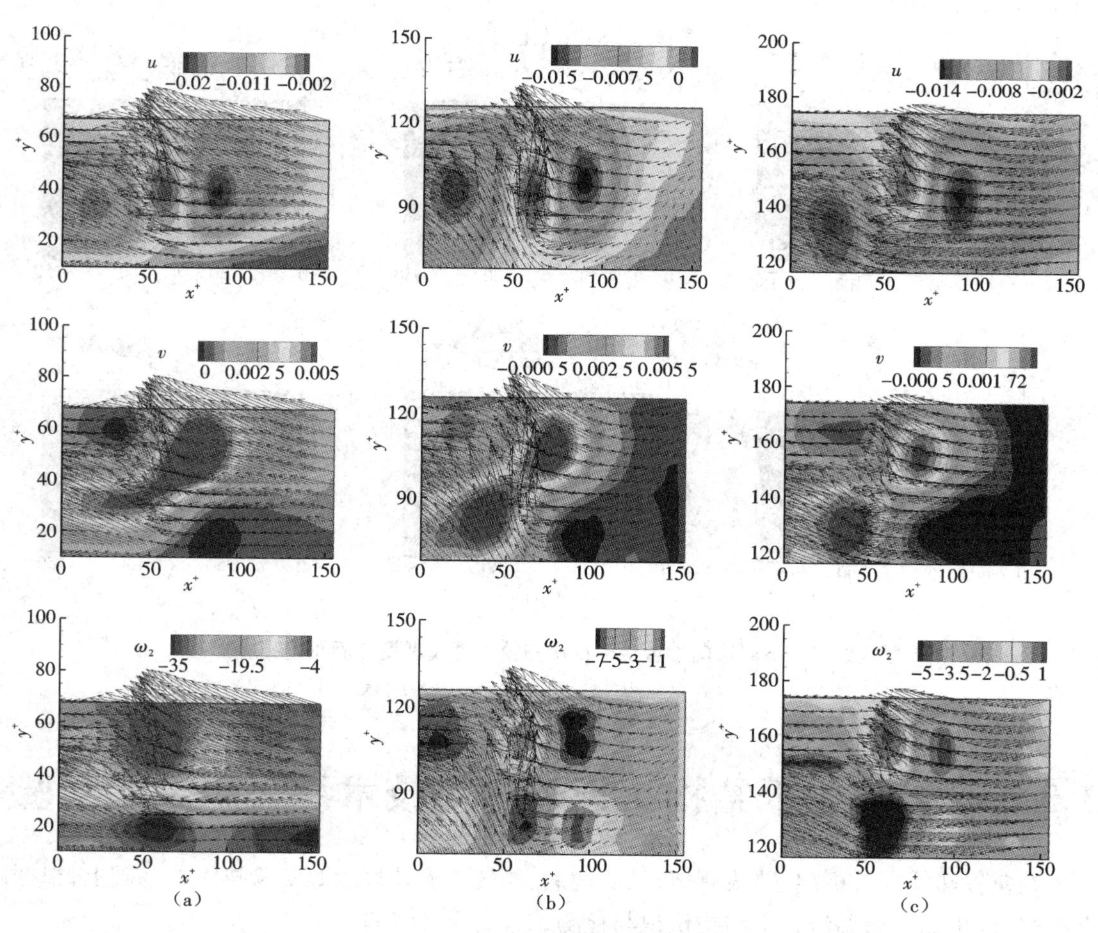

图 3-2-9　不同法向位置相干结构喷射事件物理量空间平均拓扑形态

(a)$y^+ = 39$　(b)$y^+ = 97$　(c)$y^+ = 145$

图 3-2-10 给出了使用新象限分裂法检测得到的不同法向位置壁湍流相干结构扫掠事件

物理量空间拓扑形态。其中,相干结构扫掠事件流向脉动速度的分量如图3-2-10(a)所示。从图中可以看出,所得结果很好地检测到了壁湍流相干结构的下扫事件,即上游的高速流体流向下游时使得下游的流体加速并冲向壁面。相干结构扫掠事件法向脉动速度分量云图如图3-2-10(b)所示,高速流体冲向壁面,相干结构扫掠事件展向涡量的云图如图3-2-10(c)所示,显示为流向和法向正负交替的四极子结构。

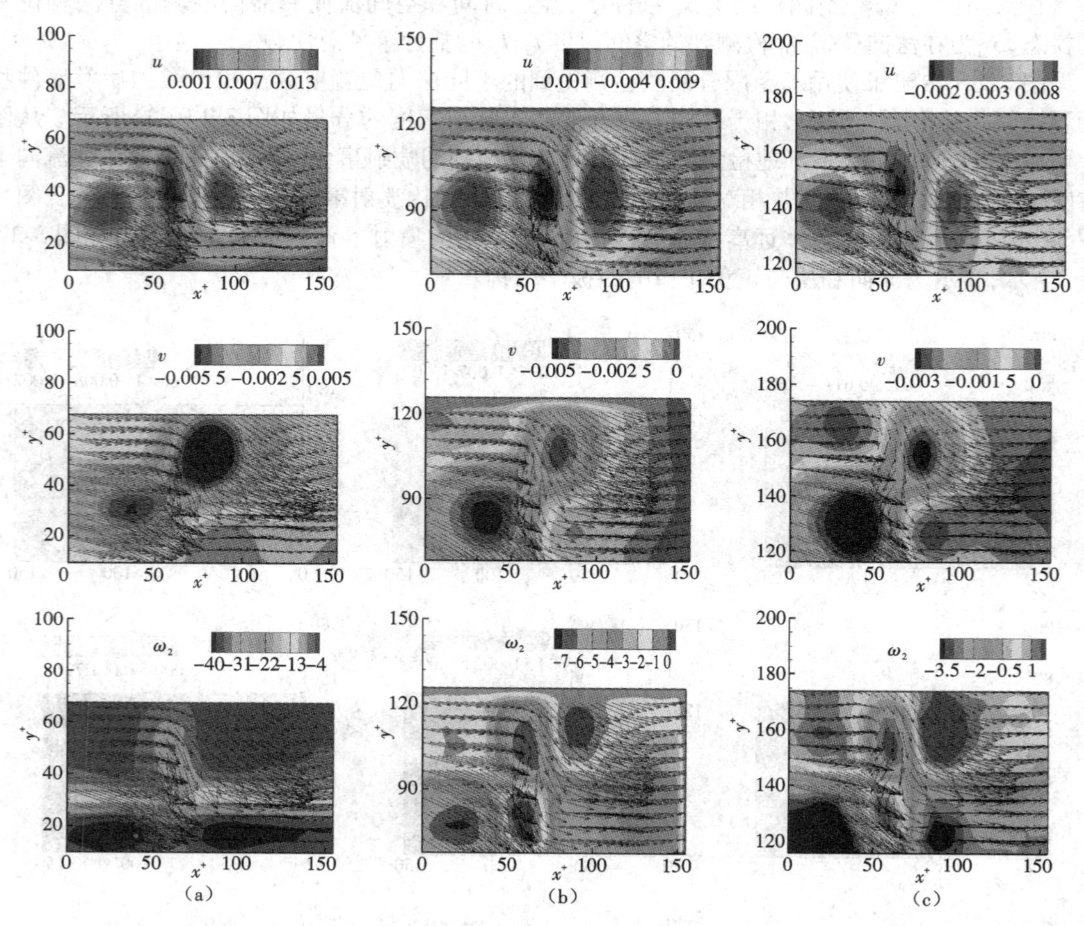

图3-2-10　不同法向位置相干结构扫掠事件物理量空间平均拓扑形态

(a)$y^+=39$　(b)$y^+=97$　(c)$y^+=145$

3.3　壁湍流相干结构认识与检测技术综合研究型实验

在掌握热线探针标定、热线测速、风洞调速、氢气泡流动显示等实验技能的基础上,根据以上概述,列出如下壁湍流相干结构认识与检测综合研究型实验。

实验3-1　湍流近壁区相干结构的氢气泡流动显示和数字图像处理

本实验要求通过氢气泡流向－展向流动显示,对湍流近壁区快慢条纹相间的相干结构有清楚的认识,通过氢气泡流向－法向流动显示,对湍流近壁区相干结构的拟周期性猝发(喷射

-扫掠)过程有清楚的认识。通过数字图像处理,从流动图像中定量测量湍流近壁区快慢条纹的展向间距,通过氢气泡流向-法向流动显示数字图像处理,测量壁湍流的猝发周期。

实验3-2　用自相关法检测壁湍流相干结构的平均猝发周期

本实验要求熟练掌握用热线风速仪和计算机控制步进电机自动坐标架,精细测量平板湍流边界层不同法向位置的瞬时速度分量的时间序列信号,通过编写程序,定量测量不同法向位置的流向脉动速度分量的时间自相关函数,通过检测自相关函数的波长,定量测量壁湍流相干结构的平均猝发周期。

实验3-3　用Mu-level条件采样方法检测壁湍流相干结构

本实验要求在精细测量平板湍流边界层不同法向位置的瞬时速度分量的时间序列信号的基础上,通过编写程序,用Mu-level条件采样方法检测壁湍流相干结构,研究不同采样门限值对检测相干结构猝发次数的影响,获得壁湍流相干结构猝发的条件平均波形。

实验3-4　用VITA条件采样方法检测壁湍流相干结构

本实验要求在精细测量平板湍流边界层不同法向位置的瞬时速度分量的时间序列信号的基础上,通过编写程序,用VITA条件采样方法检测壁湍流相干结构,研究不同采样门限值K和短时间平均周期T对检测相干结构猝发次数的影响,获得壁湍流相干结构猝发的条件平均波形。

实验3-5　用象限分裂法检测壁湍流相干结构

本实验要求熟练掌握用热线风速仪、双丝热线探针和计算机控制步进电机自动坐标架,精细测量平板湍流边界层不同法向位置的两个瞬时速度分量的时间序列信号,通过编写程序,用象限分裂法检测壁湍流四个象限对雷诺应力的贡献,获得壁湍流相干结构的速度和雷诺应力分量在喷射(第二象限)和扫掠(第四象限)阶段的条件平均波形。

实验3-6　用数字滤波法提取壁湍流相干结构

本实验要求熟练掌握用热线风速仪、多丝热线探针和计算机控制步进电机自动坐标架,精细测量平板湍流边界层不同法向位置的多个瞬时速度分量的时间序列信号,通过编写程序,用FFT数字滤波法将湍流脉动速度信号分解为大尺度脉动和各向同性的小尺度脉动,定量测量大尺度脉动速度的湍流度与小尺度脉动速度的湍流度沿湍流边界层法向的分布规律,对滤波后的大尺度低通脉动速度信号分别用Mu-level法、VITA法和象限分裂法进行检测,获得壁湍流相干结构的速度和雷诺应力分量在喷射(第二象限)和扫掠(第四象限)阶段的条件平均波形。

实验3-7　用子波分析的能量最大准则辨识壁湍流相干结构时间尺度

本实验要求在精细测量平板湍流边界层不同法向位置的瞬时速度分量的时间序列信号的基础上,通过编写瞬时速度分量时间序列信号子波分析程序,获得不同时间尺度脉动速度能量随尺度的分布,用子波分析的能量最大准则辨识壁湍流相干结构时间尺度。

实验3-8　用子波分析的能量最大准则客观确定条件采样门限值

本实验要求在用子波分析的能量最大准则定量测量壁湍流相干结构时间尺度的基础上,通过编写程序,用子波分析的能量最大准则辨识壁湍流相干结构时间尺度,提取对应的含有壁湍流相干结构猝发过程的时间序列信号,通过用Mu-level法、VITA法和象限分裂法检测该尺度信号,客观确定条件采样门限值。

实验 3-9　用子波分析的能量最大准则研究壁湍流相干结构时间尺度随雷诺数的变化关系

本实验要求在用子波分析的能量最大准则定量测量壁湍流相干结构时间尺度的基础上,通过测量不同雷诺数的平板湍流边界层,分析壁湍流相干结构时间尺度随雷诺数的变化关系。

实验 3-10　用局部平均结构函数检测壁湍流多尺度相干结构速度分量和雷诺应力的相位平均波形

本实验要求在精细测量平板湍流边界层不同法向位置的瞬时速度分量的时间序列信号的基础上,通过编写程序,用多尺度局部平均结构函数分解瞬时速度分量的时间序列信号,用多尺度局部平均结构函数的瞬时强度因子 $I(a,b)$ 和平坦因子 $FF(a)$,检测和提取多尺度相干结构的喷射和扫掠事件各速度分量和雷诺应力分量的相位平均波形。

实验 3-11　用涡量法和 Galilean 速度分解的涡量法检测壁湍流中的涡结构

实验 3-12　用 Q 准则检测壁湍流中的涡结构

实验 3-13　用 Δ 准则检测壁湍流中的涡结构

实验 3-14　用 λ_2 准则检测壁湍流中的涡结构

实验 3-15　用 λ_{ci} 准则检测壁湍流中的涡结构

实验 3-16　用线性随机估计方法检测壁湍流中的发卡涡结构

实验 3-17　用有限时间 Lyapunov 指数方法识别壁湍流中的 Lagrangian 相干结构

实验 3-18　用基于空间速度局部平均结构函数的新 VITA 法检测壁湍流喷射和扫掠事件

实验 3-19　用基于空间二维局部平均涡量的方法检测壁湍流喷射和扫掠事件

实验 3-20　用基于空间速度局部平均结构函数的新象限分裂法检测壁湍流喷射和扫掠事件

本篇参考文献

[1] 周光坰,严宗毅,许世雄,等. 流体力学(下册). 2 版. 北京:高等教育出版社,2011.

[2] J. O. 欣茨. 湍流(下册). 周光坰,魏中磊,黄永念,等,译. 北京:科学出版社,1987.

[3] Tennekes H, Lumley J L. A first course in turbulence. Cambridge, Massachusetts, and London, England: MIT Press, 1972.

[4] 是勋刚. 湍流. 天津:天津大学出版社,1994.

[5] 张兆顺. 湍流. 北京:国防工业出版社,2002.

[6] 张兆顺,崔桂香,许春晓. 湍流理论与模拟. 北京:清华大学出版社,2005.

[7] 张兆顺,崔桂香,许春晓. 走近湍流. 力学与实践,2002, 24(1):1-8。

[8] 张兆顺,崔桂香,许春晓. 湍流大涡数值模拟的理论和应用. 北京:清华大学出版社,2008.

[9] 林建忠. 流场拟序结构及控制. 杭州:浙江大学出版社,2002.

[10] 姜楠. 壁湍流信号时间序列的相关分析. 天津:天津大学,1996.

[11] Pope S B. Turbulent flows. London: Cambridge University Press, 2000.

[12] Pollard A. Passive and active control of near-wall turbulence. Progress in Aerospace Sciences,1997, 33(11 - 12):689 - 708.

[13] Kline S J, Reynolds W C, Schraub F H,et al. The structure of turbulent boundary layer. Journal of Fluid Mechanics,1967,30: 741 - 774.

[14] Kistler A L,Brien V O,Corrsin S. Preliminary measurements of turbulence and temperature fluctuations behind a heated grid. Technical Report Archive & Image Library,1954.

[15] Townsend A A. Thestructure of turbulent shear flow. London:Cambridge University Press, 1956.

[16] Favre A,Gaviglio J,Dumas R. 9th International Congress Application Mechanics. Brussels, 1956.

[17] Grant H L. The large eddies of turbulent motion. Journal of Fluid Mechanics,1959,4(2): 149 - 190.

[18] Einstein H A, Li H. Process American Society Civilization. Engers,1956, EM - 2:1.

[19] Kline S J, Runstadler P W. Some preliminary results of visual studies of the flow model of the wall layers of the turbulent boundary layer. Journal of Applied Mechanics,1959,2:166 - 170.

[20] Robinson S K. Coherent motions in turbulent boundary layer. Annual Review of Fluid Mechanics,2003, 23(1):601 - 639.

[21] Corino E R, Brodkey R S. A visual investigation of the wall region in turbulent flow. Journal of Fluid Mechanics,1969,37(1):1 - 30.

[22] Kim H T,Kline S J,Reynolds W C. The production of turbulence near a smooth wall in a turbulent boundary layer. Journal of Fluid Mechanics,1971,50:133 - 160.

[23] Smith C R, Metzler S P. The characteristics of low speed streaks in the near wall region of a turbulent boundary layer. Journal of Fluid Mechanics,1983,129:27 - 54.

[24] Tu B, Willmarth W W. College of Engineering University of Michigan. Report,1966.

[25] Rao K N, Narasimha R, Badri Narayanan M A. Report of aerospace engineering. Report 69FM8, India, Bangalore, India Institute of Science,1969.

[26] Rao K N, Narasimha R, Badri Narayanan M A. The "bursting" phenomenon in a turbulent boundary layer. Journal of Fluid Mechanics,1971,48(2):339 - 352.

[27] Laufer J, Badri Narayanan M A. Meanperiod of the turbulent production mechanism in a boundary layer. Physcis of Fluids, 1971, 14(1):182 - 183.

[28] Schraub F A,Kline S J,Henry J,et al. Use of Hydrogen Bubbles for Quantitative Determination of time-dependent velocity fields in low speed water flows. Journal of Fluids Engineering, 1965, 87(87):66.

[29] Smith C R,Paxson R D. A technique for exaluation three-dimensional behavior layers using computer augmented hydrogen bubble-wire flow visualization. Experiments in Fluids,1983, 77(1):43 - 49.

[30] Lu L J,Smith C R. Image processing of hydrogen bubble flow visualization for determination of turbulence statistics and bursting characteristics. Experiments in Fluids,1985,79(3):349 -356.

[31] Kavasznay L S G, Kiben V, Blackwelder R F. The turbulent boundary layer. Annual Review of Fluid Mechanics,1970,2:95 -112.

[32] Cantwell B J. Organized motions in turbulent flows. Annual Review of Fluid Mechanics, 1981,13(13): 457 -515.

[33] Antonia R A. Conditional sampling in turbulence measurement. Annual Review of Fluid Mechanics,1981,13(1):131 -56.

[34] Lu S S,Willmarth W W. (1973) Measurements of the structure reynolds stress in a turbulent boundary layer. Journal of Fluid Mechanics,1973, 60(3),481 -511.

[35] Bogard D G,Tiedermann W G. Burst detection with single-point velocity measurements. Journal of Fluid Mechanics,1986,162(1),389 -413.

[36] Luchik T S, Tiedermann W G. Time scale and the structure of ejections and bursts in turbulent channel flow. Journal of Fluid Mechanics,1987,174:529 -577.

[37] Blackwelder R F, Kaplan R E. On the wall structure of the turbulent boundary layer. Journal of Fluid Mechanics,1976,76:89 -108.

[38] Alfredsson P H,Johansson A V. On the detection of turbulence generating events. Journal of Fluid Mechanics,1984,139(139):325 -345.

[39] Alfredsson P H,Johansson A V. Timescales for turbulent channel flow. Physical Fluids, 1984,27:1974 -1981.

[40] Brodkey R S, Wallance J M, Eckelmann H. Some properties of truncated turbulence signals in bounded shear flows. Journal of Fluid Mechanics,1974,63(2):209 -224.

[41] Simpson R L. MPI Stromurgsforschung. Gorttingen,1976.

[42] Blackwelder R F, Eckelmann H. Streamwise vortices associated with the bursting phenomenon. Journal of Fluid Mechanics,1979,94(3):577 -594.

[43] Blackwelder R F, Haritonidis J H. The bursting frequency in turbulent boundary layers. Journal of Fluid Mechanics,1983,132(132):87 -103.

[44] Shu W,Tang N. Burst frequency in turbulent boundary layers. Acta Mechanica Sinica,1988, 4(4):291 -303.

[45] 孙葵花,舒玮.湍流猝发的检测方法.力学学报,1994,26(4):488 -493.

[46] 石建军,舒玮.固壁温度对壁湍流相干结构的影响.力学学报,1997,29 (1): 17 -23.

[47] 姜楠,安海玲,王振东,等.用 VITA 法检测壁湍流喷射事件的归组问题.实验力学, 1999,14(4):509 -514.

[48] 姜楠,舒玮.壁湍流相干结构的辨识.实验力学,1996,11(4):494 -500.

[49] 姜楠,舒玮,王振东.用能量最大准则确定 VITA 法的平均周期.力学学报,2000,32(5): 547 -551.

[50] 姜楠,王立坤,李士心,等.用自相关法确定壁湍流相干结构条件采样的门限值.实验力学,1999,14(2):165-169.

[51] 姜楠,王振东,舒玮.用自相关法确定VITA法的门限K.实验力学,2000,15(1):30-35.

[52] Douady S, Couder Y,Brachet M E. Direct observation of intermittency of intense vorticity filaments in turbulence. Physical Review Letters,1992, 67(17): 983-986.

[53] Siggia E D. Numerical study of small-scale intermittency in 3-dimensional turbulence. Journal of Fluid Mechanics,1981, 107(2): 375-406.

[54] Vincent A,Meneguzzi M. The spatial structure and statistical properties of homogeneous turbulence. Journal of Fluid Mechanics,1991, 225(3): 1-20.

[55] She Z-S, Jackson E,Orszag S A. Intermittent vortex structures in homogeneous isotropic turbulence. Nature,1990, 344(4): 226-228.

[56] Ruiz-Chavarria G,Ciliberto S,Baudet C,et al. Scaling properties of the streamwise component of velocity in a turbulent boundary layer. Physica D Nonlinear Phenomena, 2000,141(3-4):183-198.

[57] Toschi F,Leveque E,Ruiz-Chavarria G. Shear effects in nonhomogeneous turbulence. Physical Review Letters, 2000,85(7):1436-1439.

[58] Toschi F,Amiti G,Succi S,et al. Intermittency and structure functions in channel flow turbulence. Physical Review Letters,1998,82(25):5044-5047.

[59] Camussi R,Gu J. Orthonormal wavelet decomposition of turbulent flows: intermittency and coherent structures. Journal of Fluid Mechanics, 1997,348(7):177-199.

[60] Onorato M,Camussi R,Iuso G. Small scale intermittency and bursting in a turbulent channel flow. Physical Review E,2000,61(2):1447-1454.

[61] Farge M,Kevlahan N,Perrier V,et al. Wavelets and turbulence. Proceedings of the IEEE, 1996,84(4):639-669.

[62] Farge M. Wavelet transforms and their applications to turbulence. Annunal Review Fluid Mechanics,1992,24:395-457.

[63] 姜楠.子波变换在实验流体力学中的应用.流体力学实验与测量,1997,11(1):12-19.

[64] Farge M,Schneider K. Coherent vortex simulation (CVS), A semi-deterministic turbulence model using wavelet. Flow, Turbulence and Combustion,2001,66: 393-426.

[65] Meneveau C. Analysis of turbulence in the orthonormal wavelet representation. Journal of Fluid Mechanics,1991,232: 469-520.

[66] Jiang N, Liu W, Liu JH,et al. Phase-averaged waveforms of Reynolds stress in wall turbulence during the burst events of coherent structures. Science in China,2008,51(7): 857-866.

[67] Tennekes H,Lumley H J. A first course in turbulence. Cambridge, Massachusetts, and London, England:Mit Press,1972,86(10):1153-1176.

[68] Taylor G I. Eddy motion in the atmosphere. Philosophical Transaction of the Royal Society, 1915,215: 1 -26.

[69] Taylor G I. On the dissipation of eddies. Reports and Memoranda of the ACA, 1918.

[70] 奥布霍夫. 湍流的微结构. 庄逢甘,等,译. 北京:中国科学院出版社,1953.

[71] Landau L D, Lifschitz E M. Fluid Mechanics. New York: Pergamon Press, 1959.

[72] 特里顿 D J. 物理流体力学. 董务民,等,译. 北京:科学出版社,1986.

[73] 蔡树棠,刘宇陆. 湍流理论. 上海:上海交通大学出版社,1993.

[74] 舒玮,姜楠. 湍流中涡的尺度分析. 空气动力学报,2000,18:89 -95.

[75] Liu Wei, Jiang Nan. Three kinds of velocity structure function in turbulent flows. Chinese Physics Letters, 2004,21(10): 1989 -1992.

[76] Jiang Nan, Zhang Jin. Detecting multi-scale coherent eddy structure and intermittency in turbulent boundary layer by wavelet analysis. Chinese Physics Letters, 2005,22(8): 1968 -1971.

[77] 姜楠,杨宇. 湍流中的多尺度结构及其相对运动. 科学技术与工程,2006,6(20):3254 -3258.

[78] Liu Jian-hua, Jiang Nan, Wang Zhen-dong, et al. Multi-scale coherent structures in turbulent boundary layer detected by locally averaged velocity structure functions. Applied Mathematics and Mechanics,2005,26(4): 456 -464.

[79] 姜楠,王振东,舒玮. 辨识子波分析壁湍流猝发事件的能量最大准则. 力学学报,1997,29(4):406 -411.

[80] 姜楠,柴雅彬. 用子波系数概率密度函数研究湍流多尺度结构的间歇性. 航空动力学报,2005,20(5):718 -724.

[81] 姜楠,田砚. 子波分析检测壁湍流多尺度相干结构及其间歇性. 哈尔滨工程大学学报,2005,26(1):7 -12.

[82] Liu Jian-hua, Jiang Nan. Two phase of coherent structure motions in turbulent boundary layer. Chinese Physics Letters, 2007,24(9): 2617 -2620.

[83] 刘薇,赵瑞杰,姜楠. 壁湍流猝发过程中速度分量的相位差对雷诺应力影响的实验研究. 实验力学,2008,23(1):17 -26.

[84] Robinson S K, Kline S J, Spalart P R. Statistical analysis of near-wall structures in turbulent channel flow. Zoran P. Zaric Memorial International Seminar on Near Wall Turbulence, State of California, 1988: 218 -247.

[85] Hunt J C R, Wray A A, Moin P. Eddies, streams, and convergence zones in turbulent flows. Fluid Mechanics and Heat Transfer,1988.

[86] Wu X, Moin P. Direct numberical simulation of turbulence in a nominally zero-pressure-gradient flat plate boundary layer. Journal of Fluid Mechanics,2009,630:5 -41.

[87] Chong M S, Perry A E, Cantwell B J. A general classification of three-dimensional flow fields. Physics of Fluids A: Fluid Dynamics, 1990, 2(5): 765 -777.

[88] Melander M V, Hussain F. Coupling between a coherent structure and fine-scale turbulence. Physical Review E, 1993, 48(4): 2669.

[89] Zhou J, Adrian R J, Balachandar S, et al. Mechanisms for generating coherent packets of hairpin vortices in channel flow. Journal of Fluid Mechanics, 1999, 387: 353 - 396.

[90] Adrian R J. Hairpin vortex organization in wall turbulence. Physics of Fluids, 2007, 19 (4): 457.

[91] Christensen K T, Wu Y H. Characteristics of vortex organization in the outer layer of wall turbulence. In Fourth International Symposium on Turbulence and Shear Flow Phenomena, Williamsburg, 2005: 1025 - 1030.

[92] Hambleton W T, Hutchins N, Marusic I. Simultaneous orthogonal-plane particle image velocimetry measurements in a turbulent boundary layer. Journal of Fluid Mechanics, 2006, 560: 53 - 64.

[93] Natrajan V K, Wu Y H, Christensen K T. Spatial signatures of retrograde spanwise vortices in wall turbulence. Journal of Fluid Mechanics, 2007, 574: 155 - 167.

[94] Tomkins C D, Adrian R J. Spanwise structure and scale growth in turbulent boundary layers. Journal of Fluid Mechanics, 2003, 490: 37 - 74

[95] 唐湛棋. 强扰动作用于边界层的 PIV 实验研究. 天津:天津大学, 2014.

[96] Haller G, Yuan G. Lagrangian coherent structures and mixing in two-dimensional turbulence. Physica D: Nonlinear Phenomena, 2000, 147 (3 - 4): 352 - 370.

[97] Haller G. Distinguished material surfaces and coherent structures in three-dimensional fluid flows. Physica D: Nonlinear Phenomena, 2001, 149 (4): 248 - 277.

[98] Shadden S C, Lekien F, Marsden J E. Definition and properties of lagrangian coherent structures from finite-time lyapunov exponents in two-dimensional aperiodic flows. Physica D: Nonlinear Phenomena, 2005, 212 (3 - 4): 271 - 304.

[99] Haller G. Lagrangian coherent structures from approximate velocity data. Physics of Fluids, 2002, 14 (6): 1851 - 1861.

[100] Voth G A, Porta A L, Crawford A M, et al. Measurement of particle accelerations in fully developed turbulence. Journal of Fluid Mechanics, 2002, 469:121 - 160.

[101] Mathur M, Haller G, Peacock T, et al. Uncovering the Lagrangian skeleton of turbulence. Physical Review Letters, 2007, 98 (14): 144502.

[102] Kasten J, Petz C, Hotz I, et al. Lagrangian feature extraction of the cylinder wake. Physics of Fluids,2010,22(9):091108.

[103] Pan C, Wang J J, Zhang C. Identification of Lagrangian coherent structures in the turbulent boundary layer. Science in China,2009,52(2):248 - 257.

[104] Green M A, Rowley C W, Haller G. Detection of Lagrangian coherent structures in three-dimensional turbulence. Journal of Fluid Mechanics, 2007, 572:111 - 120.

[105] 李山,杨绍琼,姜楠. 沟槽面湍流边界层减阻的 TRPIV 测量. 力学学报, 2013,45(02): 183 - 192.

第四篇　工程应用型实验

实验 4-1　住宅小区空气污染的流动显示

一、工程背景介绍

目前，环境问题已经成为全球共同关注的严重问题，其中大气污染是一个全球性的污染问题，直接关系到人类社会的生存和可持续发展。因此，开展大气污染物的输移扩散规律研究具有重要的现实意义和应用价值。

某市市政规划部门计划在某地建一座垃圾焚烧处理厂，在垃圾焚烧处理厂设计方案论证中，选址地附近居民区的居民以垃圾焚烧过程中烟囱冒出的烟污染周围环境空气为由向该市环保局举报并引起法律纠纷，认为垃圾焚烧处理厂选址不当，而且设计部门现有的厂房设计方案不合理，主要是烟囱距离居民区太近，高度太低，烟囱冒出的烟污染居民区周围环境空气。由于该市环保局技术水平有限，没有技术能力判断垃圾焚烧处理厂如果以现有设计方案建设，在垃圾焚烧过程中烟囱冒出的烟是否会污染居民区周围环境空气。而且由于选址处地价较低，在该处建垃圾焚烧处理厂的征地已经完成，因此不可能在他处另行选址建厂，只能对现有设计方案进行评估和预测，对垃圾焚烧处理厂现有设计方案在垃圾焚烧过程中烟囱冒出的烟是否污染居民区周围环境空气进行判断。就此委托天津大学环境科学与工程学院和力学系环境流体力学实验室对该问题进行实验室模拟实验研究，如果研究证实垃圾焚烧处理厂烟囱冒出的烟确实污染居民区周围环境空气，就需要对现有厂区规划设计方案提出改进意见，主要是修改烟囱的设计高度及其与居民区的距离，从而为垃圾焚烧处理厂设计方案进一步修改提供科学的依据。

二、实验技术与研究方法

根据水槽实验段的实际尺寸，实验模型按照实际场地布局以 1 000: 1的缩小比例用有机玻璃制造，模型总长度为 1 m，模型烟囱与居民区的距离分别为 0. 42 m、0. 32 m、0. 22 m，分别对应实际距离 420 m、320 m、220 m，模型烟囱高度分别为 0. 15 m、0. 25 m、0. 35 m，分别对应实际高度 150 m、250 m、350 m。住宅楼模型最低 2. 5 cm，模拟对应实际高度 25 m 的低层住宅；最高 6 cm，模拟对应实际高度 60 m 的高层住宅。

流动显示技术是在透明或半透明的流体介质中，通过施放“染色剂”（如烟、雾、液滴、气泡、染料等）使部分流体的运动具有可视性，或在物体表面加上某种涂料以便显示物体表面的流体运动特征的一种技术。它在实验流体力学中具有重要地位，特别是在观察研究流体中的流动结构时往往起到关键作用。

三、实验结果与分析

模拟实验在天津大学力学系环境流体力学实验室低速水槽中进行。水槽中流动显示采用染色剂流动显示的方法，采用600万像素数码照相机采集流动图像信息，然后输入计算机，对流动显示图像进行处理并输出结果。实验不需要在黑暗中进行，不需要光源照明，实验效果较好，实验照片如图4-1-1至图4-1-9所示。水槽实验段长6 m，横截面宽0.25 m、高0.4 m。图中给出了0.35 m高的烟囱模型与居民区不同距离时的流动显示照片，可见烟囱模型为0.35 m高时，居民区位于烟囱与地面形成的角区内，烟雾从居民区的高空掠过，烟气不会对低空居民区的空气造成污染，而且烟囱距离居民区越近，烟雾来不及向周围扩散就被对流风吹走，污染越轻，但密度高于空气的固体尘埃颗粒会降落在居民区内，因此需要对垃圾焚烧设备安装除尘装置。

图4-1-1　水槽染色流动显示照片($x=0.42$ m，$h=0.35$ m)

图4-1-2　水槽染色流动显示照片($x=0.32$ m，$h=0.35$ m)

图4-1-3　水槽染色流动显示照片($x=0.22$ m，$h=0.35$ m)

图 4-1-4 水槽染色流动显示照片($x=0.42$ m,$h=0.25$ m)

图 4-1-5 水槽染色流动显示照片($x=0.32$ m,$h=0.25$ m)

图 4-1-6 水槽染色流动显示照片($x=0.22$ m,$h=0.25$ m)

图 4-1-7 水槽染色流动显示照片($x=0.42$ m,$h=0.15$ m)

烟囱模型为 0.25 m 高时,居民区仍位于烟囱与地面形成的角区内,烟雾从居民区的上空掠过,会对高层建筑周围的环境空气造成污染,对低层建筑内居民的环境空气造成轻微污染,密度低于空气的固体尘埃颗粒也会降落在居民区内。

图 4-1-8　水槽染色流动显示照片($x=0.32$ m,$h=0.15$ m)

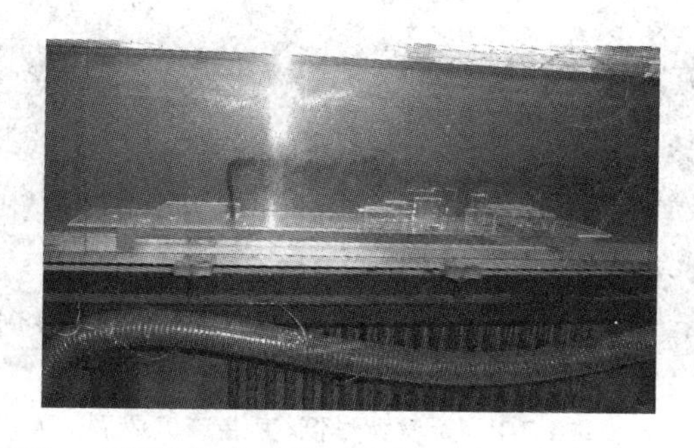

图 4-1-9　水槽染色流动显示照片($x=0.22$m,$h=0.15$ m)

烟囱模型为 0.15 m 高时,由于高层建筑物的阻挡作用,烟雾向周围扩散,迷漫在居民区的周围,密度低于空气的固体尘埃颗粒降落在居民区内,会对居民区周围的环境空气造成严重污染,严重影响居民区周围的环境空气质量,从而严重影响居民的生活。

扫一扫:住宅小区空气污染的流动显示(视频)

实验 4-2　丘陵地形污染物输移扩散规律研究

一、工程背景介绍

20 世纪 20 年代开始,随着工业生产中一些严重的大气污染事件相继发生,人们对大气污染物输移扩散问题的研究日益关注,对大气污染物进行预测和控制的研究也越来越深入。丘陵地形大气污染物输移扩散规律是环境科学研究的重要内容和前沿课题,开展丘陵地形大气污染物输移扩散问题的研究,在环境科学、土木建筑、国防等领域具有重要的实际意义和工程应用价值。

二、实验仪器和设备

在直流抽吸式低/变湍流度风洞(图 4-2-1)中用发烟流动显示和粒子图像测量技术对丘陵地形下大气污染物输移扩散规律进行模拟实验研究。研究在不同自由来流风速 1 m/s、2.3 m/s、3.5 m/s 下大气污染物在单丘、纵列双丘地形下的输移扩散规律。

图 4-2-1 天津大学低/变湍流度风洞

实验平板尺寸为 4 500 mm × 350 mm ,水平放置在风洞实验段。在实验平板适当位置上分别安装 1、2 个丘陵模型,丘陵模型尺寸为中心高 40 mm,直径 250 mm,坡度约为 18°,用于模拟实际高度 40 m,方圆直径 250 m 的丘陵地形。实验段的前 1.5 m 用来放置湍流发生装置和粗糙元,中心距实验段入口处 2.5 m 用于安装风洞实验模型。对于单丘陵模型,模型中心位于距平板前缘 2 460 mm 处,发烟位置距平板前缘 2 110 mm。图 4-2-2 至图 4-2-4 给出了该风洞实验采用的湍流模拟装置、实验模型和测试仪器布局。

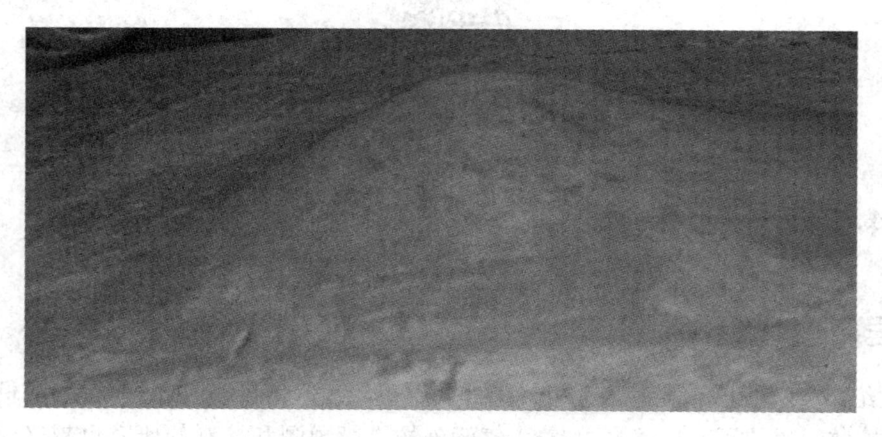

图 4-2-2 单丘陵模型

烟雾发生器用于产生示踪粒子,实验中使用丹麦 DANTEC 公司生产的 10F03 烟雾发生器(图 4-2-5),它通过压缩空气将示踪物质(液状石蜡油)雾化成直径 2 ~ 5 μm 的微粒,随空气喷出,在压缩空气压力为 2 个大气压时,空气流量约为 20.9 L/min,实验中,烟雾喷出速度为 3.4 m/s。

图 4-2-3　双丘陵模型

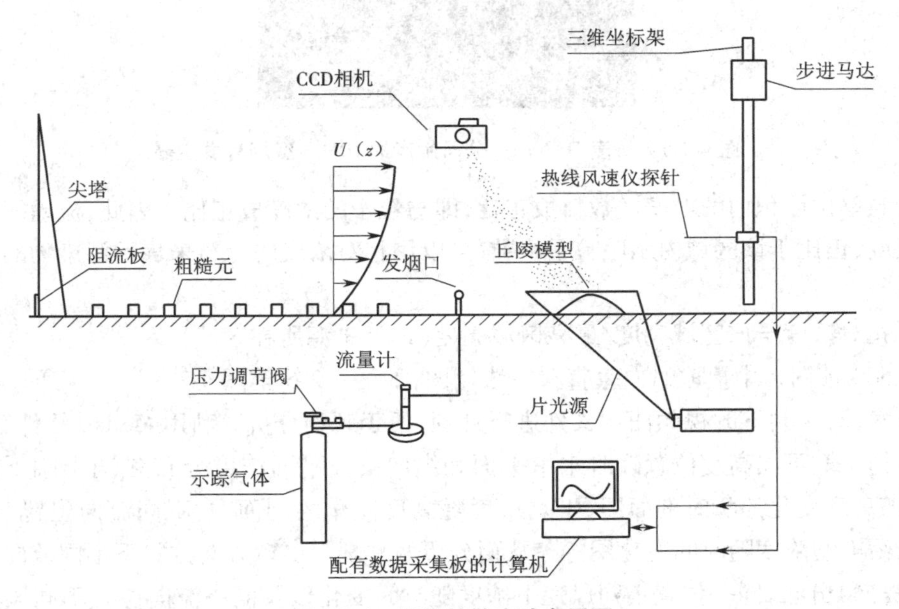

图 4-2-4　风洞扩散实验布局图

三、实验技术与方法

在单丘陵和双丘陵两种实验模型流场中，利用发烟机释放烟雾模拟点源大气污染，用激光片光源照射实验流场，在 1 m/s、2. 3 m/s、3. 5 m/s 三种不同自由来流风速下，使用索尼公司的 HDR-HC3E 摄录一体机对点污染源释放的污染物迁移、扩散流动图像进行录制，每一次录制时间为 60 s，每秒 25 帧视频图片，点污染源烟雾出口方向为垂直朝上或水平朝流向下游两种方式。

根据示踪剂的散射光强在流场空间的分布，可以确定示踪剂浓度在流场的空间分布和随时间变化规律。研究表明，在污染扩散浓度场测量过程中，当照射光均匀时，流场拍摄图像的强度是成像体积内所有示踪粒子的散射光光强之和。污染扩散实验时，认为示踪粒子满足不相关的单散射（工程中的扩散一般都满足此条件），则每一示踪粒子都有相同的散射光通量。对于整个集合体的远场散射，示踪粒子散射的光强为单个示踪粒子散射光光强之和，粒子散射

图 4-2-5　丹麦 DANTEC 公司生产的 10F03 型烟雾发生器

光的强度与单位体积内的粒子的数目成正比,即与粒子的浓度成正比。因此,流动图像某一小区域的亮度,正比于该区域内示踪粒子个数,可以用相对浓度的分布来表示污染物的时间和空间分布:

相对浓度 = 该区域亮度/最亮区域亮度(即污染源所在区域)

从 1 500 帧图片中提取纵向垂直瞬时浓度图,如图 4-2-6 至图 4-2-8 所示。通过画面增强和消噪技术,对录制下的视频图像文件进行处理,便于观察分析。利用 Matlab 软件编辑程序,绘制污染物扩散不同高度位置瞬时水平平面和纵向剖面平面浓度分布图,不同流向位置(站位)浓度随高度变化的瞬时剖面图,平均浓度随高度变化的剖面图,不同流向位置、不同高度空间单点污染物浓度随时间变化图等。从而分析两种烟雾出口方向方式下不同流向位置浓度沿高度(法向)分布、同一位置不同风速下浓度随时间变化以及同一流向位置不同风速下浓度沿水平展向分布等情况。

图 4-2-6 至图 4-2-8 为发烟口水平时不同风速下垂直剖面图像,图中关键点实际坐标为:山顶位置(553 m,40 m),发烟口位置(203 m,3.3 m)。

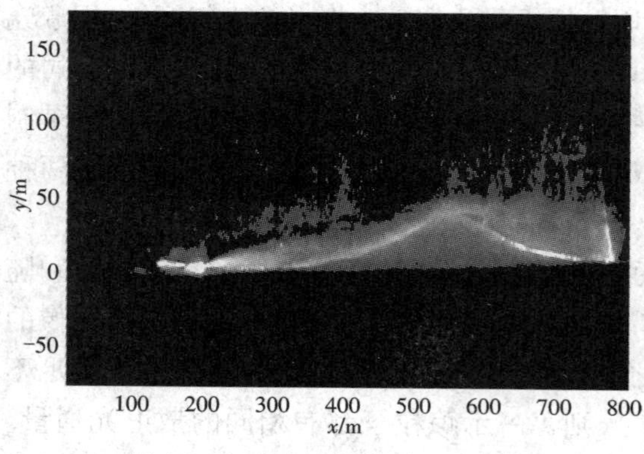

图 4-2-6　自由来流风速 1.0 m/s

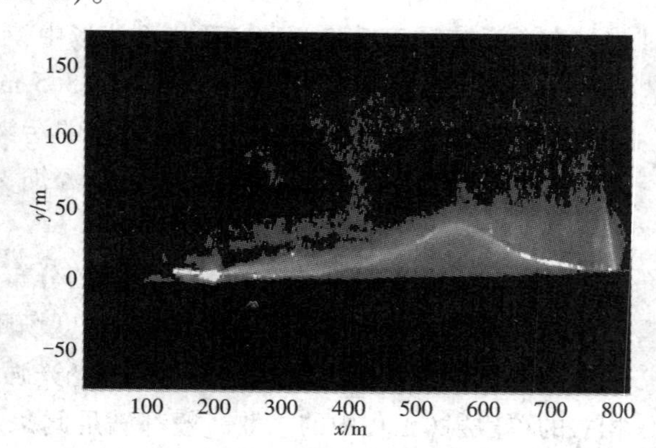

图 4-2-7　自由来流风速 2.3 m/s

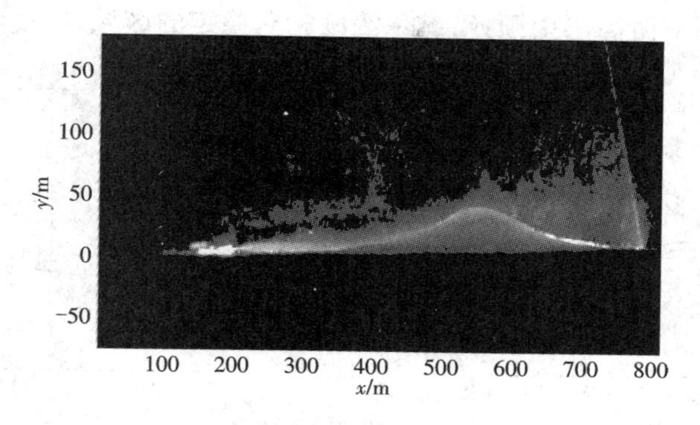

图 4-2-8　自由来流风速 3.5 m/s

图 4-2-9 至图 4-2-11 为同一风速下不同流向位置处瞬时浓度沿高度分布图像，图中表示高度的纵坐标 y 是实际坐标(m)，横坐标为相对浓度。由图可知，污染物浓度在垂直地面的方向上呈高斯分布，主要分布在靠近地面的区域内，在山前($x=338.7$ m)，厚度为 20 ~ 25 m，在山后($x=621$ m)，厚度为 50 m，超出山顶一定距离。

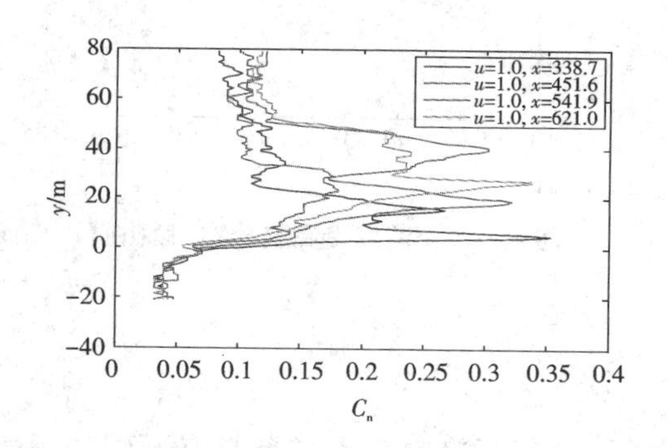

图 4-2-9　不同流向位置浓度沿高度分布(1.0 m/s)

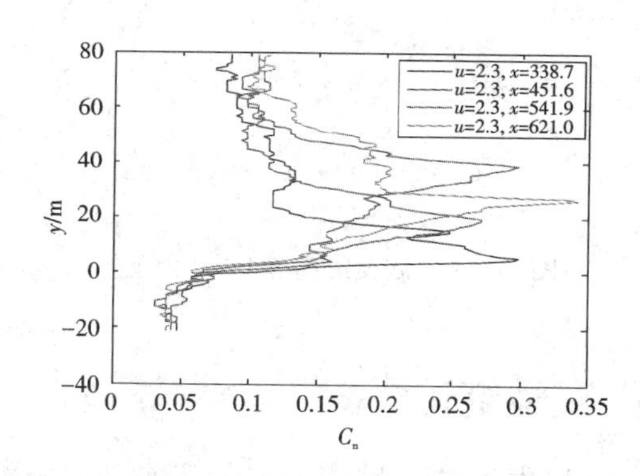

图 4-2-10　不同流向位置浓度沿高度分布(2.3 m/s)

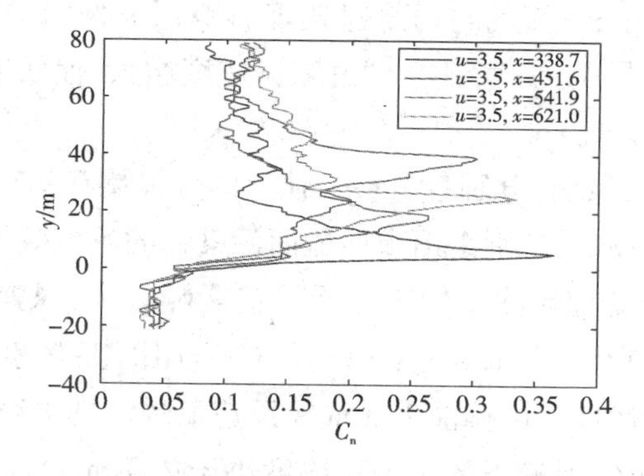

图 4-2-11　不同流向位置浓度沿高度分布(3.5 m/s)

图 4-2-12 至图 4-2-15 为不同风速下同一流向位置处浓度沿高度分布图像。由图可知，风速对最大浓度出现高度影响不大，不同速度下基本不变；对扩散高度有一定影响，速度低时，扩

散厚度大一些;在山顶下游高出山顶处,有一浓度相对稳定的区域,厚度约为 17 m。

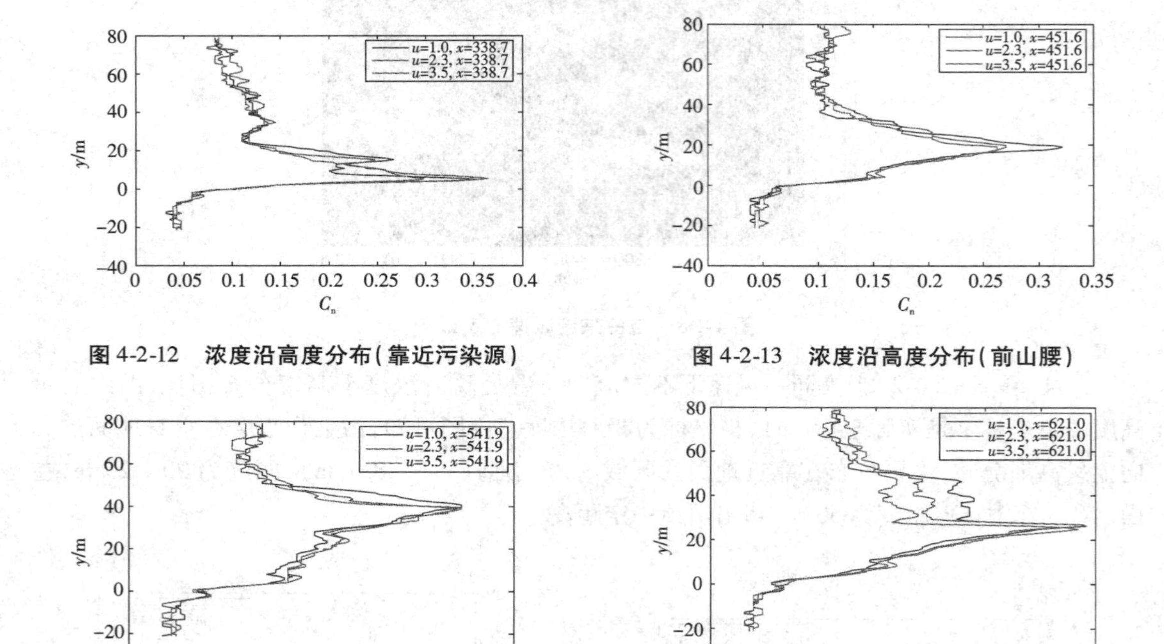

图 4-2-12　浓度沿高度分布(靠近污染源)

图 4-2-13　浓度沿高度分布(前山腰)

图 4-2-14　浓度沿高度分布(山顶)

图 4-2-15　浓度沿高度分布(后山腰)

四、实验结论

(1)发烟口朝上时,不同气流的自由来流速度下,大气污染物输移扩散具有不同的规律。流速低时,烟雾在法向(垂向)高度方向上具有更宽的扩散范围;流速高时,烟雾在法向(垂向)高度方向上的扩散范围较小;气流的自由来流速度影响污染物的法向(垂向)扩散高度,不影响污染物的展向(横向)扩散范围;气流的自由来流速度增大,使污染物浓度最大值位置向下游偏移。

(2)在丘陵迎风面和背风面,分别各有一个强烈的分离旋涡运动,使污染物的输移扩散作用更强烈、扩散加剧、浓度较低,特别是山顶迎风面污染物的遮蔽效果较差。

(3)在半山腰高度,山峰前后浓度的变化受风速影响较大,风速为 1.0 m/s 时,山峰前浓度要大于山峰后浓度;风速为 2.3 m/s 时,山峰前浓度与山峰后浓度接近;风速为 3.5 m/s 时,山峰前浓度要小于山峰后浓度。山峰前 1.0 m/s 风速下的污染物浓度大于 2.3 m/s 风速下的污染物浓度;山峰后 1.0 m/s 风速下的污染物浓度小于 2.3 m/s 风速下的污染物浓度。由于山丘对气流的阻挡作用,在山后产生了周期性的反对称卡门涡街结构,使污染物浓度的变化具有大约 0.4 s 的周期波动。

(4)发烟口水平时,烟雾呈现半圆锥状向下游扩散,在高度为 4.7 m 的水平剖面内,扩散角度约为63°,流速对扩散角有一定影响,流速低时,扩散角要大一些,在山丘附近,扩散区域会向外侧扩展。

(5)烟雾沿 y 方向的时均浓度分布呈高斯型,中心位于发烟口正下游,山丘上游浓度较高,分布区域较窄,不同风速下的浓度分布比较接近,低速时稍大一些;山丘下游浓度较低,分布区域较宽,低速时浓度大,在山丘之间,浓度分布比山前低,比山后高,靠近中心,浓度升高,呈现被山丘截断的高斯型。

(6)相对于时均浓度的瞬时脉动浓度的空间分布特征并不相同,沿 $y=220$ m 的 x 方向,高度为4.7 m时,在山丘之前,脉动尺度、幅度较小,而在山丘之后较小尺度的脉动中叠加了尺度、幅度较大的脉动,在山丘之间,脉动尖峰宽度变窄,表明该处浓度变化较快;在高度39.7 m处,山顶及其后部有大尺度脉动,而其上游脉动尺度很小。沿 y 方向,在污染物扩散的扇形区域内,浓度脉动较强,在山顶附近,叠加了更大尺度的脉动。

实验4-3　环流反应器流场气含率测量

一、工程背景介绍

气液两相流体的流动工况在动力、化工、核能、制冷、石油、冶金等工业中经常遇到。例如,在核电站和火力发电站中的各种沸腾管、各式气液混合器、气液分离器、各种热交换器、精馏塔、化学反应设备、各式凝结器以及其他设备中已经广泛存在气液两相流体的流动问题。在两相流动的实验测量中,困难且非常关键的一点是不同流体相的识别。要想正确地测量流场的气含率分布,首先必须准确识别出液体中的气泡结构。

二、气泡识别主要进展

目前,有两类依靠计算机的方法用于识别仪器输出的两相信号。一类是概率法,是根据对输出电压信号进行统计的结果来区分;另一类是阈值法,是根据两相信号不同的特征,对采集的全部信号逐一分析,控制阈值来区分。

1. 用概率法进行气液两相分离

概率法的原理是对测得信号进行统计,得到电压概率分布,如图4-3-1所示。在图上有两个峰值,其中电压较低的峰值为气相信号,电压较高的峰值为液相信号。Delhaye等依此提出了一种区分气液两相的方法。他们利用照相和示波器相结合,发现气泡经过探头时,电压信号的下降和上升段应属于气相贡献,那么在图中的电压 E_2 至 E_3 间高为 N_0 的电压平台部分是由气相产生,Delhaye认为这种影响一直持续到流场所产生的最大电压信号。Serizawa对垂直管中泡状流的湍流结构进行了研究,他也是得到测速仪输出信号的电压谱,将频率谱的两个峰值区分为两相。但这种方法理论根据不很充分,不同学者对两相划分界线,即对阴影部分的划分有不同的看法,这一问题尚需进一步探讨。

2. 用阈值法进行气液两相分离

Liu在垂直管泡状流的研究中,提出了用信号电压阈值和信号电压的斜率阈值来进行气

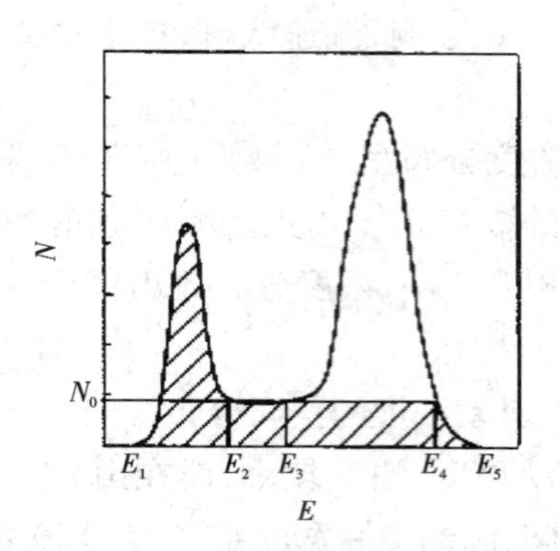

图 4-3-1　信号电压概率图

液两相鉴别。图 4-3-2 为所测得电压信号曲线及气液两相划分方法。

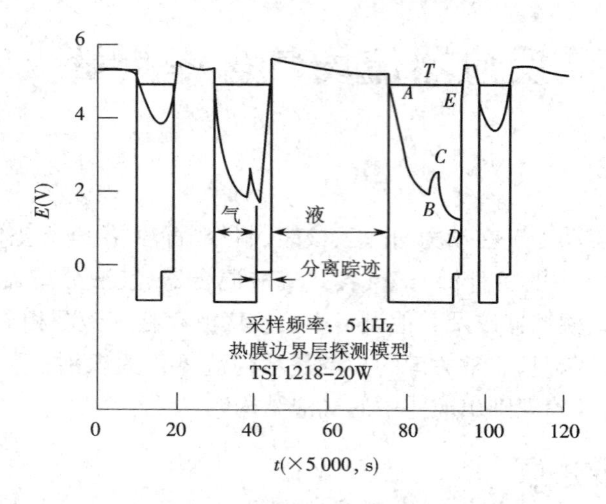

图 4-3-2　典型采样信号和相鉴别结果

将气泡与探头相互作用的整个过程通过 8 个算法规则来约束,在每一个算法中将电压和电压斜率阈值相结合来区分气相和液相,算法如下。

首先定义以下参数:T = 电压阈值;S = 斜率阈值;R_i = 第 i 个数据样电压;$P_b = R_i - R_{i-1}$(后向斜率);$P_f = R_i - R_{i+1}$(前向斜率);$R_b = |P_b|$, $R_f = |P_f|$。

假如 $R_i > T$,且满足下面 8 个条件中的任何一条件,则当前的 R_i 是液相数据,存起来以后作处理,否则删除。

(1)如果至少有两个液体数据点位于 2 个相邻的气泡之间:

①$R_b < S$ 和 $R_f < S$(保持在液体中);

②$R_b < S$ 和 $P_f > S$ (探头进入气泡);

③$R_{i+1} > T$ 且 $P_b > S$ 而且 $R_f < S$(探头离开气泡进入液体, R_{i-1}是气泡尾迹的最后一点)。

假如因气泡接近探头引起曲线畸变:

④$P_f < 0$,$R_b < S$ 和 $R_f < 1.5S$ 且满足 $R_{i+2} < R_{i+1}$和$|R_{i+2} - R_{i+1}| > S$。

假如因气泡离开探头引起曲线畸变:

⑤R_{i-1}在气相而$R_{i+1}>T$且$P_{\mathrm{f}}>0$,$P_{\mathrm{b}}>S$和$R_{\mathrm{f}}<1.5S$。

(2)如果仅有一个液相数据点位于2个相邻气泡之间:

⑥$P_{\mathrm{b}}>2S$且$P_{\mathrm{f}}>S$;

⑦$P_{\mathrm{b}}>S$且$P_{\mathrm{f}}>2S$;

⑧$R_{i-1}<T$且$R_{i+1}<T$。

斜率阀值S被定义为满足整个流动条件的一个常数。在处理数据之前,首先确定电压阀值T,方法是在测点信号(图4-3-2)中找出液相信号的最低点。

此种方法虽然在某些情况下能较好地区分两相,但比较复杂,而且在某些两相流动比较复杂的情况下,阈值的选取有一定的困难和不确定性,容易引起误判或漏判。

3.子波分析在两相流气泡识别中的应用

子波变换是新近发展起来的一种数学方法,通过信号与一个被称为子波的解析函数进行卷积,将信号在时域空间与频域空间同时分解开来,它是一种时频双局部化方法。

一维信号$s(t)$在子波函数$W_{ab}(t)$下的子波分析$W_s(a,b)$定义为

$$W_s(a,b)=\langle s(t),W_{ab}(t)\rangle \tag{4-3-1}$$

$$W_s(a,b)=\int_{-\infty}^{+\infty}s(t)\overline{W_{ab}(t)}\mathrm{d}t \tag{4-3-2}$$

其中,子波函数族$W_{ab}(t)$是由子波母函数$W(t)$经过平移(参数b)和伸缩(参数a)变换而来,即

$$W_{ab}(t)=\frac{1}{\sqrt{a}}W\left(\frac{t-b}{a}\right) \tag{4-3-3}$$

根据子波系数$W_s(a,b)$,信号$s(t)$的能量可以分解为

$$\int_{-\infty}^{+\infty}|s(t)|^2\mathrm{d}t=\int_0^{+\infty}\frac{E(a)}{a^2}\mathrm{d}a \tag{4-3-4}$$

其中

$$E(a)=\frac{2}{C_W}\int_{-\infty}^{+\infty}|W_s(a,b)|^2\mathrm{d}b \tag{4-3-5}$$

式(4-3-4)和式(4-3-5)表明信号$s(t)$的能量可以按照尺度参数a进行分解。原始信号$s(t)$可以由下列子波逆变换进行重构;

$$s(t)=\frac{2}{C_W}\int_0^{+\infty}\int_{-\infty}^{+\infty}W_s(a,b)W_{ab}(t)\mathrm{d}b\frac{\mathrm{d}a}{a^2} \tag{4-3-6}$$

对于气液两相流这种大小不同的两相湍涡结构交织在一起的复杂状态,采用对湍流信号进行子波变换的方法,可以得到不同尺度两相湍涡结构的细节信息。将子波分析过程应用到由热膜测速仪得到的气液两相速度信号上。发现得到的两相信号的子波系数$W_u(a,b)$有自身明显特征,正是这些特征为如何具体识别气液两相流中的气泡结构提供了依据。

三、用子波变换识别泡状结构的方法

对由热膜测速仪得到的两相速度信号利用式(4-3-1)或式(4-3-2)进行子波分析,得到其

子波系数 $W_u(a,b)$。图 4-3-3 为根据式(4-3-5)得到的环流反应器管内两相流动脉动动能 $E(a)$ 随尺度参数 a 的分布。根据子波分析能量最大准则,从图中可以看到,存在一个能量最大的尺度 a^*,该尺度对应的流动结构占有最多的脉动动能。

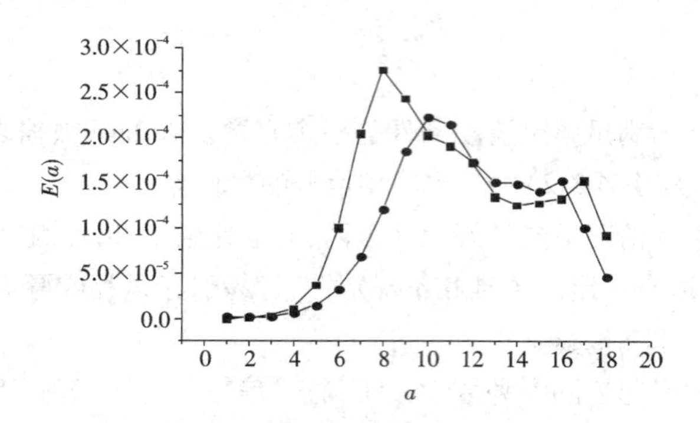

图 4-3-3 脉动动能随尺度的分布

图 4-3-4 为子波系数 $W_u(a,b)$ 等值线图。图 4-3-5(a)为测得的环流反应器定内泡状流脉动速度信号波形,图 4-3-5(b)为该尺度所对应的子波系数 $W_u(a^*,b)$ 的波形。从图 4-3-4 和图 4-3-5(b)发现,当遇到气相信号时,子波系数 $W_u(a^*,b)$ 会发生明显的畸变并且有明显的变化规律,当探针开始进入气泡时,电压信号突然下降,对应子波系数也突然降低。随着气泡脱离探头,电压信号突然回升,伴随着子波系数也陡然回升。子波系数的这一强烈下降后又强烈回升的过程,视为探头与气泡接触的整个过程。由此可以根据子波系数的变化规律,提出检测气相信号的判定准则。

(1)用子波变换对速度信号进行子波分析得到子波系数 $W_u(a,b)$,根据式(4-3-5)得到两相流脉动动能 $E(a)$ 随尺度参数 a 的分布,根据能量最大准则,找到能量最大的尺度 a^*(本文中的能量最大尺度为第 8 个尺度)及相应尺度的子波系数 $W_u(a^*,b)$。

(2)对能量最大的尺度 a^*(本文中的能量最大尺度为第 8 个尺度)的子波系数 $W_u(a^*,b)$,如果子波系数 $W_u(a^*,b)<0$,则视为气相开始的时刻,如果子波系数 $W_u(a^*,b)>0$,则视为气相结束的时刻,期间历经的时间记为 t_g,同时可以计算出测量点位置的局部气含率,即 $\alpha=\sum t_g/\sum t$。

图 4-3-6(b)为根据子波系数鉴别法得到的剔除气相信号后的速度信号脉动波形,经验证与根据 Liu 所提出的阈值法得到的剔除气相信号后的信号波形吻合的比较一致。

将用子波识别法得到的剩余有用的液相速度信号再次进行子波分析,得到液相脉动动能 $E(a)$ 随尺度参数 a 的分布,如图 4-3-3 所示。明显发现,含有气相信号时的最大能量尺度已经有很大程度的降低。由于本实验中液体本身静止,图 4-3-3 验证了主要脉动动能正是由气体诱导产生的。

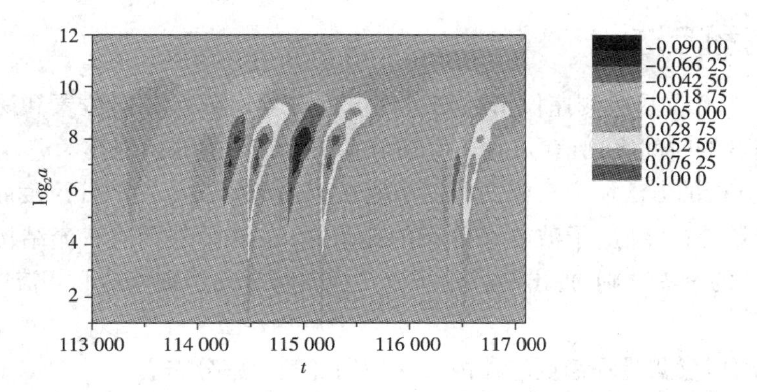

图 4-3-4　速度信号的子波系数 $W_u(a,b)$ 等值线图

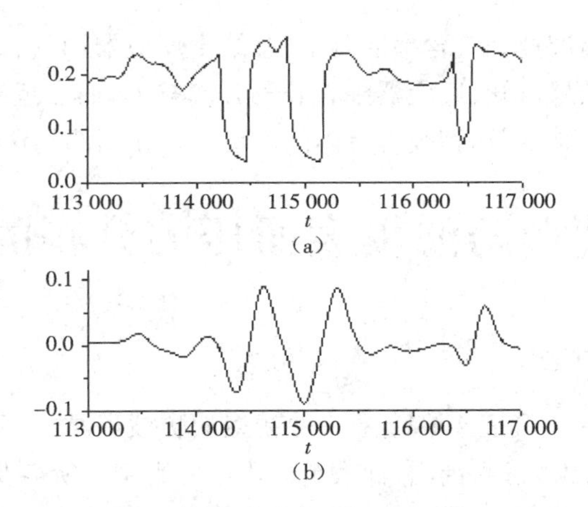

图 4-3-5　采样信号和能量最大尺度对应的子波系数

(a)典型原始采样信号　(b) 能量最大尺度对应的子波系数

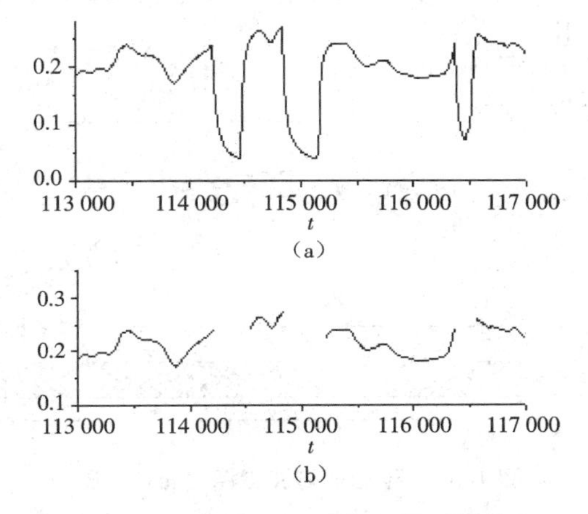

图 4-3-6　采样信号和滤气后的采样信号

(a)典型原始采样信号　(b) 滤气后的采样信号

四、实验目的和方法

(1)用 IFA－300 型热膜测速仪精细测量环流反应器内部各径向位置和法向位置的气液两相湍流脉动速度的时间序列信号,对速度信号中泡状流结构的识别技术进行研究。

(2)用子波分析的方法研究气液两相流中液相流和泡状流结构的分尺度时域瞬态特征和分尺度能谱等统计特征,利用子波能谱分析的能量最大准则,判别泡状流结构的主要时间尺度,根据子波系数的过零准则,提出一种用子波变换实时自动识别气液两相流中泡状流结构的新方法。

(3)用热膜测速仪测量环流反应器内液速和局部气含率分布。

五、实验结论

通过对环流反应器内液速和气含率的测定,总结出反应器内气含率和液速随气体折算速度变化的规律。从测定结果可知,反应器中心处气含率较大,而靠近壁面气含率很低,这就需要改进环流反应器的内部结构,达到改善流体的流动速率和局部气含率的目的。

实验 4-4　半圆形防波堤表面压力分布的测量

一、工程背景介绍

半圆形防波堤(图 4-4-1 和表 4-4-1)是一种新型的防波堤结构。其主要功能是为港口提供掩护条件,阻止波浪和漂沙进入港内,保持港内水面的平稳和所需要的水深,同时兼有防沙、防冰的作用。半圆形防波堤是 20 世纪 90 年代首先由日本研发的一种新型结构的防波堤,其半圆形堤身是由钢筋混凝土预制,并安放在抛石基床上。该结构形式具有省料、省工和稳定性好等优点,应用前景十分广阔。该结构形式在天津港南疆东横堤首次使用,并在长江口深水航道整治工程中得到广泛应用。

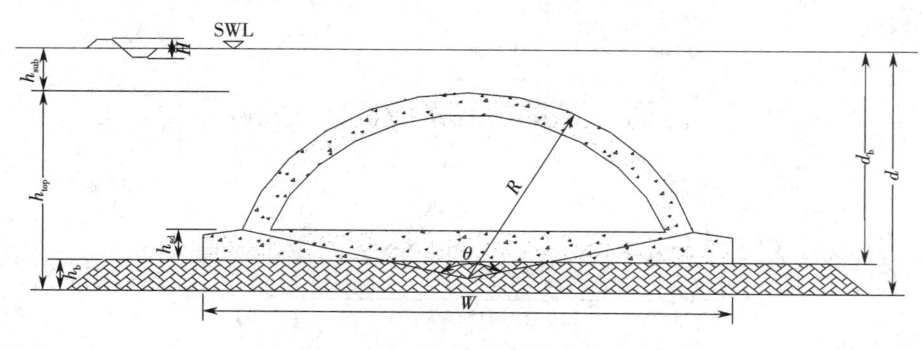

图 4-4-1　半圆形防波堤横截面结构图

表 4-4-1 半圆形防波堤横截面几何参数

半径 R(m)	夹角 θ(°)	肩高 h_{sd}(m)	底板宽 W(m)	基床高 h_b(m)
3.7	180.00	1.70	7.4	0.6

在实际工程应用中,半圆形防波堤需要经受多种不同流动条件(不同堤前和堤后水位高度、不同来流速度和方向、不同频率和振幅的波浪)的考验。特别是需要研究不同工况下防波堤的压力分布和位移、应力、应变等物理量的动力学响应。因此,开展不同流动条件对半圆形防波堤影响的实验研究对于半圆形防波堤的工程安全和工程应用具有重要的意义。

二、实验技术与方法

本实验在天津大学流体力学水槽实验室中进行,水槽长、宽、高分别为 6 m、0.25 m、0.4 m。半圆形防波堤模型的截面半径是 100 mm,宽 250 mm,堤身安装在 240 mm×250 mm×38 mm 的底板上,其中半圆形构件不开孔,底板开孔以便于导出测压管。在中间位置沿半圆周向间隔 10°开小孔(直径 1 mm),布置了 17 个压力测量点(图 4-4-2),与倒置的多管测压计相接以便测压。

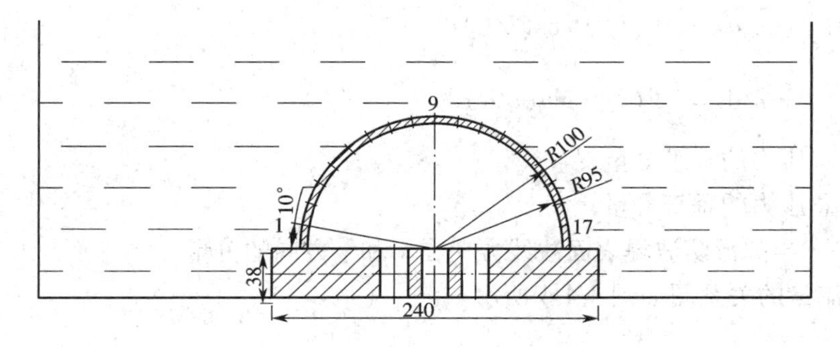

图 4-4-2 半圆形防波堤模型测压孔分布图

三、实验目的和要求

将流体通过半圆形防波堤的流动状况分为两大类:堤后浅水位流动和堤后深水位流动,在流动过程中,若堤后水位低于半圆形防波堤的一半高度称为堤后浅水位流动,反之就是堤后深水位流动。当半圆形防波堤在静水中处于半淹没乃至全裸露状态时,则波浪来袭对应的流动状况就是第一类流动;而当防波堤在静水中处于半淹没直至全淹没状态时,波浪的越堤过程则对应第二类流动。在这两类不同的流动状态下,半圆形构件外表面的流动、边界层分离状况及其随流量的变化趋势明显不同,从而半圆形构件的受力状况也是不同的。

实验要求分别测量两类流动状况在不同流量 Q 时半圆形防波堤表面的压力分布(图 4-4-3),从压力分布图中分析顺压区、逆压区以及边界层分离点的位置在两类流动中随流量 Q 的变化规律并分析其原因。

通过实验测得不同流量下半圆形防波堤表面压力分布,以半圆弧面的前端点作为零点,到

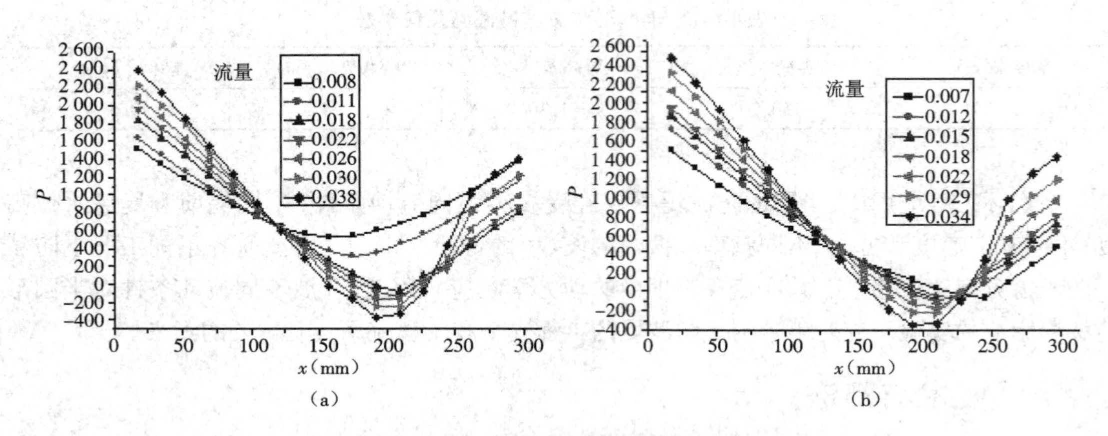

图 4-4-3 半圆形防波堤表面压力分布图

(a)浅水位流动 (b)深水位流动

半圆上任一点的弧长记为 l,即可拟合出外表面压力 P 随弧长 l 的函数关系式:

$$P = P(l)$$

沿防波堤表面对这些压强积分,即可得到作用于半圆形防波堤上的作用力:

$$F_x = \int P \cdot n_x \mathrm{d}s = \int P(l) \cdot \cos(l/R)\mathrm{d}l$$

$$F_y = \int P \cdot n_y \mathrm{d}s = \int P(l) \cdot \sin(l/R)\mathrm{d}l$$

式中 F_x——总压力的水平分量;

F_y——总压力的垂直分量;

n_x, n_y——半圆形防波堤表面法线方向在 x 和 y 方向的分量。

F_x、F_y 与流量的关系图如图 4-4-4 所示。

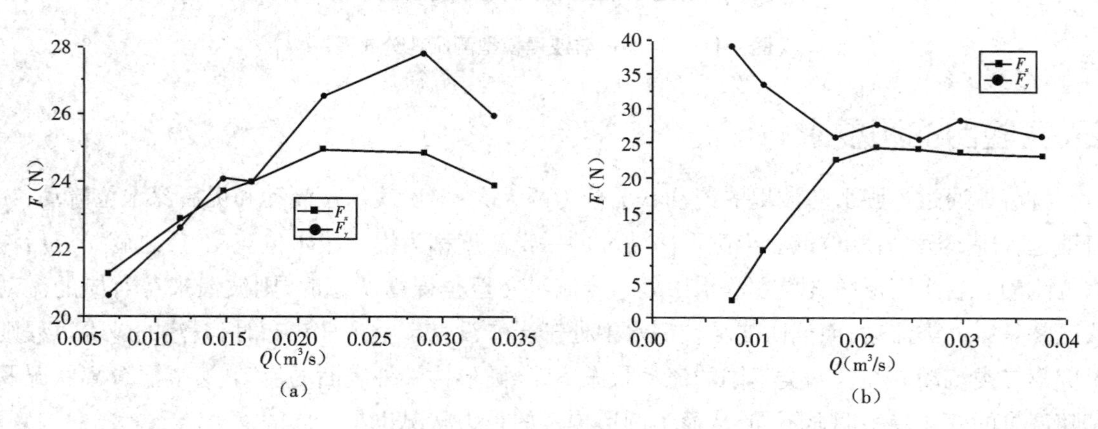

图 4-4-4 F_x、F_y 与流量的关系图

(a)浅水位流动 (b)深水位流动

实验 4-5　半圆形防波堤周围流场的流动显示

在实验 4-4 的装置中，将测压管从多管微压计上拔下，连接到染色液储液罐的出口，适当提升染色液储液罐的高度，在压力的作用下，染色液分别从不同测压孔流出，通过流动显示可以在半圆形防波堤表面明显观察到由于逆压梯度产生的分离和回流现象以及强烈的分离涡脱落，如图 4-5-1 所示。

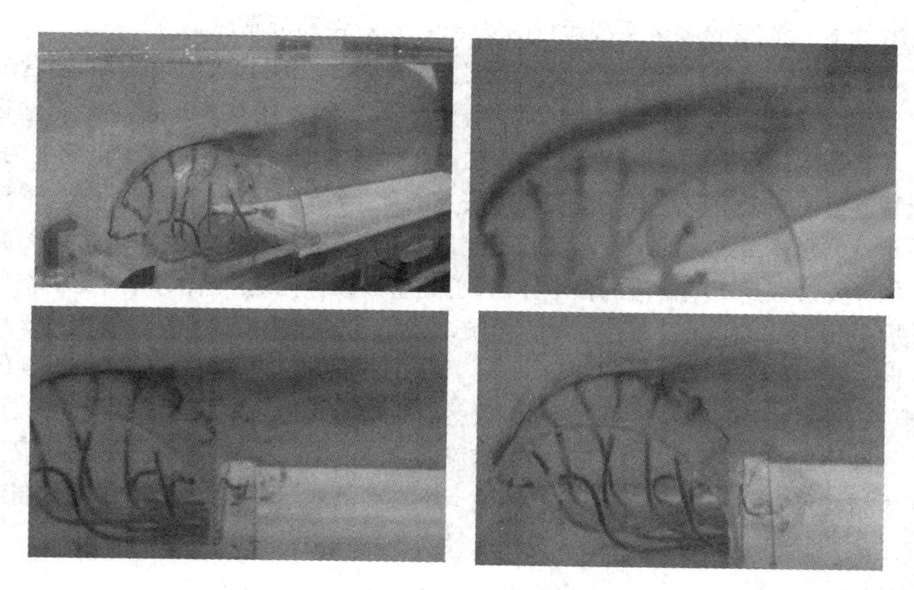

图 4-5-1　半圆形防波堤流动显示照片

根据流动显示照片并对比表面压力分布测量结果，分析半圆形防波堤表面流动分离和回流现象产生的原因，研究半圆形防波堤表面流动分离点的受力状况，研究半圆形防波堤表面流动分离的危害和控制方法，研究如何避免半圆形防波堤表面流动分离。

扫一扫：半圆形防波堤周围流场的流动显示(视频)

实验 4-6　长距离输气管道壁面涂料减阻实验

一、工程背景介绍

壁湍流在管道中虽然只有径向很薄的一层区域，但管道输运中有很多问题都与壁湍流中流动结构的产生、演化、发展、相互作用密切相关。它一方面可以使壁面摩擦阻力大幅度增加，使管道输运的能耗加剧，管道输运的效率下降，管道壁面磨损严重，管道使用寿命降低；另一方面还可以使管道压力波动加剧，幅值提高，随机性增加，管线震颤加剧，管道流动稳定性降低，从而对管道输运系统的安全性和可靠性构成严重威胁。

因此，从机理上分析壁湍流的流动结构及其形成原因，进而提出控制壁湍流的有效方法，这些不仅是湍流基础研究的前沿课题，而且也是工程技术中亟待解决的重要问题。而控制壁湍流的主要目的之一就是减小壁面摩擦阻力，降低管道运输能源消耗，提高管线输运效率，延长管道使用寿命，提高管道输运系统运行的安全性、稳定性和可靠性。

壁湍流在管道输运中引起的最严重的问题就是壁面摩擦阻力大幅度增加，使管道输运的能耗加剧，管道输运的效率下降，管道壁面的磨损严重，管道使用寿命降低，对管道输运系统的安全性和可靠性构成严重威胁。特别是在石油和天然气的输运过程中，这个问题尤为突出。

输运管道壁面减阻问题是湍流工程应用研究的前沿课题，目前的研究都是基于对壁湍流缓冲层中相干结构猝发过程的理论与实验观测的认识。目前，普遍的观点认为壁湍流缓冲层中相干结构猝发过程是产生湍流的根本原因，也是壁面摩擦阻力大幅度增加的根本原因。壁湍流缓冲层中相干结构猝发过程产生的混乱流动现象和复杂流动结构导致管道输运中在管道周向和径向上产生不必要的动量和能量消耗。要减小壁面摩擦阻力，降低管道输运的能源消耗，就需要控制湍流的产生。控制湍流的产生就需要抑制缓冲层中相干结构猝发的过程，增加壁湍流黏性底层的厚度，保持壁湍流近壁区域流动状态的平稳和有序，减少缓冲层混乱的流动现象和相干结构猝发的产生，以减少对管道输运不必要的能量消耗。因此，一般控制湍流运动的方法都是从控制相干结构入手，通过多种途径来控制相干结构的猝发。

二、实验原理和测量技术

壁湍流的流向平均速度沿法向剖面的测量是一项比较成熟的技术，经过近一百年的研究和探索，其对数律平均速度剖面已经得到广泛的公认。特别是近三十年来，热线测速技术（HWA）的广泛使用和激光测速技术（LDA）的成熟与发展，实现了对壁湍流流场无干扰或微小干扰的平均速度剖面测量，极大地提高了壁湍流对数律平均速度剖面测量的真实性、准确性和可靠性。

壁湍流对数律平均速度剖面与壁面摩擦速度 u_*、流体黏性系数 ν 等内尺度物理量的关系为

$$U(y) = u_*\left(A\ln\frac{yu_*}{\nu} + B\right) \quad y^+ \geqslant 30, y \leqslant 0.3\delta \tag{4-6-1}$$

式中 $U(y)$——湍流边界层流向平均流速；

y——测量点的壁面法向坐标，$y^+ = \frac{yu_*}{\nu}$；

A、B——已知常数；

ν——气体动力黏性系数。

壁面摩擦速度 u_* 与壁面摩擦阻力 τ_w 的关系为

$$\tau_w = \rho u_*^2 \tag{4-6-2}$$

在准确测量壁湍流对数律平均速度剖面的基础上，通过非线性迭代拟合其中的参数 u_*，利用式(4-6-2)可以准确测量湍流边界层的壁面摩擦阻力 τ_w。壁面摩擦系数 C_f 定义为

$$C_f = \frac{\tau_w}{\frac{1}{2}\rho U_\infty^2} \tag{4-6-3}$$

三、实验仪器和设备

本实验是在天津大学流体力学实验室低湍流度风洞中完成的。风洞为木质结构的直流闭口抽吸式风洞，实验段长度 4.5 m，横截面为切角的矩形，高 0.45 m，宽 0.35 m，实验段风速在 0.5 ~ 50.0 m/s 范围内连续可调，原始湍流度小于 0.07%。实验用管道固定在实验段的水平中心，与来流方向平行，正对来流方向的管道壁前缘为楔形，管道长 2 000 mm，直径 350 mm，厚 5 mm，测速仪为美国 TSI 公司 IFA－300 型恒温热线风速仪，在距离管道前端 x = 1 500 mm 处用 TSI1210－T1.5 型单丝热线探头进行测量，热线敏感材料为直径 2.5 μm 的钨丝。实验中测量了从 0.5 mm 到 20 mm 间不等距的 100 个测点，沿管道壁的径向精细测量流向速度分量的时间序列信号，采样频率为 100 kHz，每个测点数据量为 4 194 304。

四、实验结果分析与讨论

为了配合西气东输工程，采用管道壁面涂料减阻技术，用平均速度剖面法测量壁湍流的壁面摩擦阻力，对喷刷聚氨酯涂料的管道壁面减阻性能进行了比较实验研究。通过实验测得 10 块实验平板在三种雷诺数下的实验数据，得到 30 个速度剖面，通过非线性迭代拟合其中的壁面摩擦速度 u_*，用平均速度剖面法测量壁湍流的壁面摩擦阻力 τ_w 和壁面摩擦系数 C_f。在这里仅以低雷诺数为例，如图 4-6-1 所示。可以看出，几乎所有厚度的涂料均对平均速度剖面产生影响，使拟合平均速度剖面具有一般的减阻特征：缓冲层内流向平均速度增加，缓冲层增厚，对数律区上移。

表 4-6-1 给出了实验条件中的自由来流速度 U_∞ 和实验雷诺数 Re，其中实验雷诺数 $Re = \frac{U_\infty D}{\nu}$，$D$ 为管道直径。表 4-6-2 给出了不同实验条件下测量的壁面摩擦速度 u_*、壁面摩擦阻力 τ_w 和壁面摩擦系数 C_f。

表 4-6-1 实验条件中的自由来流速度和实验雷诺数

	来流速度 U_∞	雷诺数 $Re = \frac{U_\infty D}{\nu}$	来流速度 U_∞	雷诺数 $Re = \frac{U_\infty D}{\nu}$
无涂料	8.2 m/s	190 970	13.1 m/s	298 024
聚氨酯	8.75 m/s	204 769	13.2 m/s	307 418

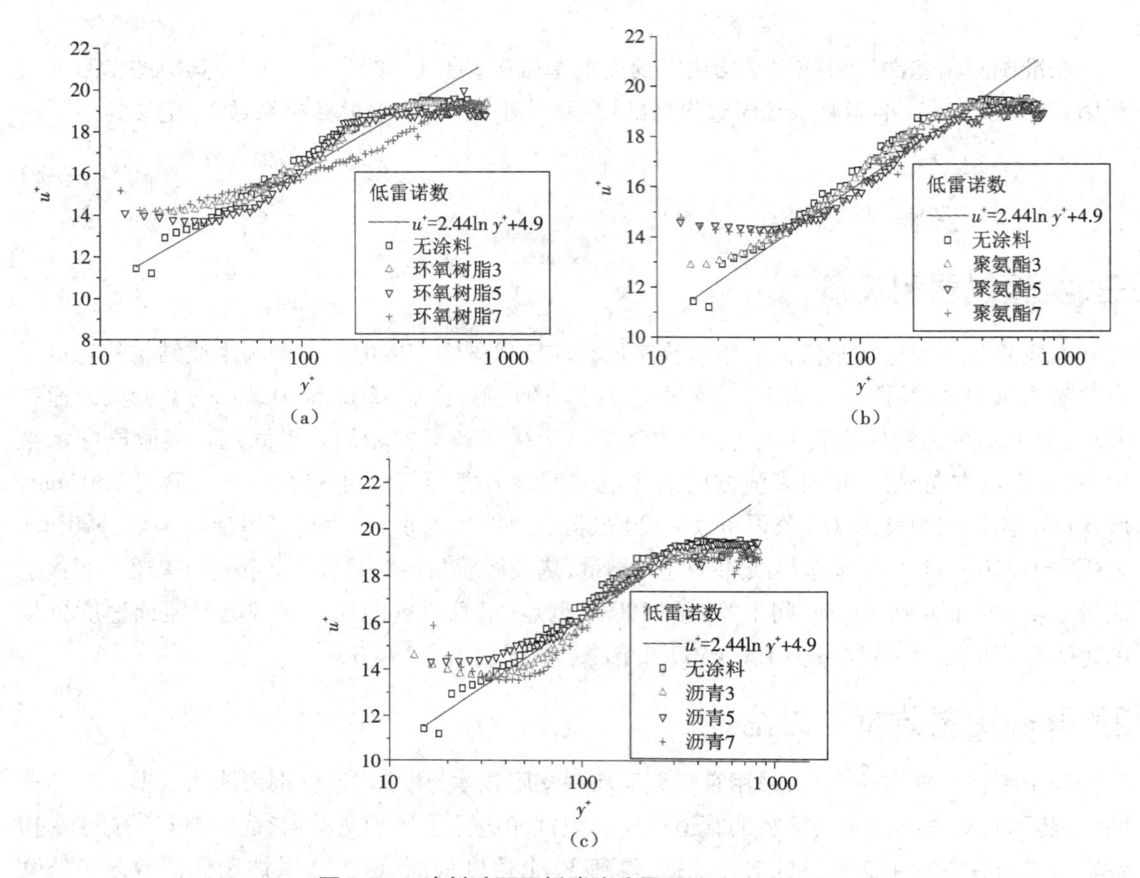

图 4-6-1 涂料壁面平板湍流边界层平均速度剖面

(a)低雷诺数环氧树脂 (b)低雷诺数聚氨酯 (c)低雷诺数沥青

表 4-6-2 测量结果(壁面摩擦速度 u_*、壁面摩擦阻力 τ_w 和壁面摩擦系数 C_f)

	摩擦速度	壁面阻力	阻力系数	减阻率	摩擦速度	壁面阻力	阻力系数	减阻率
无涂料	0. 415 697	0. 209 604	0. 002 570		0. 639 878	0. 496 774	0. 002 386	
聚氨酯	0. 386 251	0. 179 906	0. 001 949	24. 16%	0. 603 771	0. 439 032	0. 002 092	12. 32%

五、主要结论

(1)壁面涂料减阻效果与涂料的类别和厚度有关,环氧沥青的减阻效果最好,聚氨酯涂料的减阻效果次之,环氧树脂涂料的减阻效果最差。

(2)壁面涂料减阻效果与实验雷诺数有关,低雷诺数时涂料普遍都能实现减阻,并且减阻效果比较明显;中雷诺数时部分涂料能够实现减阻,聚氨酯涂料的减阻效果比较好;雷诺数比较大时,涂料的减阻效果比较差,随着雷诺数增加,减阻效果会逐渐消失。

(3)壁面有机涂料增加了管道固壁表面的弹性,抑制了湍流边界层近壁区域相干结构猝发中高速流体的扫掠过程,是壁面摩擦阻力减小的根本原因。

实验 4-7　浮选柱气泡发生器流场的测量

一、工程背景介绍

浮选柱是一种应用广泛的重要选矿设备，其中气泡发生器是浮选柱的主要部件，气泡发生器的结构尺寸对它的性能影响很大，合理的结构对提高气泡发生器的工作效率具有重要意义。

气泡发生器的设计源于射流泵理论，其工作原理如图 4-7-1 所示，有一定压力的液体通过喷嘴以一定的速度射出，射出的液体对周围介质有卷吸作用，使吸气腔形成负压，从而将气体通过进气孔不断地吸入吸气腔并随射流带入喉管内，气体和液体在喉管内进行充分掺混产泡，在这个过程中气体被破碎成为小气泡，在扩散管出口形成气液两相流动而流出气泡发生器。气泡发生器内气液两相流动大致分为三个阶段。

(1)气液相对运动段。从喷嘴射出的液体射流，由于射流边界层与气体之间的黏性剪切作用，射流将气体从吸入室带入喉管。气液两相作相对运动，且均为连续介质。液体射流受外界扰动的影响，在离喷嘴一段距离后产生脉动和表面波。

(2)液滴运动段。由于液体质点的紊动扩散作用，射流表面波的振幅不断增大。当振幅大于射流半径时，液体被剪切分散形成液滴。高速运动的液滴分散在气体中，它与气体分子冲击和碰撞将能量传给气体，气体被加速和压缩。在这一阶段，液体变成不连续介质，而气体仍为连续介质。

(3)气液泡沫运动段。气体被液滴隔离分散为微小气泡，液滴重新聚合为液体，气体则分散在液体中成为泡沫流。随着通过扩散管，混合液的动能转换为压力能，压力升高，气体被进一步压缩。此时，液体为连续介质，气体成为分散介质。

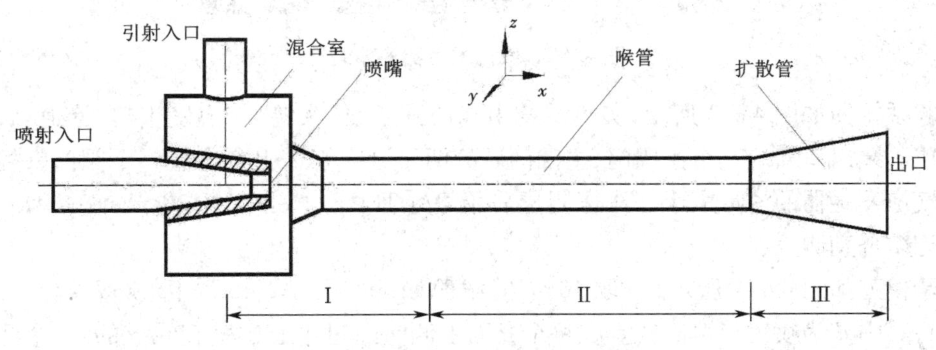

图 4-7-1　气泡发生器工作原理图

气泡发生器是一种液体引射气体的同轴受限两相射流装置，其合理的结构对浮选柱等浮选机械的发展影响很大。目前的气泡发生器尚有许多需要解决的基本问题。微泡发生器的成泡方式具有革命性改变，其内部流动是液、气、固三相流动，它的关键问题是：①利于矿化的液体和气体相对运动段长度和喉管长度最佳尺寸的确定；②喉管直径与喷嘴直径之比和喉管长度与喉管直径之比的确定；③自喷嘴射出的矿浆流量及压力对矿化的影响。

二、实验目的和要求

本实验的目的是通过激光多普勒测速实验，探索气泡发生器内部流场规律，研究气泡发生器内部流场对其工作效率的影响，从而为优化气泡发生器设计结构提供科学的依据。

三、实验技术与测量方法

根据射流泵理论设计制造气泡发生器物理实验装置。调试三维激光多普勒测速仪，利用激光多普勒测速仪及自行设计的气泡发生器实验装置，通过改变射流喷嘴出口速度，在射流出口速度分别为 21 m/s、18. 5 m/s、15 m/s 三种工况下，对气泡发生器内部流场进行测量。对每种射流工况，沿流向在喉管段上选取 10 个截面，在每个断面上取 13 个测点进行测量，测点间距为 3 mm，并对实验测量数据结果进行分析。

气泡发生器实验模型如图 4-7-2 所示，其中气泡发生器安放在一个上部开口的矩形水槽中，实验时矩形水槽中放入水，目的是减小激光测量时由于光的折射所带来的测量误差。

图 4-7-2 气泡发生器实验装置

实验系统图如图 4-7-3 所示，实验系统由离心式水泵、水箱、气泡发生器、管道、阀门及压力表组成。泵出口安装一个主阀门，主阀门后的两个分支管道上各安装一个阀门来控制和调节通入气泡发生器的流量大小。流速测量采用 DANTEC 公司的 57N/20enhanced3D – LDV 增强型激光多普勒测速仪。

实验模型如图 4-7-4 所示，选取 10 个横截面如下：$7d$、$10d$、$15d$、$19d$、$23d$、$28d$、$33d$、$37d$、$42d$、$46d$，其中 d 为喷嘴出口直径。在每个断面上测量通过中心的垂直线上的 13 个测点来研究流场，测点间距为 3 mm。测量方案分为喷嘴出口速度分别为 21 m/s、18. 5 m/s 及 15 m/s 三种情况进行实验测量。

实验中的典型照片如图 4-7-5 所示。

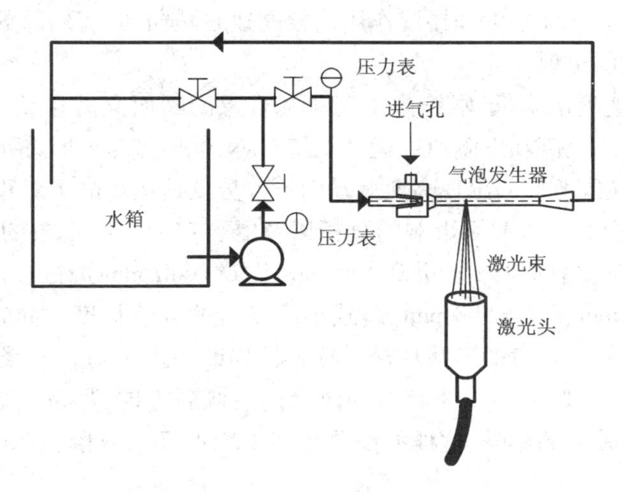

图 4-7-3　实验系统图

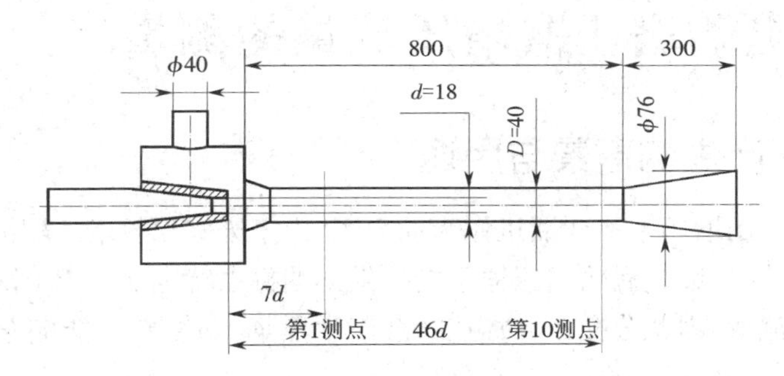

图 4-7-4　实验模型

图 4-7-5　实验照片

四、实验结果分析与讨论

(1)不同喷嘴出口速度值对流场有影响,过小的速度值对卷吸和掺混气相不利,不能充分发挥吸气掺混产泡作用。

(2)分析沿流向喉管各个横截面上速度分布的变化规律,高射流出口速度时喉管内紊乱程度比低射流出口速度时喉管内的紊乱程度剧烈,喉管内气液两相掺混作用强烈;低射流出口速度时喉管内则表现为紊乱程度和掺混作用均较高速时减弱，并有局部的两相分层现象，并在气相区域内有高速旋涡出现。

（3）随射流出口速度的降低，喉管内出现紊乱现象的断面向后移动；高射流速度时，沿流向喉管各个横断面上的上侧和下侧速度运动规律对称；低射流速度时，沿流向各个断面上由于气液两相分层作用，导致上部分出现高速运动而下部分低速运动的不对称现象。

（4）通过模型结构对湍流流场影响的分析以及混合室内分离现象的研究，综合考虑各种影响，得出对原有物理模型 $d=18$ mm、$D=40$ mm 及 $L=600$ mm 进行改进。改进后模型结构为 $d=18$ mm、$D=40$ mm 及 $L=500$ mm，即减小原模型的喉管长度。同时改变混合室结构形状，混合室取消角区，将混合室的形状从横卧的圆柱体改为上下对称流线旋转体，并适当延长混合室轴（流）向长度，将吸入口从竖直方向改为向后倾斜方向，尽量消除角区的分离涡及其对引射进口吸入流体效率的影响，这样的修改有利于增加吸入流量、节省吸入动能，从而提高掺混产泡效率。

实验 4-8　电动增压器增压流量的测量

一、电动增压器产生的背景与用途

现有公交车多采用增压中冷柴油机作为动力源，由于废气涡轮增压器的动态响应差，柴油机在低速大负荷加速时，废气涡轮增压器不能提供柴油机在特定功率 P_e（特定燃油消耗率）下所需要的空气质量流量，因此公交车在加速时会产生黑烟，即燃料未能完全燃烧，不仅污染环境，而且浪费能源。

电动增压器具有响应快、增压器的流量独立于发动机废气能量的优点，公交车加速时，通过传感器感知加速信号，从而通过变频器控制启动电动增压器，向增压中冷柴油机中快速补气，增大原公交车柴油机低速大负荷加速时所需的空气质量流量，从而降低加速烟度。图 4-8-1 和图 4-8-2 为电动增压器在增压中冷柴油机上的安装原理图（串联和加旁通气路）。

二、出现的问题

在道路实验时，采用了如图 4-8-1 和图 4-8-2 所示的安装方案，并利用不透光烟度计对发动机的烟度排放进行了测量，发现采用第一种方案时发动机大负荷时发动机燃烧恶化，产生大量黑烟，只在公交车低速大负荷加速初期烟度有所降低，分析原因为电动增压器所提供的空气流量在废气涡轮增压器低速时起正作用，在转速低于废气涡轮增压器时起负作用；采用第二种方案时发动机大负荷时发动机燃烧不受影响，公交车司机反映在爬坡时发动机的扭矩增大，但公交车在低速大负荷加速时烟度没有变化，分析原因为旁通气路在电动增压器增压压力大、流量大时，增压气体在旁通气路中会发生循环流动，增压气体无法有效地进入发动机。因此，需要对电动增压器的增压气体进行管理，提高电动增压器的补气效率。

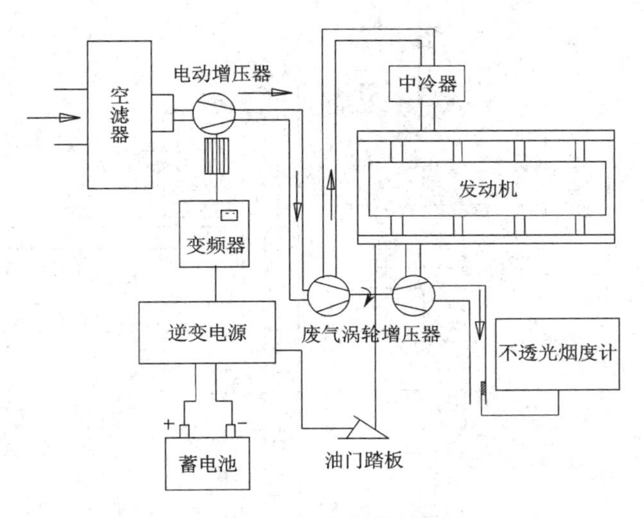

图 4-8-1 电动增压器串联气路

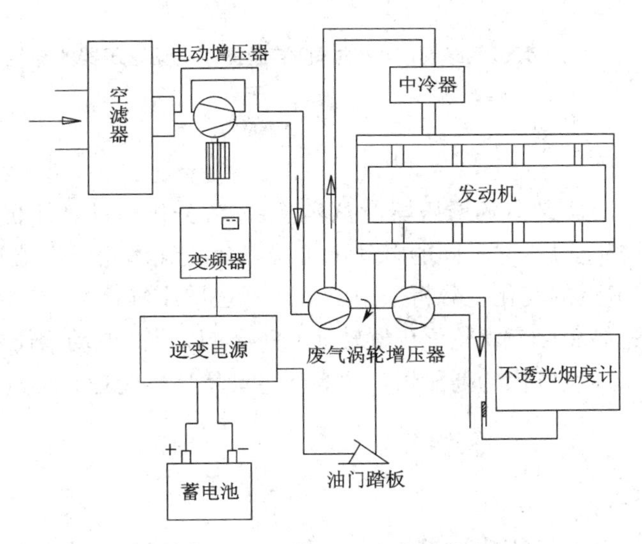

图 4-8-2 电动增压器加旁通气路

三、实验方案

实验方案如图 4-8-3 所示。

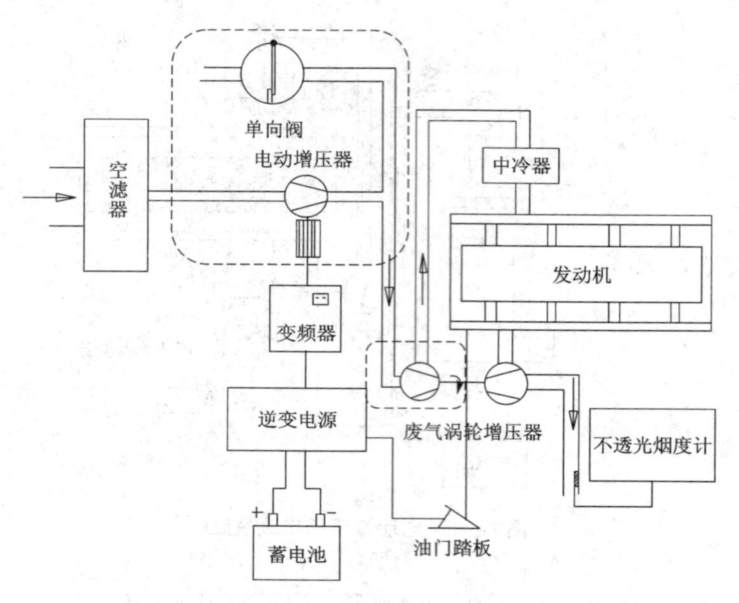

图 4-8-3 利用旁通气路阀门(单向阀)控制提高电动增压器的补气效率

四、实验目的

通过搭建图 4-8-3 虚框部分的增压器模拟实验台架,分析电动增压器与废气涡轮增压器联合工作时,使用单向阀前后,在不同的电动增压器以及废气涡轮增压器转速下,利用热线风速仪测量空气质量总流量的变化。分析采用单向阀管理增压气体后,在柴油机低速大负荷加速时(电动增压器转速高于废气涡轮增压器转速)是否可以提高电动增压器的补气效率,且在发动机高转速大负荷时(废气涡轮增压器转速高于电动增压器转速)不影响进气流量。

五、实验步骤

(1)标定热线风速仪。

(2)设置两个电动增压器不同的目标转速,模拟电动增压器与废气涡轮增压器不同转速联合工作的不同工况。

(3)利用热线风速仪测量不同工况下有无单向阀时的空气质量流量(空气流速)。

六、实验结果分析与讨论

阀门	电机 B 转速(r/min)	电机 A 转速(r/min)	阀门状态(开/关)	测量结果编号
有	650	300		
		400		
		500		

续表

阀门	电机 B 转速(r/min)	电机 A 转速(r/min)	阀门状态(开/关)	测量结果编号
无	650	300		
		400		
		500		
有	0	300		
		400		
		500		
无	0	300		
		400		
		500		

实验 4-9　投弃式海流剖面仪探头流场的 TRPIV 实验

一、工程背景介绍

投弃式海流剖面仪(Expendable Current Profiler, XCP)是一种可快速获取海洋环境剖面参数的新型仪器,可以直接服务于海洋调查、海洋环境预报、海洋环境监测和海洋军事。XCP 探头在水中自由释放后下沉,由探头上安装的传感器获得某一深度的海流和温度信息;海洋环境信息经处理器处理,通过信号传输线传送,并由水面接收机接收。目前,国内对此设备的研究尚处于起步阶段,相关理论研究也处于探索中。探头旋转会产生著名的马格努斯效应,即探头某一边的流动分离减弱,旋涡释放受到抑制,而另一边却得到加强和发展,从而使整个流动在垂直来流方向上不对称,此时探头受到一个侧向力。影响流动的两个重要参数是雷诺数 $Re=\rho U_{\infty}D/\mu$(其中 U_{∞} 为来流速度,D 为探头直径,μ 为流体动力黏性系数,ρ 为流体密度)和旋转速度比 $a=\omega r/U_{\infty}$(其中 ω 为探头旋转角速度)。

海流信号通过 XCP 探头内部两个平行放置的电极采集,如果探头垂直姿态发生偏移会造成两个电极采集的海流信号不同步,使信号失真。而探头实际工作中会不可避免地发生倾斜,尤其在其穿越不同海流层时倾斜更加明显。因此,采用 TRPIV 技术对探头在海水中不同深度水平截面的流场进行实验测量,分析不同旋转速度比及雷诺数对流场的影响,进而分析探头的受力和力矩,从而为 XCP 探头倾斜情况的估计提供参考。

二、实验设备和技术

实验在中型低速回流式水槽中进行(图 4-9-1),低速回流式水槽包括水槽主体、槽体支架、储水箱、供水泵、回流管道等部分。水槽主体由有机玻璃制成,包括稳定段、收缩段、实验段。实验段全长 6 000 mm,高 350 mm,宽 250 mm;稳定段中有一层蜂窝器和三层阻尼网用于整流,以保证自由来流均匀、稳定,自由来流背景湍流度小于 0.2%,不均匀度小于 0.25%,不稳定度小于0.2%。

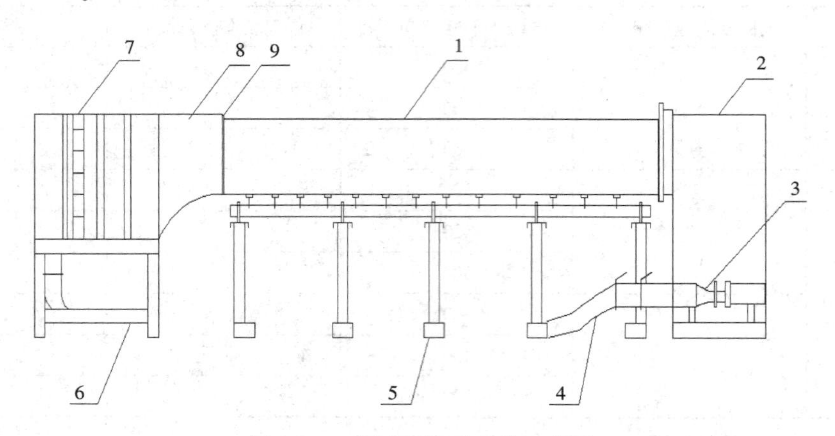

图4-9-1 低速回流式水槽示意图

1—实验段;2—储水箱;3—潜水泵;4—扩散段;
5、6—槽体支架;7—栅网格;8—收缩段;9—插板

PIV是在前期相关的流动显示技术基础上发展起来的粒子图像测量技术,因为其不仅可显示流场流动的形态,还能提供瞬时流场的定量信息以及不干扰被测流场等特点而被广泛应用于各个领域。

高时间分辨率TRPIV系统如图4-9-2所示,主要包括以下三部分。

(1)光源系统:Nd:YAG双脉冲激光器,并配合激光控制器、时间同步器。激光器主要作用是将射光束通过柱透镜形成片光;激光控制器(VD-III-N型)控制激光器的工作模式(连续或者脉冲)及调节激光的强度;时间同步器控制激光器、CCD和图像采集卡,使它们工作在严格同步的信号基础上,保证各部分协调工作。

(2)图像采集系统:由柯达KAI-0340行间转移CCD图像传感器、电子快门组成的高敏捷性相机,拍摄高速、高质量图像,其镜头型号为PX-VGA120-L,分辨率为640×480像素,最高拍摄速度为210帧/s;图像采集卡(PIXCI ® EL1)作为将捕捉到的一系列图像数据实时地传输到计算机的通道。

(3)分析软件:采用北京立方天地的粒子图像分析系统软件MicroVecV3.2.1,对前后两帧粒子图像进行互相关计算,得到流场一个定量切面的速度分布。

实验采用无毒、无腐蚀、清洁、性质稳定的聚苯乙烯微球作为示踪粒子,粒径平均为15 μm,粒子密度为1.05 g/cm³,接近水的密度,实验结果表明其跟随性满足要求。

实验模型如图4-9-3所示,为直径51 mm的圆柱,用尼龙棒加工而成,模型表面拍摄区域涂上亚光黑漆,以防反光而影响测量效果。直流电动机控制探头模型的旋转,调速器调节转速。整体实验模型依靠有机玻璃板支架作横梁,支架一端固定在丝杠上,可调节探头模型处于水槽的深度。丝杠位于滑轨上,通过滑轨可调节探头沿流向移动。探头模型垂直于来流方向,测试面选择在探头长度方向距水槽底面180 mm处的截面处,测量二维流场。

实验模型位于水槽实验段中部,采用TRPIV系统对探头周围流场进行测量,实验布局如图4-9-4所示。激光片光平面和水槽平面平行,片光位于距水槽底面180 mm处。CCD相机镜

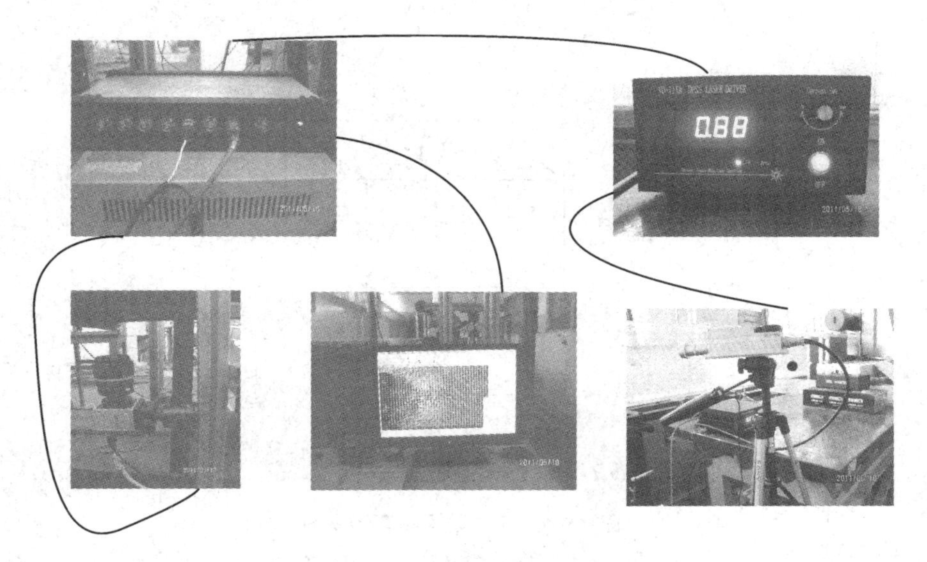

图 4-9-2　TRPIV 系统示意图

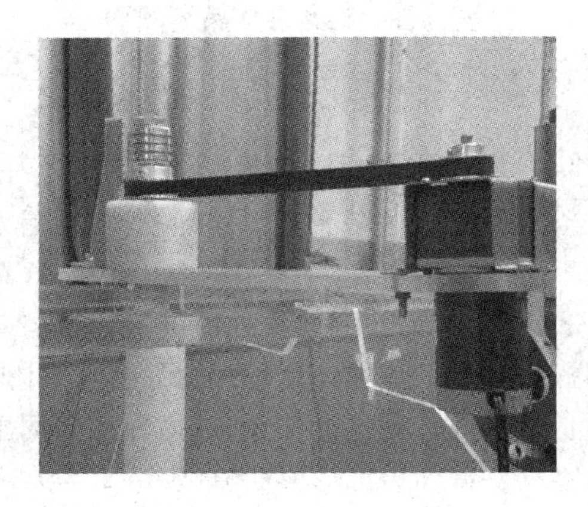

图 4-9-3　实验模型

头与片光保持平行，沿流向分 8 个不同位置分别对流场粒子图像进行记录，第一个位置与所测截面圆柱前端相切，然后通过滑轨将探头模型移动 45 mm 到下一个位置测量。每个位置所记录的粒子图像的视野范围为 73 mm × 55 mm。

三、实验参数与实验条件

(1)流速及转速的选择。通过水槽的速度阀门调节得到五个不同的流速，分别为 0. 14 m/s、0. 19 m/s、0. 27 m/s、0. 30 m/s、0. 34 m/s，相应的跨帧时间分别为 4 ms、3 ms、2. 3 ms、1. 8 ms、1. 6 ms。通过调速器调节探头转速，分别选择 5 r/s、7. 5 r/s、10 r/s、12. 5 r/s。

(2)查询窗口大小。图像数据处理时均采用查询窗口大小为 32 × 32 像素，重叠率为 50%，得到速度矢量为 79 × 203 个。

(3)图像采集系统采用 PIV 模式，激光频率为 50 Hz，曝光时间为 1 ms。

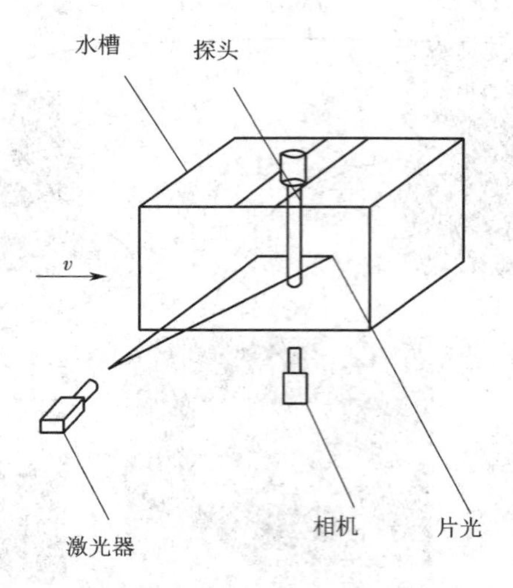

图 4-9-4 实验装置布置示意图

(4)对每个位置进行测量时,采集 1 000 对图像,使用 MicroVecV3. 2. 1 软件进行图像平均运算得到平均流场,然后利用 Tecplot 软件绘制平均速度云图、流线图及涡量图。

四、实验结果及分析

1. 时间平均下 XCP 探头流场显示结果

在图 4-9-5 中,XCP 探头静止时,均匀来流经过探头后,左右流场基本对称,探头后发生分离形成尾部涡流区,并向下游发展。

由图 4-9-6 知,在同一雷诺数、不同转速比下,XCP 探头某一截面的周围流场趋势基本一致。探头逆时针旋转,带动周围流体旋转,使得探头一侧的流体速度增加,另一侧流体速度减小。探头尾流的旋涡结构沿探头旋转方向发生偏移。由于黏性的作用,流体在探头周围发生了分离。而当探头静止时,分离发生在迎风面,在探头截面后部形成回流区,由图 4-9-5 可知,回流区速度较低,由伯努利定律可知,此处压力较大,而左右两侧速度对称,故只有探头截面上下存在压力作用;当探头旋转时,由图 4-9-6 可知,分离发生在探头截面左下方,此处出现回流区,流体对探头有侧向力作用,随旋转速度比 a 增加,与回流区对应的区域流线越来越密集,速度增大,相应的压力减小,故侧向力越来越大。

2. 不同雷诺数对 XCP 探头流场影响

不同雷诺数下探头水平截面平均流场的涡量图如图 4-9-7 所示,涡量集中分布于探头周围,回流区涡量为负值,与回流区对应的探头另一侧涡量为正值,随着雷诺数的增大,涡量值越来越大。而远离探头的涡量值相对于探头两侧较小,说明在探头周围流体对其的作用强度较大。在不同海流层,流体的雷诺数是不同的,故流体对探头的作用力也是不同的。

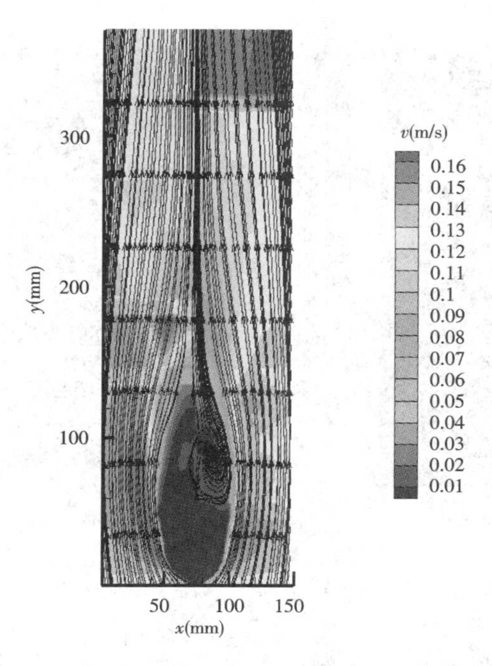

图 4-9-5　$Re=3\ 960$,XCP 探头静止时的周围流场

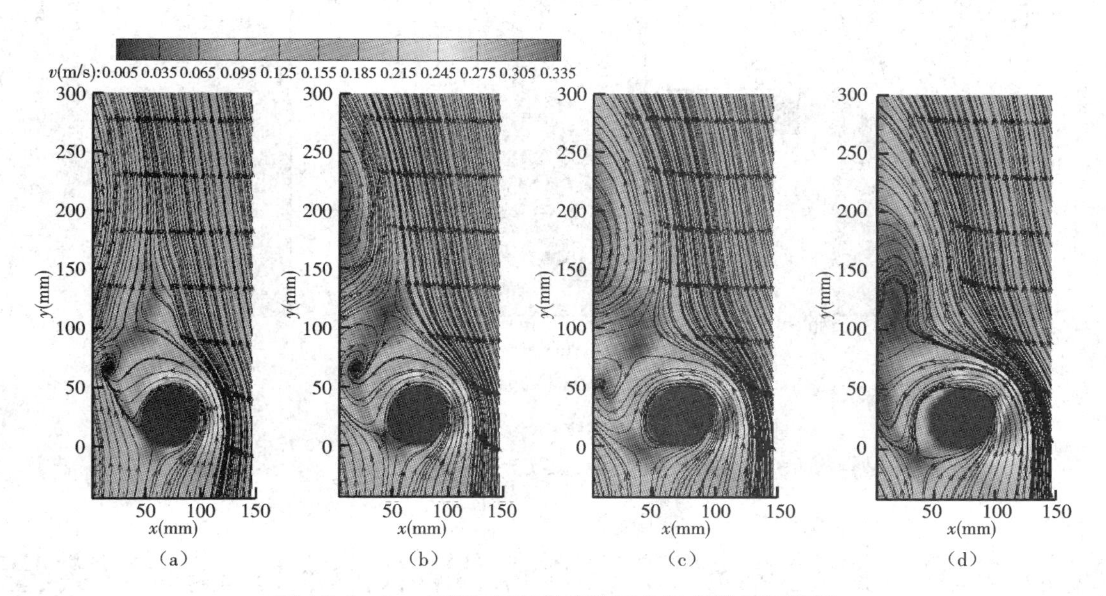

图 4-9-6　$Re=3\ 960$,不同转速比下 XCP 探头周围流场

(a)$a=5.6$　(b)$a=8.4$　(c)$a=11.2$　(d)$a=14.0$

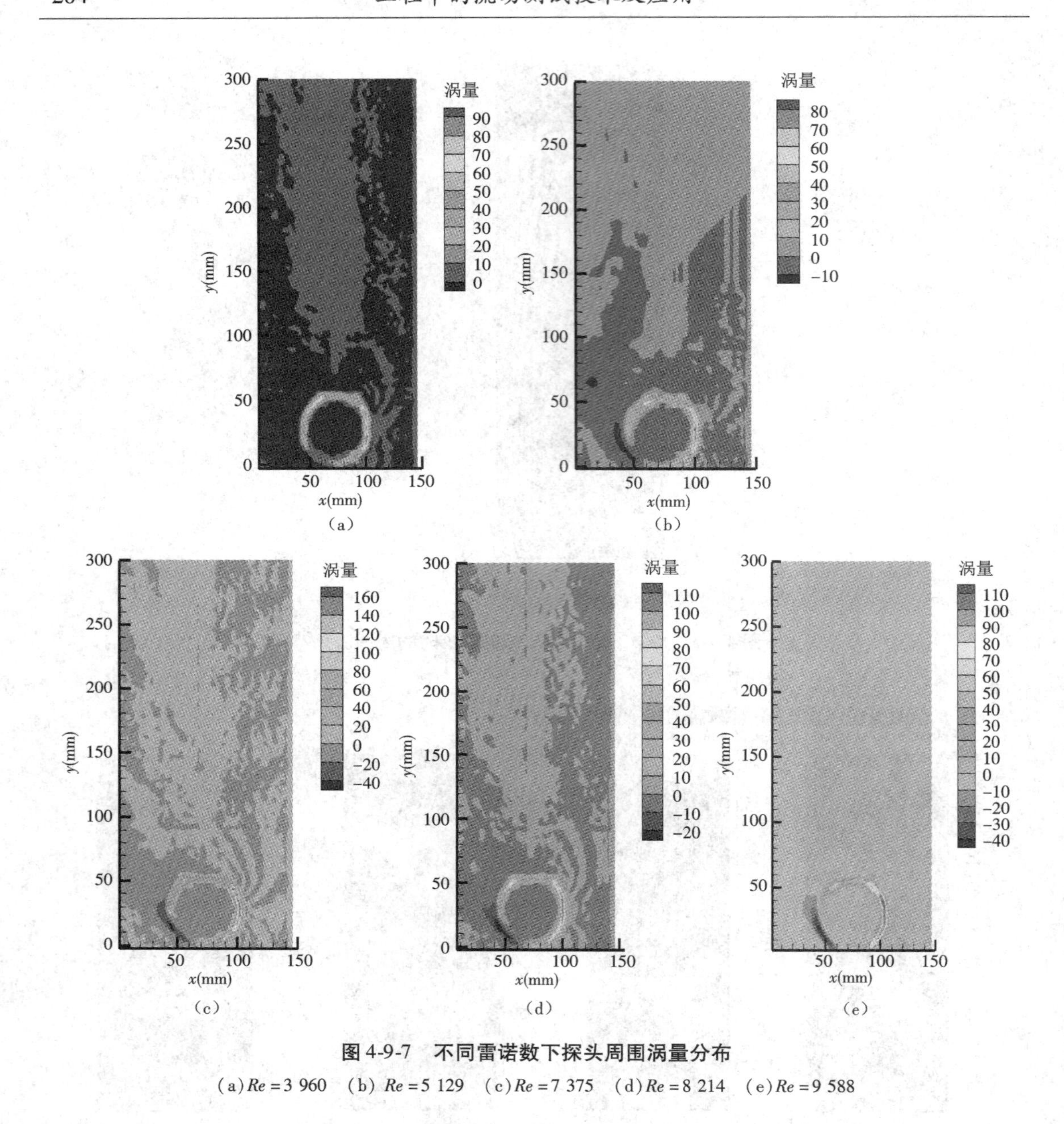

图 4-9-7 不同雷诺数下探头周围涡量分布

(a) $Re=3\ 960$ (b) $Re=5\ 129$ (c) $Re=7\ 375$ (d) $Re=8\ 214$ (e) $Re=9\ 588$

实验 4-10 圆管内楔形节流件周围流场的 TRPIV 实验

一、工程背景介绍

楔形流量传感器的主要结构特点是节流件为三角形纵剖面的楔形件，这种形状的节流件比孔板等节流件更有利于颗粒状流体流动，特别是使有悬浮物的流体顺利通过节流件。楔形流量传感器适用于测量高黏度流体及悬浮液的流量，在石油、化工、电力和污水处理等领域有较广泛的应用，尤其是在原油、重油及悬浮液的流量测量方面有其独特的优势。研究楔形节流件周围流场随雷诺数的变化规律，可以为楔形流量传感器的优化设计提供重要的依据。

二、实验目的

本实验应用高时间分辨率粒子图像测速技术（TRPIV），在雷诺数 $Re = 2 \times 10^4 \sim 1.6 \times 10^5$（对应流速为 0.2 ~ 1.6 m/s）的 4 种工况下，楔形前后夹角分别为 30°和 45°、45°和 45°、60°和 45°、45°和 30°以及 45°和 60°共 5 种圆管内楔形节流件绕流进行实验观测。

三、实验装置及测量技术

1. 实验装置

本实验装置为水流量循环装置，如图 4-10-1 所示。循环管道为内径 $D = 100$ mm 的圆管，由于观测段为圆管，需要在观测段圆管外加装方形水套用以克服光线折射的问题。水流量循环装置使用 ISG 100 – 160 型水泵（电机功率 15 kW，扬程 32 m，额定流量 100 m^3/h）将回水箱的循环水抽送到循环管道高度，通过阀门调节流量，经过 LD – 502 型电磁流量计进入管道，流经两个 90°弯头后进入直管管道，方形水套前直管长 50D，后直管长 5D，保证方形水套的进口和出口流动均已充分发展。

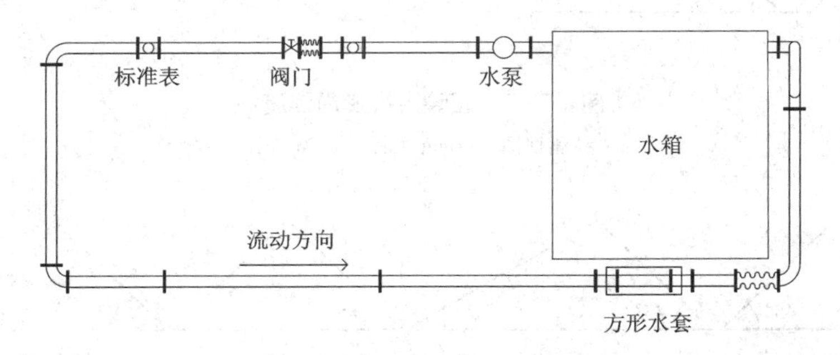

图 4-10-1　水流量循环装置

方形水套如图 4-10-2 所示，方形水套是一个方形盒，长 700 mm，宽、高均为 260 mm。方形水套前后装配两段不锈钢短圆管，圆管与观测段通过法兰连接。圆管与方形水套前后端面间用 Y 形圈密封，并用卡环夹紧。方形水套侧面为玻璃，待观测段为有机玻璃圆管，圆管内水平放置高度 $Z = 30$ mm 的楔形阻挡体，实验中激光片光源由上方向下照射，所以楔形水平放置在圆管底部。

实验对象为 5 种楔形截面。如图 4-10-3 所示，侧视图中流动方向从左向右，图中流通高度 $H = 70$ mm，α 为前夹角，即楔形迎流面与底边的夹角，β 为后夹角，即楔形背流面与底边的夹角。

5 种楔形体截面如图 4-10-4 所示。图 4-10-4（a）和图 4-10-4（e）实现了对前夹角为 30°和 60°，后夹角为 45°的楔形绕流流场的观测。

2. 测量显示技术

实验使用北京立方天地 TRPIV 系统对流向 – 法向瞬时速度场进行测量，该系统由激光片

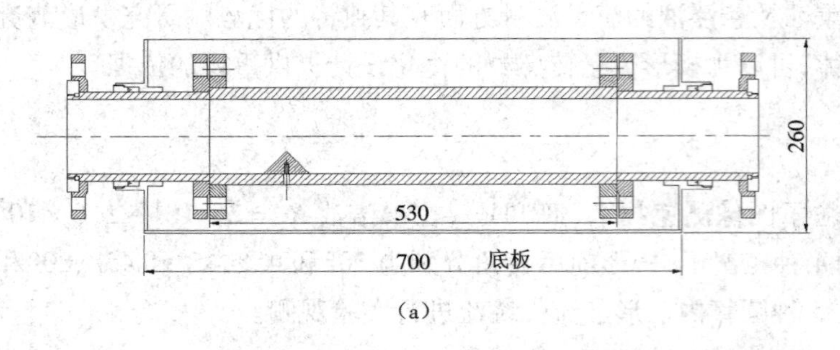

(a)

(b)

图 4-10-2 方形水套结构

(a)加工图 (b)实物

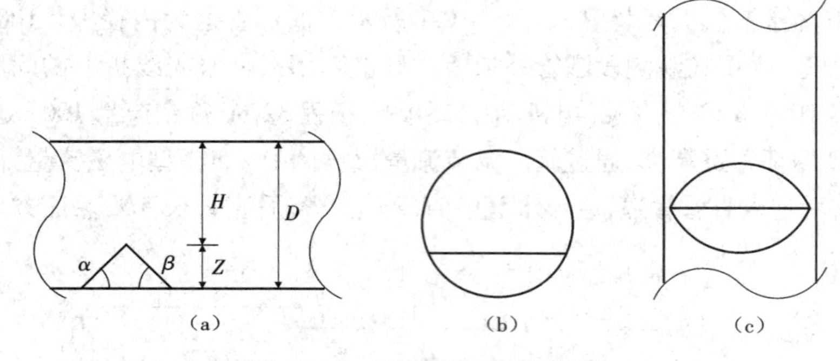

(a) (b) (c)

图 4-10-3 圆管内楔形周围流场

(a)侧视图 (b)正视图 (c)俯视图

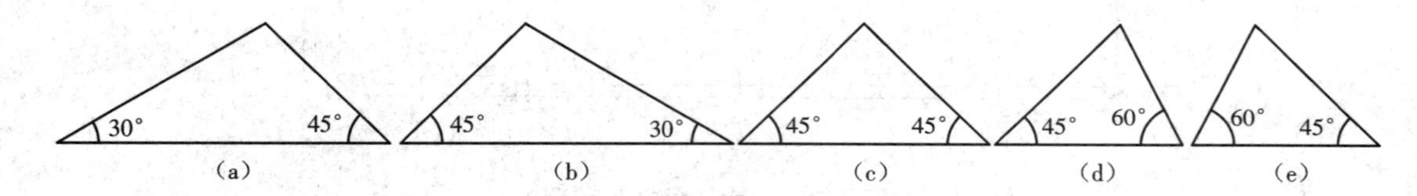

(a) (b) (c) (d) (e)

图 4-10-4 楔形体截面

光源、柯达 KAI－0340 行间转移 CCD 高速相机、同步控制器、图像采集卡和计算机组成。激光发生器(功率 1 500 mW)产生连续或脉冲激光,激光片光源从方形水套上方沿流向－法向照亮流场,片光厚度为 1 mm,光平面与圆管轴线平行,在流场中散布粒径为 10 μm 的空心玻璃微珠作为示踪粒子。测量区域根据实验需要确定。凭借水平和垂直两个标尺使相机在水平和垂直两个方向上保持直线移动而不发生较大偏移,CCD 相机从方形水套侧面记录粒子图像,镜头的分辨率为 640×480 像素,拍摄速度为 20 帧/s,每个图像拍摄 500 个时间样本,测量时间为 25 s。跨帧时间依流速而定,图像的可视范围为 74. 15 mm×52. 54 mm(流向×法向)。对原始粒子图像进行处理时,选择的查询窗口为 32×32 像素,迭代步长为 16 像素,最终在所测的二维平面内得到 35×27 个流速信息。

四、实验结果及分析

在0.4 m/s工况下，对过圆管轴线垂面的楔形全流场进行TRPIV观测。流场被分为8部分(图4-10-5)，通过后期处理，将8幅时间平均流场处理结果拼接在一起，能够得到楔形流场区域的全流场时均速度信息。8幅流场处理结果拼合成的全流场为243.31 mm×100.00 mm，能够覆盖楔形下游的全部回流区。在0.2 m/s、0.8 m/s和1.6 m/s工况下，仅对图像⑦进行观测，得到再附着位置，并根据标尺信息得到回流区长度 X_r 以及回流区归一化长度 X_r/Z。

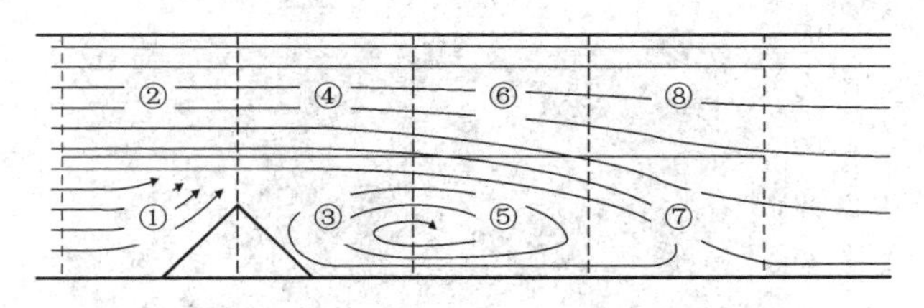

图4-10-5 流场TRPIV观测分区

雷诺数 Re 定义为 $Re=U_0D/\nu$，其中 D 为圆管内径，取为特征长度；U_0 为观测段入口平均速度；ν 为水的运动黏度系数。

在充分发展圆管流动中，法向速度很小，而在绕流流动中，受楔形挤压以及楔形后部回流的影响，会存在很明显的法向速度分布。5种楔形流场在0.4 m/s工况下的全流场法向速度云图和流线如图4-10-6所示，图中的原点为楔形顶点到底边的投影。从图中可以看出，流体流经楔形时，受楔形迎流面挤压而向楔形上方流动，且在楔形下游一定位置处才在楔形上方流动的影响下与原流向重合。在这5种楔形流场中，楔形迎流面都有受迎流面挤压形成的向上的法向速度，楔形下游存在顺时针回流，在回流左侧，也就是楔形背流面，有向上的法向速度，在回流右侧，也就是云图右侧，有向下的法向速度。

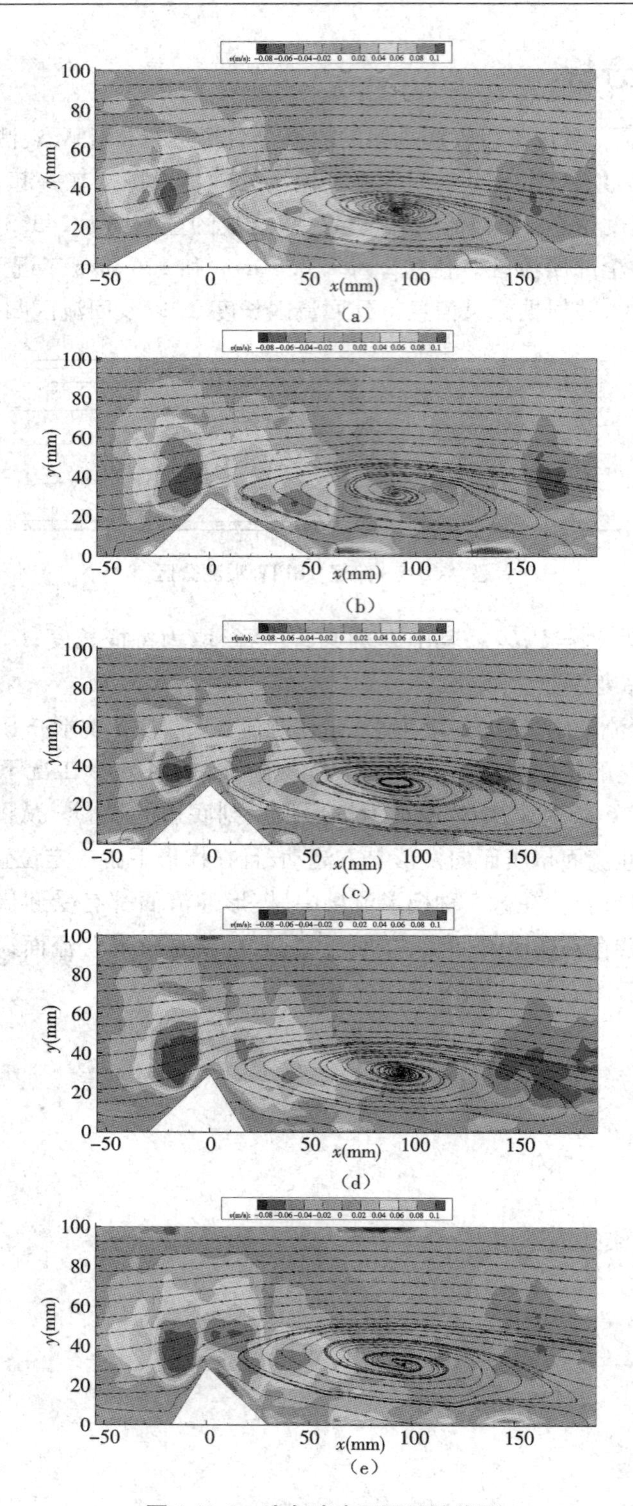

图 4-10-6 法向速度云图及流线图

(a)前 30°、后 45°楔形流场 (b)前 45°、后 30°楔形流场 (c)前 45°、后 45°楔形流场
(d)前 45°、后 60°楔形流场 (e)前 60°、后 45°楔形流场

实验 4-11　加齿被动控制射流增强混合的流动显示

一、工程背景介绍

非圆形出口射流控制是进行射流被动控制的有效技术。不用付出太大的代价，仅靠改变射流出口的几何形状就可以显著改善以射流为核心的系统的工作状况。非圆形射流的应用包括在流动中促进大尺度涡结构的破碎，增强不同组分流体的混合，加快动量、质量和能量的传递，提高燃烧器的工作效率，提高化学反应进度，加速污染物扩散和有害物质的排放，控制灾害和重大事故发生，其他方面的应用还包括降低潜艇发动机噪声，消除喷气发动机热辐射，提高飞机隐身性能和推力矢量的控制。在钻井过程中，在钻头上合理配置多个非对称加齿出口的高压泥浆射流，利用产生的非对称压力和剪切力可以有效提高钻井的速度和效率。

被动控制的方法是通过改变射流出口的形状，来改变射流的发展方向，增强射流与环境流体的混合。控制多尺度涡结构的产生可以通过增加不同扰动的方法达到，包括使用波纹状、叶状或锯齿状的出口，旋涡发生器，或其他形状的出口。早期对于带角出口的研究集中在三角形射流和方形射流的平均流场上。后来对非圆带角出口的射流研究表明，尖角通过非对称的平均速度分布和压力分布向流动中引入很强的不稳定模式。出口处的尖角比出口较平的一侧可以显著使湍流微结构增长和提高卷吸混合。小尺度结构只在尖角处发生，大尺度结构在平边产生。

二、实验设备和实验技术

由于激光的亮度高、方向性好，所以可以用作流动显示的光源，得到的流动图像清晰度高。而流场显示和测量经常需要在某个特殊截面上进行，如对流场中的涡和湍流量的观察，这就需要照明光源呈薄平片状。如果在激光器输出端加上片光源，激光束就可以透过这个柱形透镜而改变激光束的形状，成为一个平面内的光束，这样的平面光照在流场中近似代表一个平面上的空间流场运动状态。

为了增强显示效果，需要在流场中投放适当的示踪粒子，粒子的大小和浓度要达到观察或拍摄所需的散射光强度，并且粒子能够跟踪当地流场的流动速度，这样用高速摄像机或数字式 CCD 可以拍摄到一定时间段内某流场平面内的流动状态。如舞台发烟机能够产生大量的烟雾微粒，这些粒子的大小比较均匀，浓度也很高，在激光束照射下，使流动图像能够满足观察和分析的要求，同时微粒质量较轻，从风洞出口喷出后能够代表当地的流速，形成一个典型的射流场。所以，将激光片光源和发烟机结合起来，完全可以实现对典型射流场的流动显示，对射流的径向和轴向截面进行观察或记录。

在本实验中采用 VEB 型小型吹入式直流射流风洞作为湍射流的发生装置，如图 4-11-1 所示。该射流风洞由轴流风扇动力系统、前直管段、两级收缩段以及直管喷口等几部分组成。其喷口直径 $d = 80$ mm，出口流速在 0 ~ 30 m/s 连续可调。

本实验所用的喷嘴包括大尺寸小突片和小尺寸小突片两类。大尺寸小突片为底边 $W =$

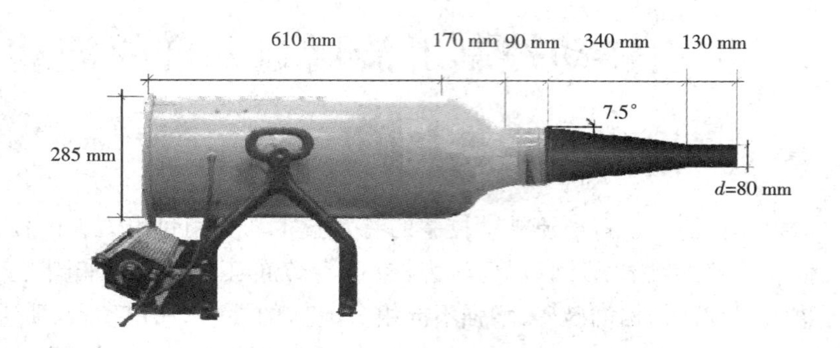

图 4-11-1 VEB 型小型吹入式直流射流风洞

0.28d,顶角 $\theta=90°$的三角形,单个小突片与圆射流出口截面的面积堵塞比为 5.45%。该小突片尺寸是在圆射流条件下比较得出的一种优化结构。实验中分别测量了喷口周向均匀加装 2 个、4 个、6 个以及 8 个小突片的射流流场,具体尺寸及坐标设定如图 4-11-2 所示。

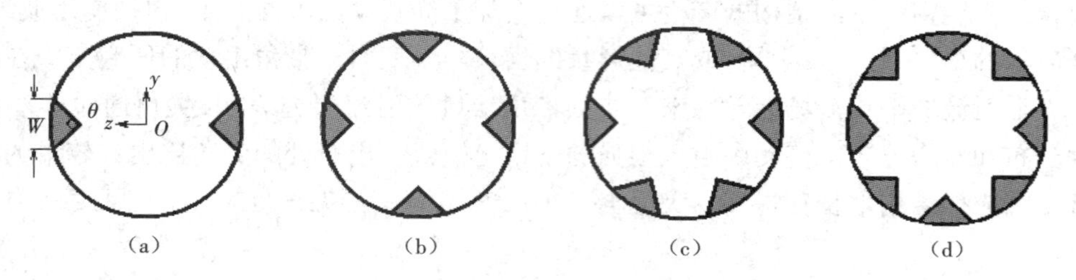

图 4-11-2 加装大尺寸小突片射流喷口($W=0.28d,\theta=90°$)

(a)2 个小突片 (b)4 个小突片 (c)6 个小突片 (d)8 个小突片

此外,为了研究小突片数目对流场的影响,实验中还设计了小尺寸小突片。按照最多加装 32 个小突片的要求,小尺寸小突片选取底边 $W=0.0875d=7$ mm,高 $H=10$ mm。单个小突片与圆射流出口截面的面积堵塞比为 0.314%。实验中喷口加装小尺寸小突片个数分别为 4 个、8 个、16 个以及 32 个。小突片尺寸及坐标选取如图 4-11-3 所示。

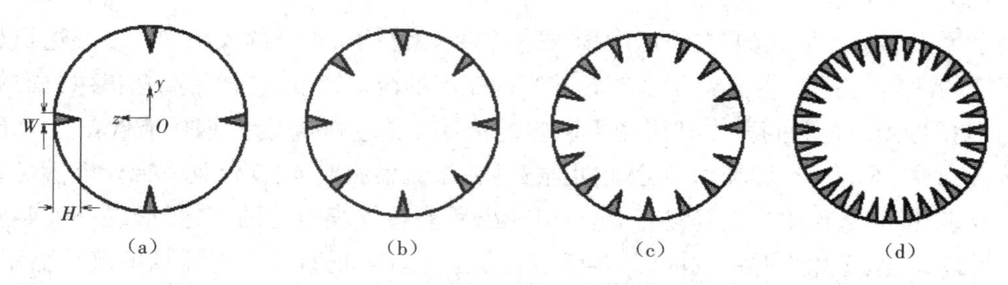

图 4-11-3 加装小尺寸小突片射流喷口($W=0.0875d,H=0.125d$)

(a)4 个小突片 (b)8 个小突片 (c)16 个小突片 (d)32 个小突片

实验中小突片喷口是由不锈钢板通过线切割机加工而成的。加工精度为 1‰mm 量级。不锈钢喷口与有机玻璃管黏合,如图 4-11-4 所示。喷口另一端通过螺纹与射流风洞的出口相连。这样每次可以通过安装不同的小突片喷口来改变流场。

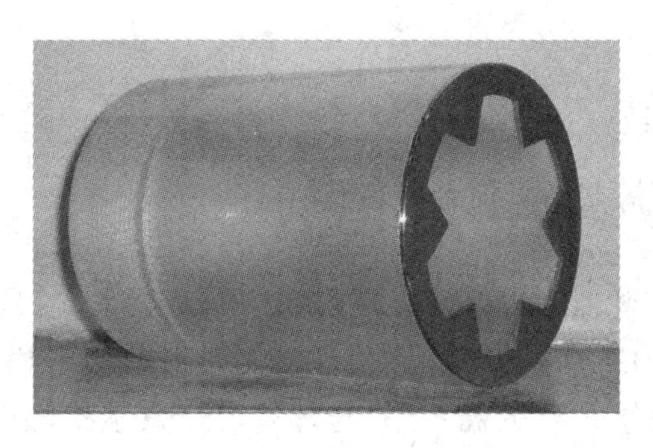

图 4-11-4　加装小突片射流喷口

三、实验步骤

(1)连接实验装置,将发烟油注入发烟机油箱,将发烟机出口与射流风洞吸气口相连,将圆形喷嘴固定在风洞出口上,将片光源固定在激光器出口上,将激光器固定在三维坐标架上。

(2)检查风洞电源开关、发烟机电源开关、激光器电源开关是否均处于断开位置,接通风洞电源、发烟机电源、激光器电源使发烟机预热,直到发烟机指示灯从红灯变为绿灯,表示发烟机预热完毕。

(3)试启动发烟机一次,根据烟雾扩散速度调整射流风洞的风速和片光源的角度,直到能够清楚显示出如图 4-11-5 所示的流动横截面。

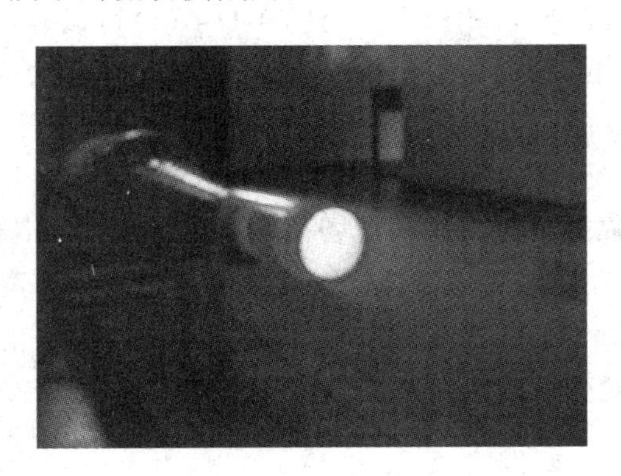

图 4-11-5　层流状态的圆出口自由射流横截面瞬态流动结构

(4)调整坐标架使片光源处于射流不同的流动横截面位置,拍摄圆出口自由射流不同横截面从层流、扰动失稳、转捩到发展为湍流的流动图像。

(5)调整坐标架使片光源处于射流不同的纵剖面位置,拍摄圆出口自由射流不同纵剖面从层流、扰动失稳、转捩到发展为湍流的流动图像。

(6)更换其他不同加齿喷嘴,重复步骤(4)、(5)的过程,研究不同数目和形状加齿对射流瞬态流动结构的发展、演化及射流从层流、扰动失稳、转捩到发展为湍流过程的影响,如图 4-11-6 所示。

(7)结束实验,关闭发烟机、激光器和加湿器电源,整理仪器设备。

(8)处理拍摄图像,编写实验报告。

四、实验结果与分析

不同数目小突片射流横截面平均流场的显示。

1. 全流场显示

图 4-11-6 为圆射流和各种小突片射流在不同流向位置上横截面的平均流场流动显示情况。由图中可以看到,$x=0.5d$ 以内的圆射流流场具有十分规则均匀的圆形流场。在 $x=1d$ 时,流场开始失稳,流场边缘开始失稳变形,与环境流体发生掺混。由于射流出口为壁厚 10 mm 的有机玻璃,此时流场在原有的圆形流场外面形成了相应的环形区域。

2 个(大尺寸)小突片射流流场,当 $x \leqslant 0.2d$ 时流场具有清晰的边界。小突片位置的流场出现了内凹现象。当流向位置到达 $0.5d$ 时流场边界开始模糊,与环境流体发生掺混。到达 $1d$ 时掺混现象更加明显,但此时流场仍保持“工”字形状。此外,$1d$ 流向位置流场在圆弧边(B—B 截面)的影响范围远远大于在相对小突片(A—A)截面的影响范围。

对于 4、6、8 个(大尺寸)小突片流场,加装小突片个数不同,使得流场的形状相应不同。由于小突片数目的增多,在 $x=0.2d$ 时流场边界已经开始不清晰。而小突片最多的 8 个小突片射流在 $1d$ 的流向位置已经不再保持原来的流场形状。射流流体与环境流体充分混合,但由于小突片密度较高,堵塞比大,因此对流场的影响范围比其他大尺寸小突片小。

图 4-11-6(f)至(i)为小尺寸小突片射流的横截面流动显示结果。与大尺寸小突片射流相同,流场形状与加装小突片的数目相对应。由图 4-11-6(f)可以看出,在 $0.5d$ 流向位置,4 个(小尺寸)小突片流场开始出现流体掺混,而横截面形状逐渐向正方形发展。其他小尺寸小突片射流同样在距出口 $0.5d$ 的位置与环境流体发生掺混。

综合比较圆射流和各种小突片射流,可以发现,对于加装小突片较少的射流,流场边界开始模糊的情况出现较晚(靠近下游),说明流场和环境流体发生掺混现象较晚。随着向下游发展,流场范围逐渐扩大,说明更多环境流体被卷吸到流场中。当小突片密度达到一定程度后,如 8 个大尺寸小突片和 32 个小尺寸小突片,虽然小突片的增多提前了流场流体混合,但由于堵塞比增大,射流出口有效直径减小,使得流场的影响范围明显减小。在 $x=1d$ 时,流场分布区域小于其他射流。

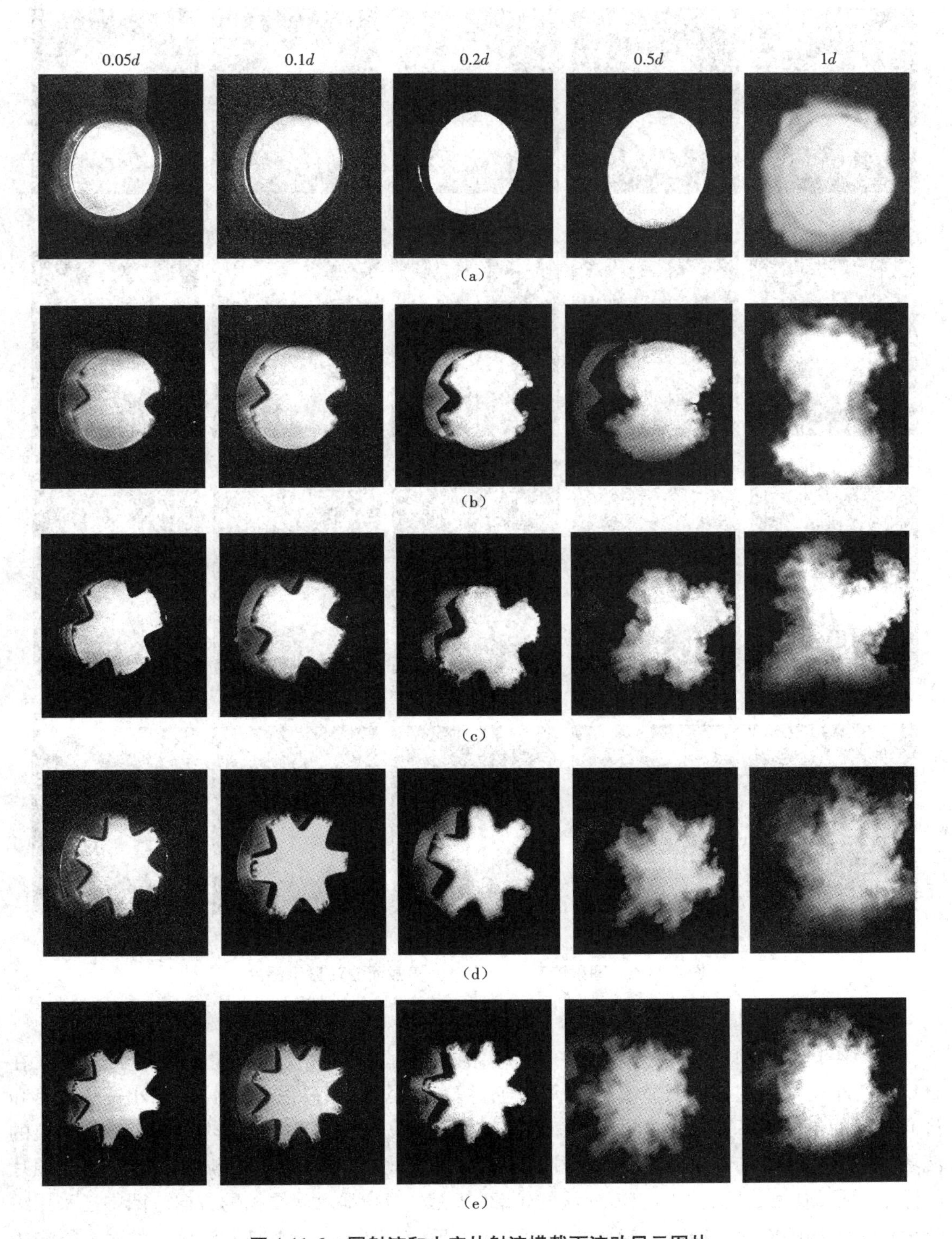

图 4-11-6　圆射流和小突片射流横截面流动显示图片

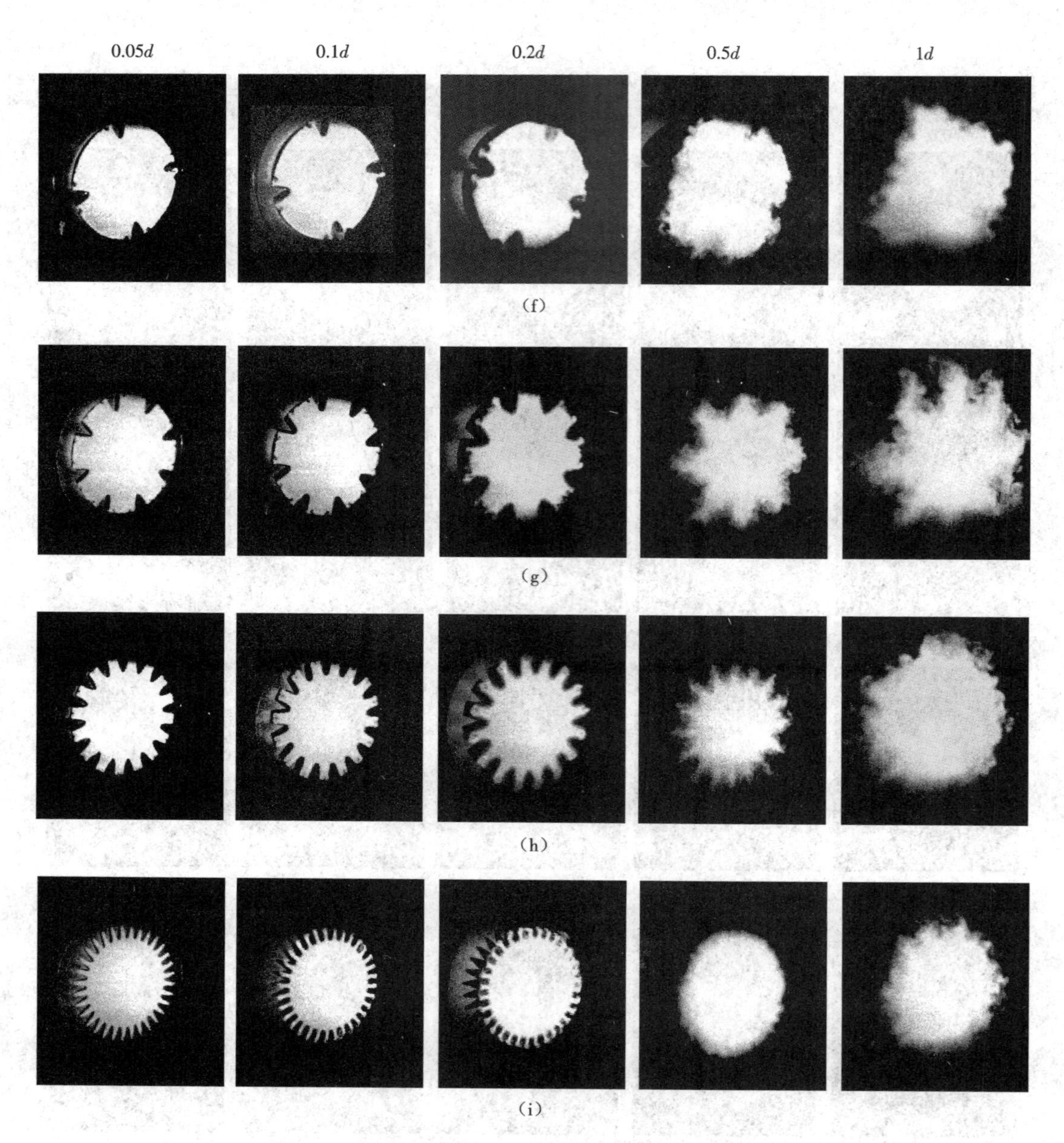

图 4-11-6 圆射流和小突片射流横截面流动显示图片

2. 流向涡结构显示

在图 4-11-7 中可以清楚地看到各种射流流场在不同流向位置的形状。同时可以看到,在出口附近小突片周围存在明显的流向涡结构,并且流向涡结构根据小突片尺寸、小突片数目和流向位置的不同而不同。为了更好地分析小突片对流场流向涡结构的影响,本实验将拍摄的流场的横截面图片局部放大。图中标注出小突片的大小、个数和截面的流向位置。由于照片的像素所限,放大后只能显示出流向涡的轮廓,却无法清晰显示涡结构的方向。图中还采用线条标识出了涡的方向。逆时针旋转的涡量方向为正,与流向 x 一致;顺时针旋转的涡量方向为负,与流向 x 相反。

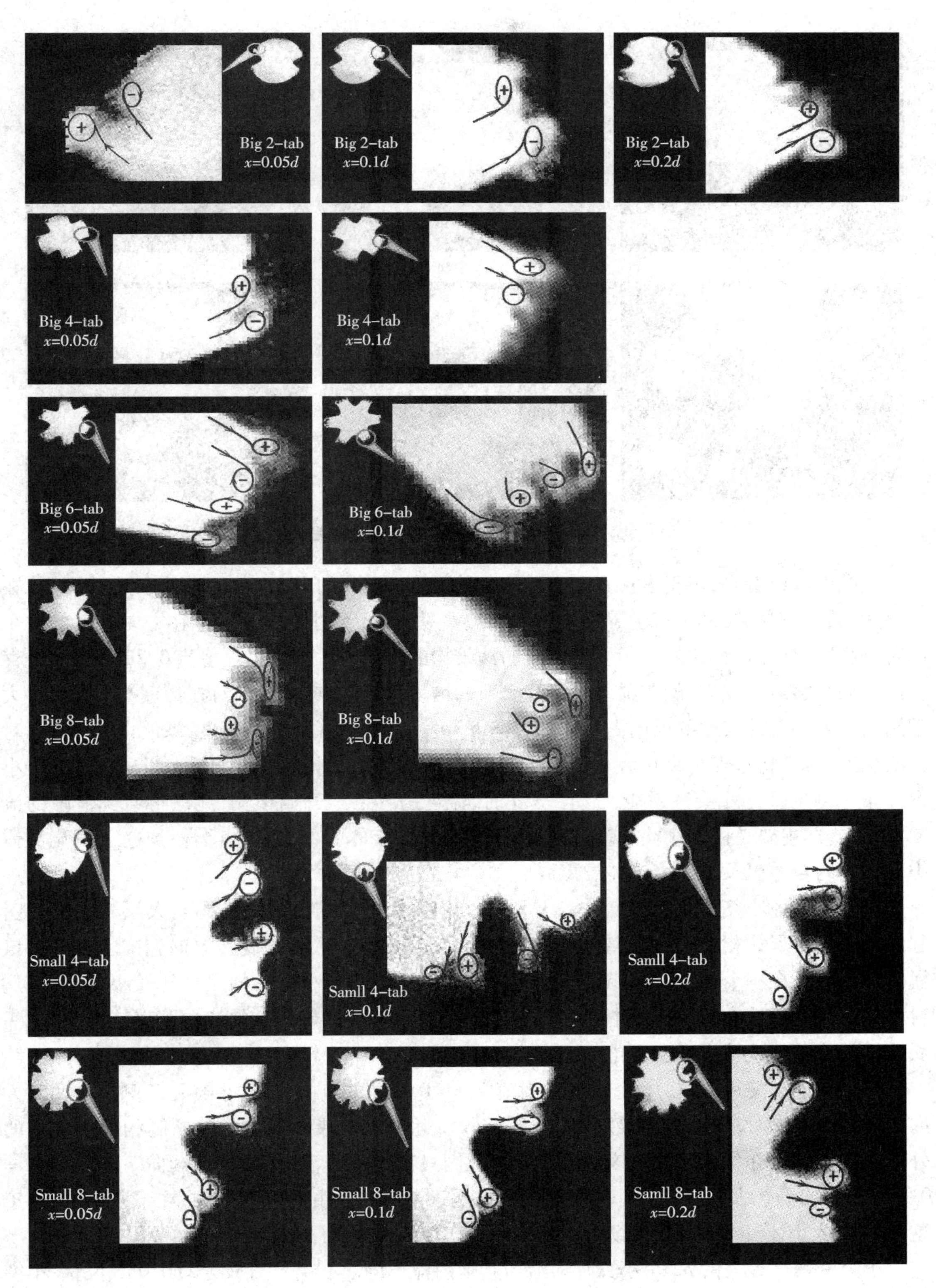

图 4-11-7　小突片射流横截面流向涡结构

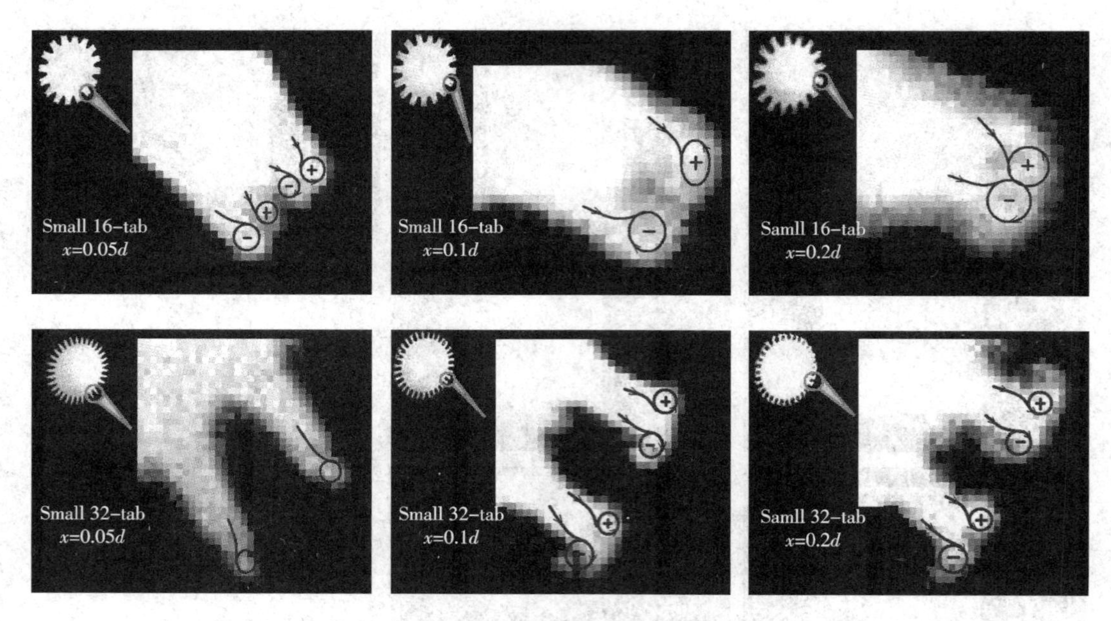

图 4-11-7 小突片射流横截面流向涡结构

从图中可以看到,对于大尺寸小突片的各种射流,距出口 0. 05d 和 0. 1d 的流向位置处,在小突片与圆出口相交部位产生了卷向小突片的涡对,在该涡对的外侧还存在方向相反的一个涡对,涡的旋转轨迹如曲线所示。这种流向涡结构的形式在 2 个小突片射流 0. 2d 处也同样存在。仔细观察可以发现,随着加装小突片个数的增多,靠近小突片的涡对在物理空间上明显大于周向上离小突片较远的反向涡对。随着向下游发展,这种区别更加明显,靠近小突片的涡对逐渐扩大,具有将远离小突片涡对包裹住的趋势。其中,8 个小突片流场最为明显。与 2 个小突片相比,4、6、8 个小突片射流在 $x=0.2d$ 时,流场边界已经开始模糊,无法再看到清晰的流向涡结构,这主要是由于小突片增多后,小突片对流场流体的作用发生耦合,加速了射流流体中涡结构的合并以及与环境流体的掺混。

对于小尺寸小突片射流:4 个小突片和 8 个小突片产生的流向涡结构与大尺寸小突片引起的流向涡对形式相似。在小突片根部存在一个流向涡对,且涡的旋转方向朝向小突片。该涡对外面还存在一个与之方向相反的流向涡对。但可能由于小突片的尺寸比较小的原因,这对涡并不像大尺寸小突片流场中的那样明显。在 $x=(0.05\sim0.2)d$ 的流向距离范围内,这一涡结构的分布形式基本没有变化。

与 4、8 个小突片不同,16 个小突片射流在 $x=0.05d$ 的流向位置,小突片两侧存在两对方向相反的流向涡对;随着向下游发展,$x=0.1d$ 时,远离小突片的涡结构与该侧相邻小突片的外侧涡结构相合并、抵消,因此该位置小突片两侧只存在一个流向涡对;继续向下游发展. $x=0.2d$ 时,流向涡扩大并且和相邻小突片的流向涡逐渐靠拢。由此可以推测,在下游位置,由于这对涡的靠近、合并和抵消,流场中由小突片所产生的流向涡结构将不再存在。

小突片密度最大的 32 个小突片射流与其他射流不同。在离出口最近的 0. 05d 位置,小突片根部产生的流向涡由于尺寸很小,无法通过摄影判断涡结构的方向。向下游发展一段距离,距出口 0.1d、0.2d 处，流场范围有所增大，在小突片根部可以看到一对卷向小突片的流向涡对，但仍然是由于加装小突片个数多，流场中不存在远离小突片的反向涡对。

五、问题讨论与思考

（1）拍摄曝光时间和曝光量与哪些因素有关？如何设置曝光时间、曝光量和拍摄模式，才能够得到最佳效果的图像？

（2）如何获得出口加齿尖角处三维涡结构的最佳观测效果？

（3）不同数目和形状加齿对射流从层流、扰动失稳、转捩到发展为湍流过程有何影响？

六、综合研究型课题

旋拧喷嘴射流增强混合的流动显示研究。

实验 4-12　加齿被动控制射流增强混合的热线测量

一、实验目的

采用热线测量实验技术，对比圆形出口与加齿圆形出口射流流场及瞬态流动结构发展、演化的特征，开展 2、4、6、8、16、32 不同数目和形状加齿对射流瞬态流动结构的发展、演化影响的实验研究。

二、实验仪器和设备

（1）低速射流风洞。

（2）圆形出口与加齿圆形出口射流喷嘴。

（3）IFA－300 型热线风速仪。

（4）TSI1210－T1.5 型一维热线探针，TSI1240－T1.5 型二维热线探针。

（5）三维步进电机控制坐标架。

（6）计算机。

（7）Thermalpro 热线信号分析处理软件。

三、实验装置

采用实验 4-11 所用 VEB 型小型吹入式直流射流风洞（图 4-11-1）作为湍射流的发生装置。实验所用的喷嘴包括大尺寸小突片和小尺寸小突片两类，具体尺寸及坐标设定如图 4-11-2和图 4-11-3 所示。

四、实验步骤

（1）连接实验装置，将圆形喷嘴固定在风洞出口上，将热线探针支杆插入保护套内，将标定好的热线探针固定在探针支杆上，将热线探针支杆固定在三维坐标架上。

(2)将热线探针专用电缆一端与热线探针支杆连接,另一端与热线风速仪连接,用通信电缆将热线风速仪与计算机 Com1 通信口连接,热线风速仪输出电缆与计算机数据采集卡(A/D卡)连接,用通信电缆将三维步进电机坐标架控制器与计算机 Com2 通信口连接。

(3)检查风洞电源开关、热线风速仪电源开关、步进电机坐标架控制器电源开关、计算机电源开关是否均处于断开位置,接通风洞电源、热线风速仪电源、步进电机坐标架控制器电源、计算机电源,调整坐标架,使探针到达第一个测量点位置,调节风洞至所需要的风速。

(4)启动热线风速仪测速软件,调入测量点空间位置坐标文件,调入热线探针文件,调入三维步进电机坐标架驱动程序,逐点开始测量。

(5)更换其他不同加齿喷嘴,重复步骤(3)、(4)的过程。

(6)结束实验,关闭热线风速仪测速软件,将风洞调至最低风速,关闭风洞电源、热线风速仪电源、步进电机坐标架控制器电源,卸下热线探针放入探针盒中,将热线探针支杆插入保护套内,整理仪器设备。

(7)处理实验数据,描绘平均流场图,编写实验报告。

五、实验结果与讨论

为了比较不同数目大尺寸小突片对平均流场的影响以及强化射流混合的效果,大尺寸小突片数目分别为 2 个、4 个、6 个以及 8 个。选用的射流出口中心线流向速度相同,均为 5 m/s,比较基准为圆出口射流流场。

在平均流场的测量中,测量截面的选取方法如下:*A*—*A* 截面为通过小突片齿尖和喷口截面圆心的直线与射流轴线所确定的纵截面;*B*—*B* 截面为过两相邻小突片的中点和喷管出口截面圆心的直线与射流轴线所确定的纵截面。具体截面选取如图 4-12-1 所示。

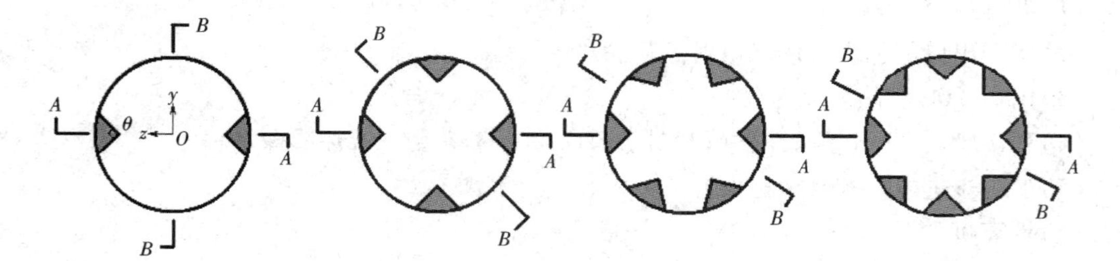

图 4-12-1 大尺寸小突片平均流场测量截面选取

用双丝探针测量得到的圆射流和各种大尺寸小突片射流不同流向位置的平均流向速度剖面。图 4-12-2 中横坐标表示径向位置;纵坐标表示无量纲流向速度,其中 U_0 为该截面射流中心线上的流向速度。左列为经过相对小突片齿尖 *A*—*A* 截面的速度剖面,右列为经过相对圆弧中点 *B*—*B* 截面的速度剖面。

从图中可以看到,小突片射流的流向速度分布与圆射流明显不同。在 *A*—*A* 截面上,圆射流的平均速度剖面比小突片射流的平均速度剖面饱满,加装小突片使得 *A*—*A* 截面上的流场宽度缩小。此外,小突片的存在还改变了射流速度剖面的形状。加装小突片后,近场($x < 0.2d$)范围内最大流向速度不在射流的中心线上,而是在 $z = \pm 25$ mm 左右、接近小突片齿尖

的位置。随着径向位置向外,流速先是急剧减小,在小突片齿尖位置($z = \pm 27.2$ mm)达到最小值,后又有所增大,直至到达流场边界外,流向速度逐渐减小为零。当 $x > 0.2d$ 以后,这种速度剖面形状的改变逐渐减小。到达 $x = 5d$ 后,各种小突片射流流场平均速度分布已与圆射流流场平均速度分布趋于一致。

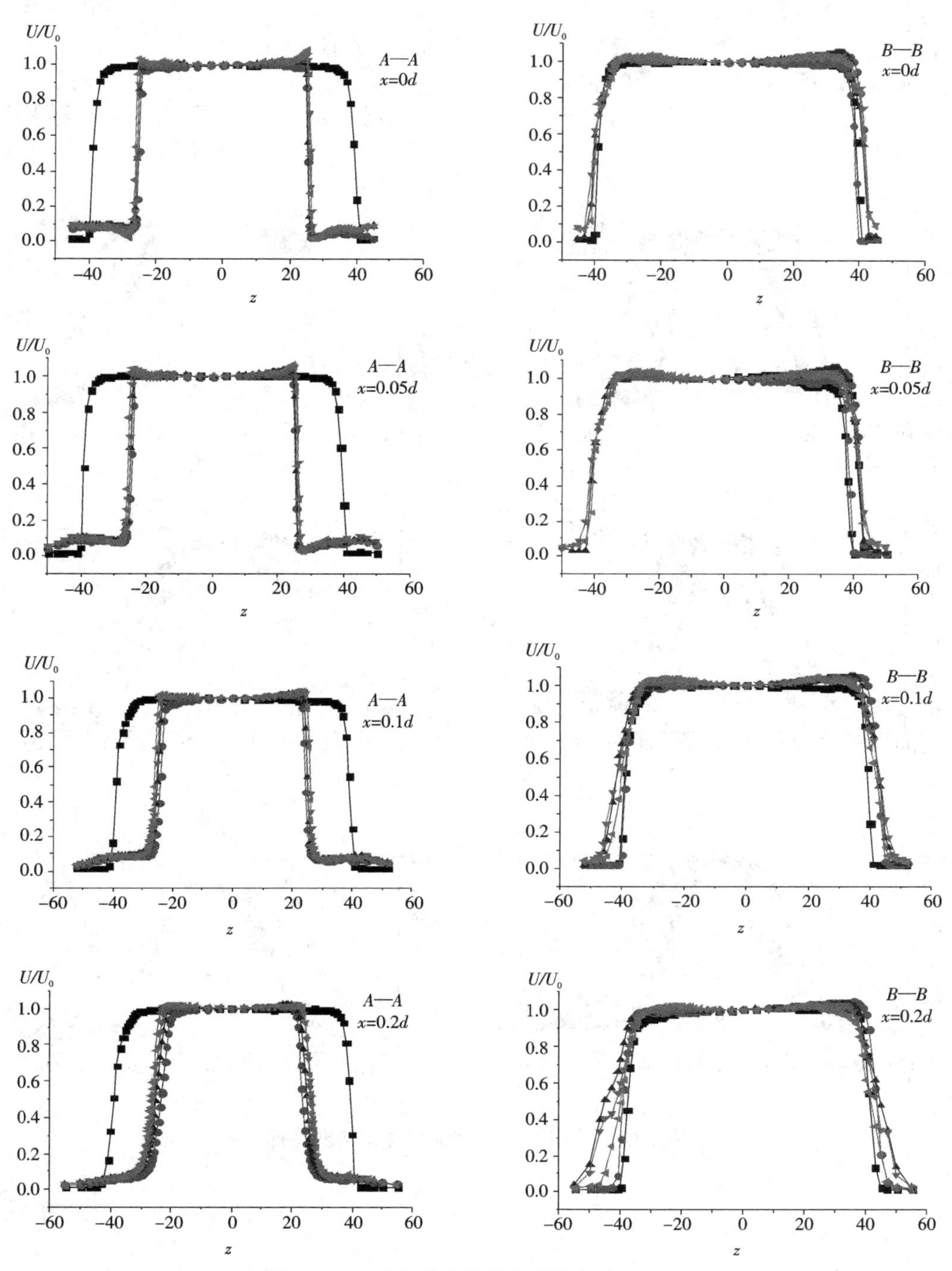

图 4-12-2　大尺寸小突片射流流向速度剖面

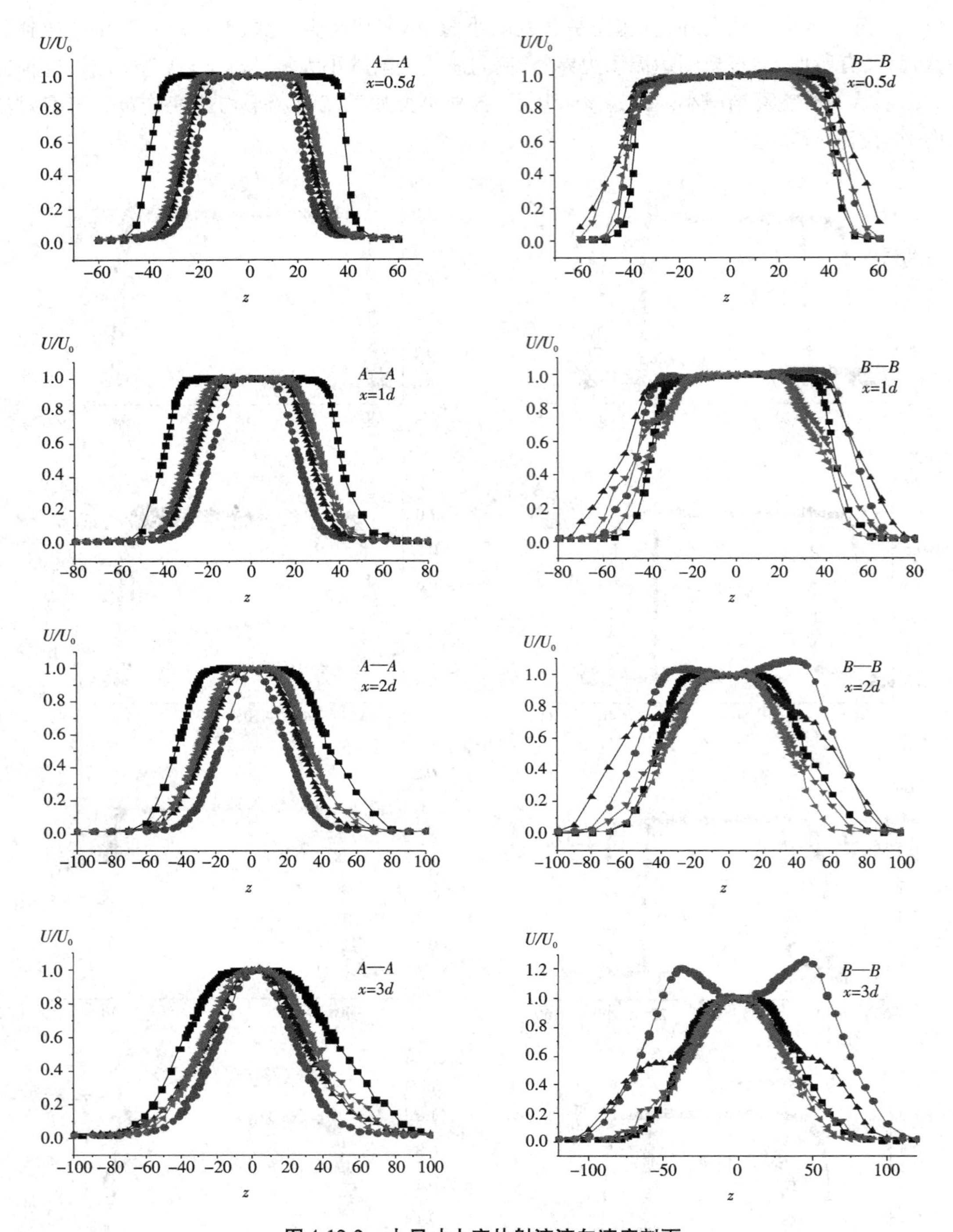

图 4-12-2 大尺寸小突片射流流向速度剖面

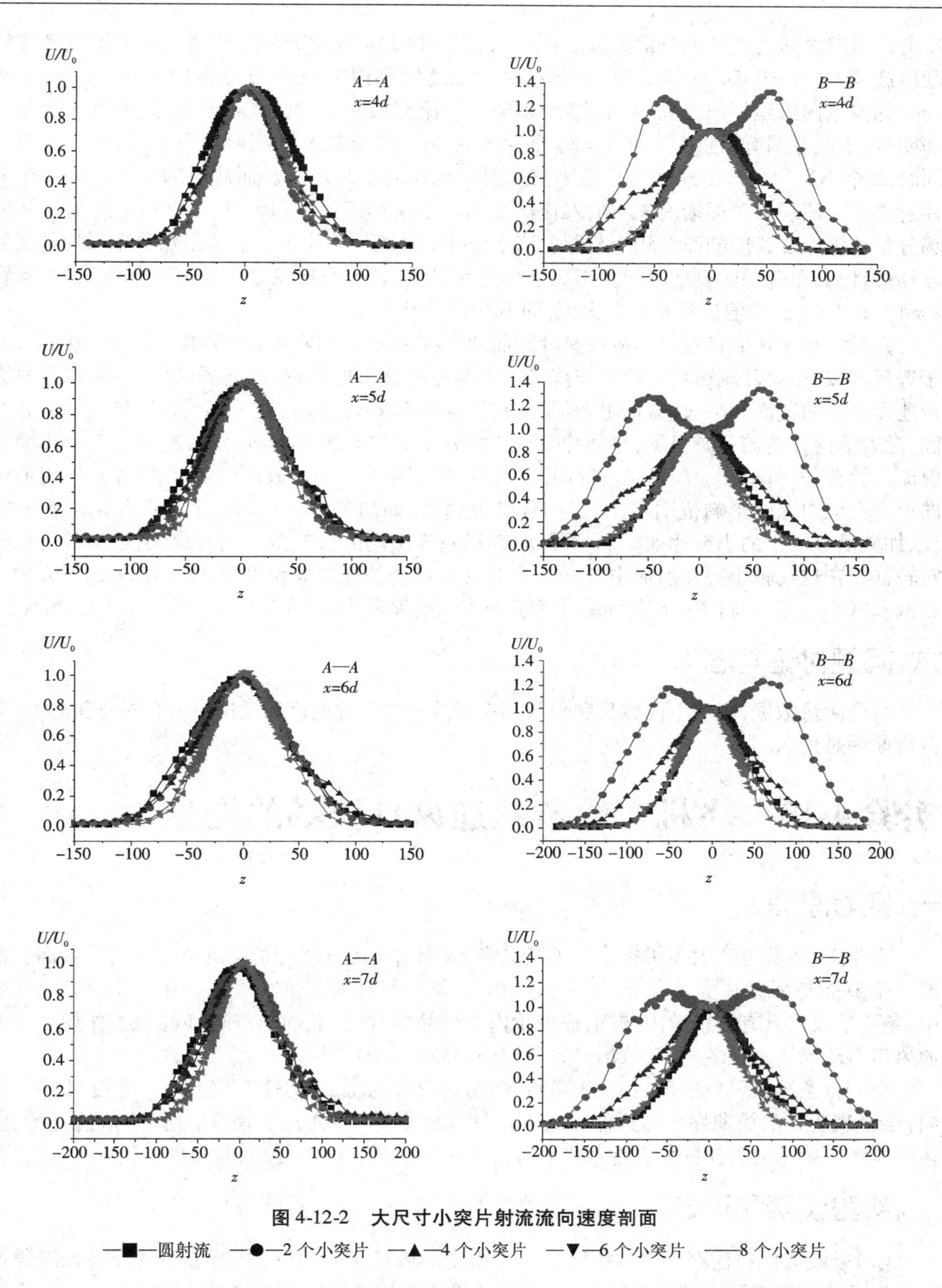

图 4-12-2　大尺寸小突片射流流向速度剖面

—■—圆射流　—●—2 个小突片　—▲—4 个小突片　—▼—6 个小突片　——8 个小突片

对于 *B—B* 截面，在 $x=0d$、$0.05d$ 流向位置上，圆射流和小突片射流的速度剖面在大小和形状上均没有明显区别。但从 $x=0.1d$ 后，小突片射流的流向速度剖面与圆射流的速度剖面逐渐产生差异，并且这种差异随着流向位置不断向下游发展而逐渐扩大。与此同时，不同数目小突片射流之间的差异也非常显著。在 $x=(0.1\sim0.2)d$ 处所有小突片射流的流场范围均比圆射流稍大。$x=0.5d$ 处,16、32 个小突片射流速度剖面在齿尖至边界($z=\pm27.2\sim\pm40$ mm)的范围内出现下凹现象,其中 32 个小突片射流更加明显。在 $x=1d$ 处,这种下凹现象更加明显,下凹范围有所扩大。在 $x=2d$ 处,4 个小突片射流的速度剖面也开始出现下凹,与此同时,2 个小突片射流出现了与其他小突片射流相反的上凸现象。而此时的 16 及 32 个小突片射流的下凹现象已逐渐消失。随着流向位置向下游继续发展,16 和 32 个小突片射流从流场分布范围以及速度剖面形状均与圆射流十分接近。而 4 个小突片射流虽然分布形状与圆射流相似,但分布范围明显增大。至于 2 个小突片射流,其上凸现象直至 $x=7d$ 都存在,并且在 $x=4d$、$5d$ 时上凸峰值达到相对最大值,即 $U/U_0\approx1.4$。

大尺寸小突片的存在对于流场速度剖面的形状和分布范围均存在影响。A—A 截面上,对于近场区域,小突片既影响速度分布范围也影响速度分布形状;而对远场区域,小突片则只影响速度分布的范围。B—B 截面上,小突片在近场范围 $x=0.1d$ 内主要影响速度剖面的分布范围,随着流向位置向下游发展,小突片对于流场分布形状的影响逐渐明显,特别是 2 个小突片射流。综合 A—A 和 B—B 流向速度剖面,可以发现,随着小突片数目增多,小突片对于射流流向速度在流向上的影响范围越小,影响程度也越小,如加装 16 个和 32 个小突片的射流。相反,加装数目较少的小突片如 2 个、4 个小突片,对于流场的影响范围相对较大,影响程度也相对较强。在这几种小突片射流中,2 个小突片对射流场的改变最为明显。它将 A—A 剖面的分布范围减小最多,而将 B—B 剖面的速度分布形状改变最大,且在流向上的影响范围也最大。

六、问题讨论与思考

结合测量数据,说明不同数目和形状加齿对湍射流的湍流度和雷诺应力分布有何影响,并分析原因是什么。

实验 4-13　飞机客舱条缝通风口流场的测量

一、实验原理

近年来,随着国产大飞机技术的不断进步,人们对机舱环境舒适度的要求也越来越高。营造一个节能与环保并重的安全、健康、舒适的客舱空气环境也迫在眉睫。在封闭的客舱环境中,条缝通风口具有更新舱内空气,保证舱内空气品质,改善舱内热舒适性的重要作用。条缝通风口射流属于多狭缝射流,该形式是射流中比较复杂的一种。

空气自条缝通风口射出后,由于条缝、栅格的形状扰动,平均速度在近风口处沿展向(z 方向)会呈现明显的周期性。但这种周期性会在远离风口一定距离后消失,之后合成统一的、整体的流场。多条缝射流同样存在一定长度的射流核心区,这与一般的射流理论相符。

二、实验仪器和设备

(1)条缝通风口模型。在本实验中采用稳定的鼓风机作为气源,通过导气管与条缝通风口模型相连。模型示意如图 4-13-1 所示(图中箭头标识了气体在模型内的流动方向),其全长 2.3 m、上边宽 0.345 m、高 0.145 m,条缝所在平面与水平面呈 60°夹角,共有 105 个条缝,每个条缝长 50 mm、宽 3.5 mm,条缝的间距也为 3.5 mm,即栅格的宽度为 3.5 mm。

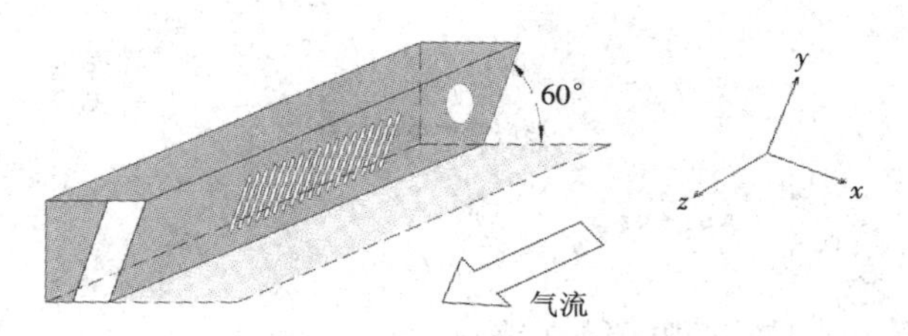

图 4-13-1　条缝通风口模型示意图

(2)IFA－300 型恒温式热线风速仪。

(3)三维步进电机自动坐标架。

(4)计算机及 IFA－300Thermalpro 热线信号分析处理软件。

三、实验目的和要求

要求用所给实验仪器和设备,设计测量条缝通风口平均流速空间分布的实验装置和实验方案,画出实验装置图,并连接实验装置。要求通过本实验,测出距离条缝 5 mm(近风口处)平均速度沿展向(z 方向)的分布规律;分别正对一个条缝和其相邻的栅格测量平均速度沿流向(x 方向)的分布规律;通过流向测量结果确定展向周期性消失的流向距离和射流核心区长度;分别绘出沿展向及流向的平均速度分布曲线,如图 4-13-2 和图 4-13-3 所示。通过本实验,达到以下目的:

(1)学会用 IFA－300 型恒温式热线风速仪测量气流的平均速度;

(2)了解多条缝射流场平均流速空间分布规律;

(3)通过流向测量结果分析确定展向周期性消失的流向距离和射流核心区长度。

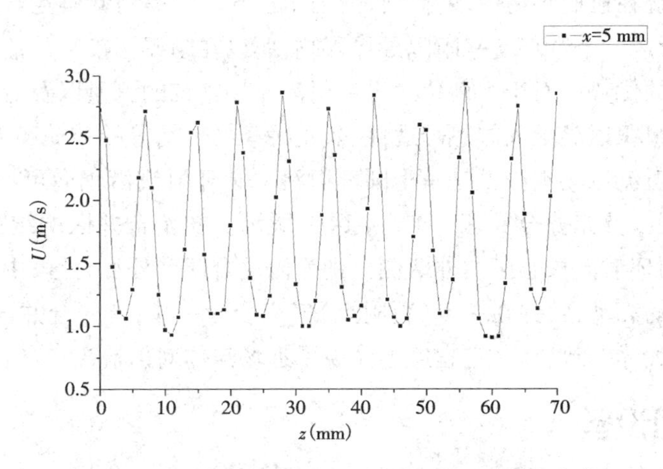

图 4-13-2　距离条缝 5 mm 平均速度沿展向的分布

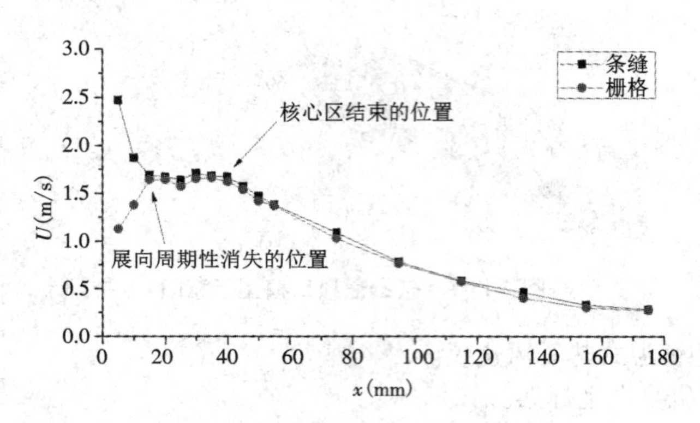

图 4-13-3 平均速度沿流向的分布

四、问题讨论与思考

(1)为什么到了一定流向距离之后流场沿展向的周期性会消失？

(2)射流各截面的动量、流量是否守恒？

实验 4-14 机舱个性化通风口流场的测量

一、实验原理

个性化通风系统在机舱环境中多用于快速通风换热。它是将新鲜空气直接送到人体呼吸区域，在人体周围形成一个微环境来阻隔外界影响，所以在阻碍污染物传播和创造最优的机舱环境方面具有一定的优势。对于个性化通风口射流流场精细的测量以及对其湍流特征量的分析是实现优化气流组织以满足人体热舒适性、防止污染物传播等的前提和关键。

个性化通风口射流流场本质上是一个圆环射流。圆环射流沿轴向可以分为三个区间，即初始合并区、过渡区以及充分合并区，如图 4-14-1 所示。初始合并区的结束以圆环射流核心区的结束为标志，圆环射流核心区内外两侧分别为内混合区和外混合区；中间区流体继承了圆环射流核心区流体的高动量，并在一点(再附点)气流合为一股；充分合并区内的流场，其规律与普通的圆管射流大体一致，在一定程度上体现了远场流体对射流出口条件的无记忆性。

二、实验仪器和设备

(1)MD-82 客机个性化通风口。在本实验中将个性化通风口通过导气管与定常、稳定的压缩机相连，且压缩机产生的气流温度与室温相同。个性化通风口结构尺寸如图 4-14-2 所示，通过调节旋钮可以带动中间锥体上下移动来改变流量的大小，通过调节球体转动可以改变射流角度。其中，调节旋钮部分内径为 17.7 mm，圆环部分(射流出口)外径 D_0 = 12.6 mm；当把流量开到最大时圆环宽度为 1.5 mm，锥体顶点距离外圆面 3.5 mm，距离圆环所在平面 5.5 mm。

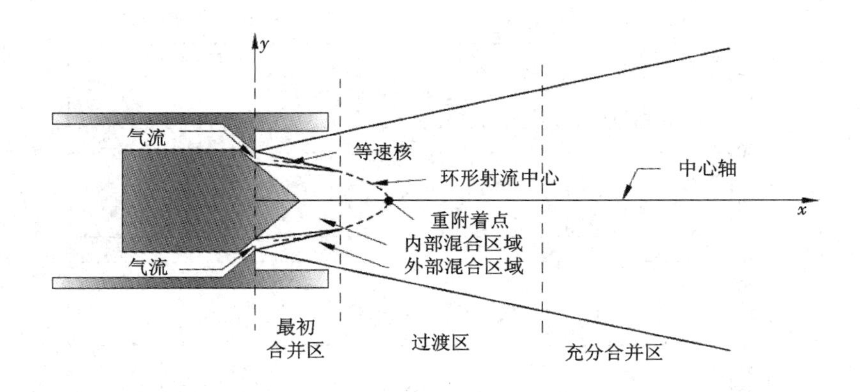

图 4-14-1　个性化通风口射流流场示意图

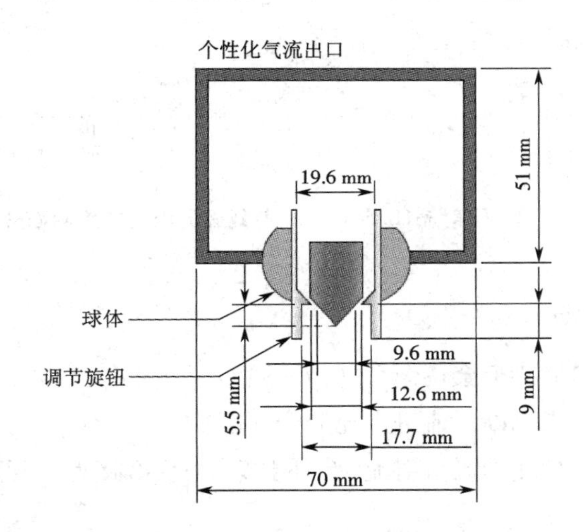

图 4-14-2　个性化通风口结构和尺寸图

(2)浮子流量计。

(3)IFA－300 型恒温式热线风速仪。

(4)三维步进电机自动坐标架。

(5)计算机及 IFA－300Thermalpro 热线信号分析处理软件。

三、实验目的和要求

要求用所给实验仪器和设备,设计测量个性化通风口射流各横截面上平均流速空间分布的实验装置和实验方案,画出实验装置图,并连接实验装置。要求通过本实验,测出 $x=0.5D_0, 2D_0, 4D_0, 6D_0, 8D_0$ 各截面上的速度分布曲线,并绘出各横截面上平均速度分布曲线,如图 4-14-3 所示。通过本实验,达到以下目的:

(1)学会用 IFA－300 型恒温式热线风速仪测量气流的平均速度;

(2)了解圆环射流平均流速在三个不同射流区间的空间分布规律。

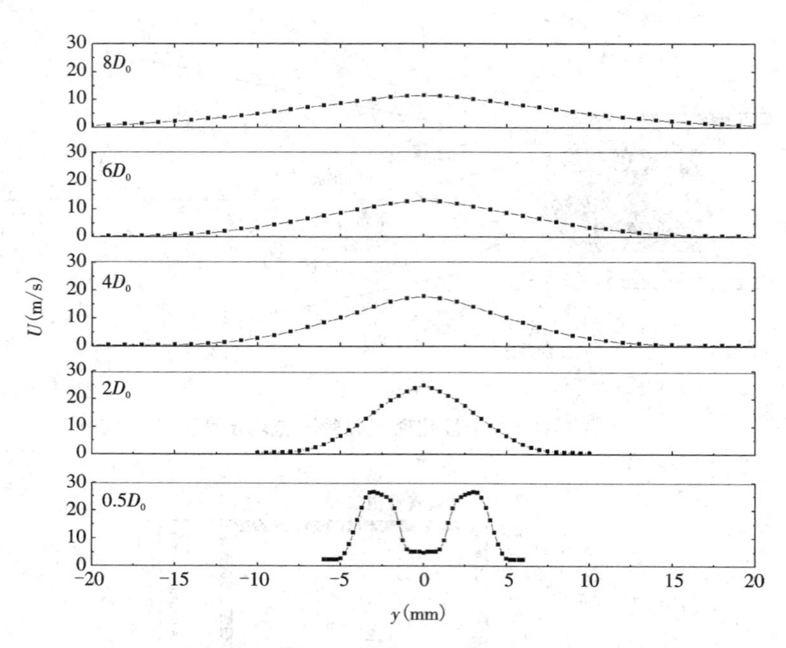

图 4-14-3　圆射流(0.5～8)D_0 各截面的流向速度剖面分布

四、问题讨论与思考

(1)射流自离开出口后为何会逐渐合并为一股?

(2)如何通过实验结果判断射流进入充分合并区?

(3)在充分合并区个性化通风口射流(圆环射流)为什么接近圆管射流?

实验 4-15　高超声速边界层非对称转捩的数字图像处理

一、工程背景介绍

高速飞行器在飞行过程中由于飞行姿态和俯仰方向发生改变,有时会引起周期性摆动的发生,从而改变边界层转捩点的位置,给飞行器的飞行控制带来不少困难。对于尖锥情况,理论和实践都表明在有攻角时,迎风面上转捩点后移,背风面上转捩点前移,速度剖面在迎风面上更加稳定,在背风面上不稳定;在攻角不大的情况下,尖头和钝头都具有明显的转捩非对称性。转捩点的位置改变不仅与攻角有关,还与雷诺数以及锥的头部钝度有关。随着攻角增大,迎风面上的转捩点位置向后移动,其移动量的大小会因设备不同而存在差异,这种不一致性可能与马赫数、锥度、表面结构和壁温有关。对于给定尺寸的钝锥,来流雷诺数的增加会使转捩点发生前移,钝度越小,转捩点会整体向后移动。为了弄清楚飞行器自身的周期性摆动(引起攻角的变化)与对边界层转捩的影响,需要进行高速可压缩边界层内的层流 - 湍流转捩的圆锥实验研究。DicRistina 曾对带攻角的 8°半角尖锥进行了马赫数等于 10 的实验研究,发现转捩点对小攻角非常敏感,对于2°攻角,背风线上的转捩点前移了20%,而4°攻角时转捩点前移了60%。Adsms分析了带攻角尖锥的流动显示数据,表明代表横向流动涡的条纹,在头顶起的下游某距离处形成,消失在转捩开始的地方。此外,Fischer、Ladoon和Perraud等人也进行过类似的实验。

尖锥边界层转捩实验是在马赫数小于6的超声速风洞中进行的。通过高速摄像拍摄的流场纹影图像开展对尖锥周期摆动及其边界层转捩的研究。摄像机拍摄时间长0.632 s,有1 264帧像素为840×640的静态图像,曝光率为2 000帧/s,相邻两帧图像的时间间隔相当于0.5 ms。

二、实验原理和技术

1. 基于子波变换的图像处理技术

1)二维子波变换

子波变换方法最早起源于1910年Haar提出的规范正交基的概念,1984年Morlet将子波概念引入信号分析。它是一种信号的时间尺度分析方法,具有多分辨率分析的特点,而且在时域和频域都具有表征信号局部特征的能力,是一种窗口大小固定不变,但时间窗、频域窗均可变的时频局部化分析方法。由于子波分析可以在低频部分具有较高的频率分辨率和较低的时间分辨率,在高频部分具有较高的时间分辨率和较低的频率分辨率,非常适合检测正常信号中包含的瞬态反常信号。

从数学的观点来看,图像是包含亮度值的二维连续函数,所以需要二维子波变换来进行处理。在二维情况下,需要一个二维尺度函数$\varphi(x,y)$,三个方向敏感的二维子波函数$\psi^{H}(x,y)$、$\psi^{V}(x,y)$和$\psi^{D}(x,y)$(分别度量沿着列即水平方向,沿着行即垂直方向和沿着对角线方向的变化)。它们由一维尺度函数$\varphi(x)$和子波函数$\psi(y)$乘积扩展而来:

$$\begin{cases}\varphi(x,y)=\varphi(x)\varphi(y)\\ \psi^{H}(x,y)=\psi(x)\varphi(y)\\ \psi^{V}(x,y)=\psi(y)\varphi(x)\\ \psi^{D}(x,y)=\psi(x)\psi(y)\end{cases} \tag{4-15-1}$$

于是尺寸为$M\times N$的图像函数$f(x,y)$的离散子波变换为

$$W_{\varphi}(j_0,m,n)=\frac{1}{\sqrt{MN}}\sum_{x=0}^{M-1}\sum_{y=0}^{N-1}f(x,y)\varphi_{j_0,m,n}(x,y) \tag{4-15-2}$$

$$W_{\psi}^{i}(j,m,n)=\frac{1}{\sqrt{MN}}\sum_{x=0}^{M-1}\sum_{y=0}^{N-1}f(x,y)\psi_{j,m,n}^{i}(x,y)\quad i=\{H,V,D\} \tag{4-15-3}$$

图像函数$f(x,y)$经过上述二维子波变换后,由式(4-15-2)得到图像的近似信号,由式(4-15-3)得到代表图像水平、垂直和对角线方向的细节信号,其中$j\geqslant j_0$。基于子波变换的图像处理都是对这些细节信号进行修改,然后再通过如下反变换来恢复原始图像信息$f(x,y)$:

$$f(x,y)=\frac{1}{\sqrt{MN}}\sum_{m}\sum_{n}W_{\varphi}(j_0,m,n)\varphi_{j_0,m,n}(x,y)+$$

$$\frac{1}{\sqrt{MN}}\sum_{i=\mathrm{H,V,D}}\sum_{j=j_0}^{\infty}\sum_{m}\sum_{n}W_{\psi}^{i}(j,m,n)\psi_{j,m,n}^{i}(x,y) \tag{4-15-4}$$

2）基于子波变换的图像预处理——图像消噪和增强

由于子波变换可以看作是一种多分辨率分析工具，图像信号经过变换后用子波系数来描述，子波系数体现所处理图像的信息性质，图像的局部特征可以通过处理或改变子波系数而改变，再对处理后的子波系数进行反变换，得到所需的目标图像。原始图像因为在采集、转换和传输中常常受到成像设备与外部环境噪声干扰等影响，使图像质量下降，因此需要对图像进行预处理，即消噪处理。传统消噪方法是使受噪声污染的图像信息通过一个滤波器，滤掉噪声成分。但如果信噪比较低，经滤波器处理的信号中有用信息也被模糊掉了。而基于子波变换的消噪方法是利用子波变换的多分辨特性对有用信号的聚集能力，有用信号的能量往往集中在少数子波系数中，并且数值必然大于大量散列分布的噪声信号的子波系数，一幅图像可以用含能多的少数子波系数精确重构出来。因此，给定一个阈值 δ，所有绝对值小于该值的子波系数都划归为噪声，其值用零代替，大于该阈值的子波系数取值不变，如下式所示：

$$W_{\delta}=\begin{cases}W, & W\geqslant\delta\\ 0, & |W|<\delta\end{cases} \tag{4-15-5}$$

图像增强的目的是采用某种算法有选择地突出图像中感兴趣的特征（如尖锥的轮廓线），或者抑制图像中不需要的特征。假设 $f(x,y)$ 代表原始图像，$g(x,y)$ 表示处理后的图像，$T[\cdot]$ 为图像增强算子，那么图像增强前后的关系为

$$g(x,y)=T[f(x,y)] \tag{4-15-6}$$

在图像增强中，可以充分利用子波变换的时-频双局部化特性，有效提高图像增强的质量和时效性。通过对图像数据的子波多尺度分解，即分解为不同频带的子波系数，针对需要增强的图像成分，增强相应的子波系数。如果加强高频成分（即子波分解的小尺度部分），就能起到补偿尖锥和边界层的轮廓线的作用，图像的高频分量相对突出，轮廓线被加强，看起来更加清晰，然后再通过子波逆变换来重建图像。为了增强各子波分解高频子带频率成分，引入增益系数 g_j，并代入式（4-15-4），得到

$$f(x,y)=\frac{1}{\sqrt{MN}}\sum_{m}\sum_{n}W_{\varphi}(j_0,m,n)\varphi_{j0,m,n}(x,y)+$$

$$\frac{1}{\sqrt{MN}}\sum_{i=\mathrm{H,V,D}}\sum_{j=j_0}^{\infty}\sum_{m}\sum_{n}g_jW_{\psi}^{i}(j,m,n)\psi_{j,m,n}^{i}(x,y) \tag{4-15-7}$$

3）基于子波变换的边缘检测

图像信号的奇异性是指图像存在不连续点，而实体（如尖锥、边界层等）图像的边缘即是图像的灰度级不连续点，具有奇异性。因此，基于子波变换的边缘检测，实际上是利用子波系数的模极大值在子波分解的各尺度上的传播规律来确定不连续点的位置，即图像的边缘。在边缘检测中，选择的子波基函数要具有紧支撑、对称性和至少两阶消失矩，因此选用高斯函数的二阶导数作为基函数。在子波分解的每个尺度形成的行和列中搜索极大值点，都出现的极大值点作为边缘点，然后将边缘点连接成边界，构造出图像中实体的边缘。

2. 边界层转捩实验的图像处理结果和分析

1）边界层转捩实验的图像消噪和增强

在进行图像预处理前，考虑到原始图像为 840 × 640 的静态图像，其中图像右侧部分含有拍摄参数，没有出现实验中关心的尖锥及其边界层实体的图像信息，为了消除这部分无关图像内容的影响，统一将所有原始图像进行裁剪，使之成为 640 × 640 大小，只包含实验实体信息的静态图像。图 4-15-1 为第 100 帧经裁剪的原始图像，由于采集的纹影图片整体偏暗，只是在尖锥的上下边界层出现了可辨识的红色，所以需要进行背景去噪和图像增强处理。将图 4-15-1 中的图像进行预处理得到图 4-15-2，从与图 4-15-1 的对比可以看出，边界层转捩实验中所关心的实体 - 尖锥及其上下边界层都能够清晰地显露出来，并且不同实体的颜色差异明显，便于后期的边缘检测。图 4-15-2 中扁圆的浅蓝轮廓线为实验风洞的拍摄视窗，其外围均匀的深蓝区域属于背景实体。因此，对原始的模糊图像进行基于子波变换的图像预处理后，可以显著提高图像的质量和信噪比，从而可以进一步研究如何精确识别尖锥和边界层的区域范围。

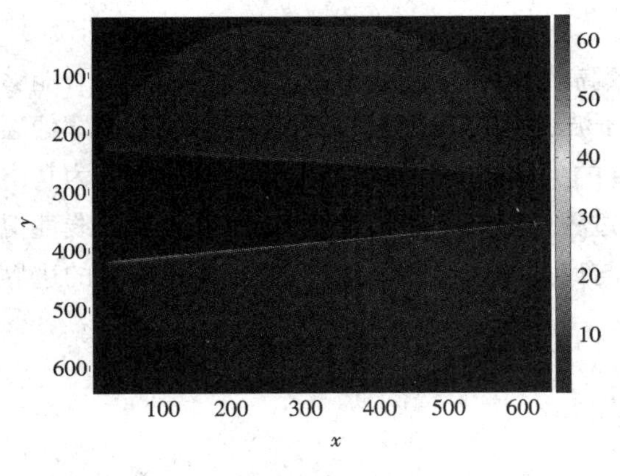

图 4-15-1 原始图像

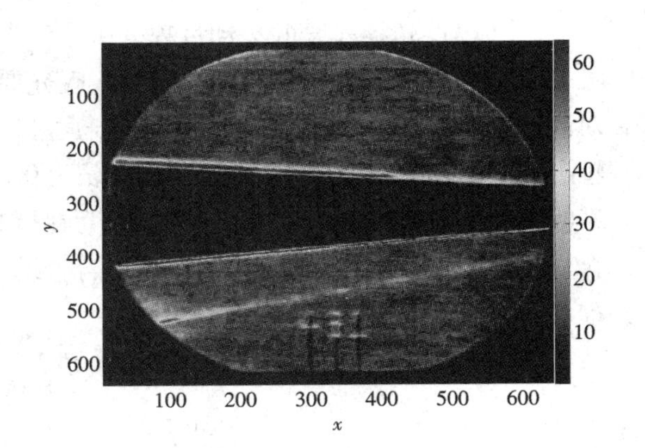

图 4-15-2 消噪和增强后图像

2）边界层转捩实验的图像边缘检测

图 4-15-3 和图 4-15-4 为采用基于子波变换的边缘检测图像，是对原始图像经过预处理，即消噪和增强后，再对生成的图像进行处理。子波变换分解为 5 个尺度，对每个尺度的二维细节子波系数矩阵进行极大值搜索，方法如前所述。由于尖锥和图像的四个边角颜色较接近，而且分布均匀，被当作背景噪声消除掉，所以在图中看不到这些区域的轮廓线。在远离尖锥的图像上半部分，尤其是下半部分，存在一些与研究内容无关的边界线，包括拍摄视窗的部分圆弧，这些可以看作噪声不予考虑。而靠近尖锥上下两侧的边界层的边缘清晰可见、区域完整，顺着 x 轴的右侧（即来流方向）向左侧观察，在图 4-15-3 和图 4-15-4 的边界层厚度发生了完全不同的变化。图 4-15-3 处理的是第 682 帧原始图像，假定攻角以逆时针为正，此时对应摆动周期的最大正相位。该图像的攻角 $\alpha = +1.4°$，此时尖锥下边界为迎风面，边界层较薄，转捩点发生后移；上边界为背风面，边界层变厚，转捩点发生前移。图 4-15-4 处理的是第 573 帧原始图像，此时对应摆动周期的较大负相位。该图像的攻角 $\alpha = -1.4°$，此时尖锥上边界为迎风面，边界层变薄，速度剖面较稳定，转捩点后移；下边界为背风面，边界层变厚，速度剖面不稳定，转捩点

前移。从图 4-15-3 和图 4-15-4 的对比看,在尖锥的周期摆动过程中,边界层的厚度和转捩点的位置也随着攻角发生周期性往复变化,其变化规律与其他理论和实验的结果一致。

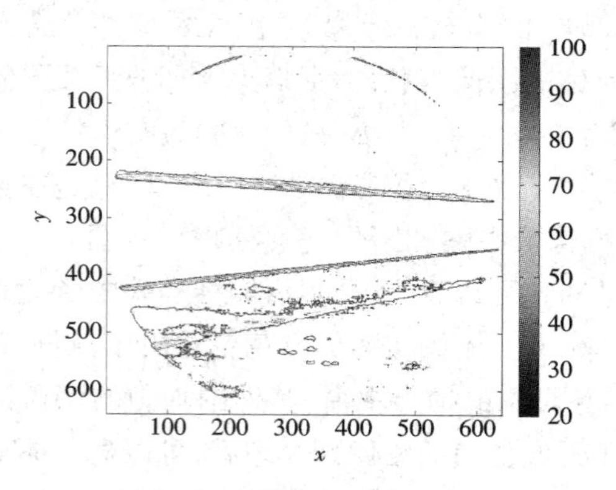

图 4-15-3　边缘检测图像(第 682 帧)

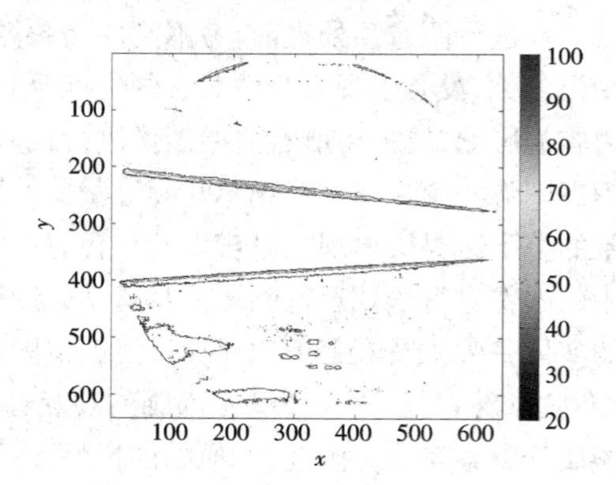

图 4-15-4　边缘检测图像(第 573 帧)

3)边界层转捩实验的运动过程分析

实验中的图像是由高速照相机拍摄,曝光率较高,使得相邻两帧图像的时间间隔较短,能够对高速流场进行较为精确的定量分析。通过基于子波变换的图像处理,对其中的 1 000 帧图像逐帧提取尖锥的上、下边缘轮廓线,得到时长为 0.5 s 的尖锥摆动时间序列图像。图 4-15-5 为其中某帧图像检测到的尖锥上、下边界线,因为在检测过程中存在一些不连续点,所以又采用线性拟合直线进行比较,结果上、下边界线的拟合直线均与离散的边缘检测线重合,说明检测到的边界准确。

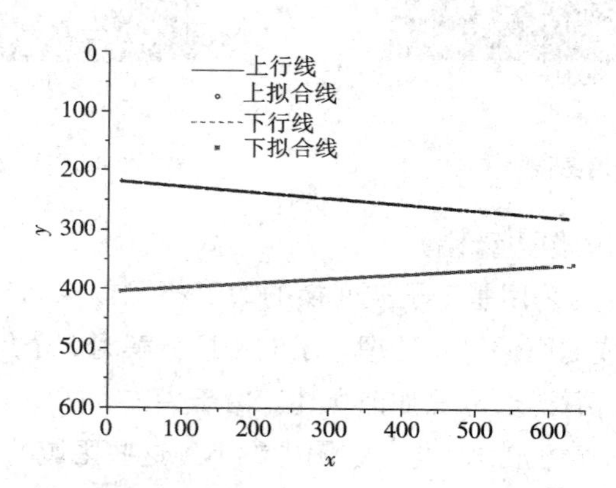

图 4-15-5　尖锥上、下边缘检测

由于实验中尖锥围绕自身中轴线进行周期性俯仰摆动,这样存在一个正负周期变化的攻角 α(以逆时针方向为正)。首先找到尖锥在周期摆动零相位时上、下边界线与尖锥中轴线所成的夹角,从而可以确定尖锥摆动的攻角变化。为了精确确定尖锥摆动的周期运动规律,采用同振幅的正弦曲线进行逼近,如图 4-15-6 所示。分别处理得到的上、下边界线的攻角周期性变化规律一致,而拟合的正弦曲线在 0.2 ~ 0.4 s 的时间内与尖锥攻角曲线重合得较好,在其他位置略有差异,说明尖锥的摆动并非是完全相同周期(频率)的均匀变化,但区别不大,可以看作周期(频率)近似相等。从数值上看,摆动周期 $T_p = 0.106$ s,最大攻角 $\alpha_{max} = 1.4°$。图 4-15-7 为基于子波变换的尖锥上、下边界层边缘检测结果,针对两个时刻提取的边界层轮廓。$t = 0.29$ s 对应最大攻角($\alpha_{max} = 1.4°$)的负相位时刻,此时尖锥上边界对应迎风面,下边界对应背风面;$t = 0.34$ s 对应最大攻角($\alpha_{max} = 1.4°$)的正相位时刻,此时尖锥下边界对应迎风面,上边界对应背风面。通过两个时刻边界层形状的对比,均显示迎风面上边界层变薄,转捩点后移,背风面上边界层变厚,转捩点前移,该变化规律与其他理论和实验的结果一致。

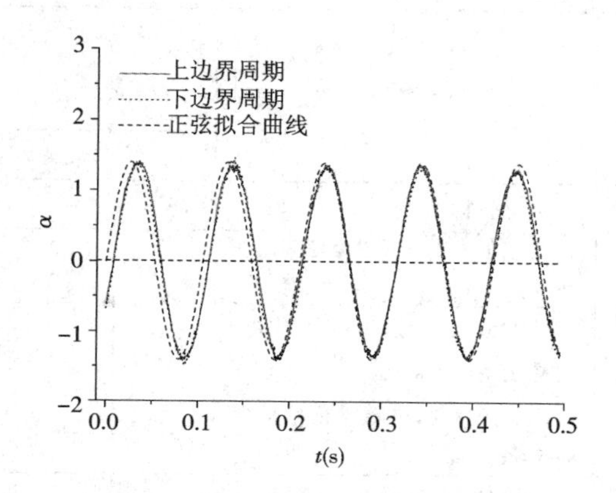

图 4-15-6 尖锥摆动周期变化

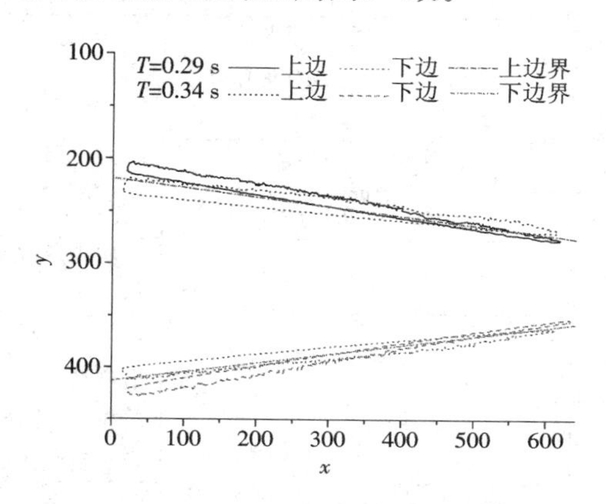

图 4-15-7 尖锥上、下边界层周期变化

附录　风力等级表

蒲福(Beaufort)风力等级表

风力等级	名称		相当于平地10 m高处的风速(m/s)		陆上地物征象	海面和渔船征象	海面大概的波高(m)	
	中文	英文	范围	中数			一般	最高
0	静风	Calm	0.0~0.2	0	静,烟直上	海面平静	—	—
1	软风	Light air	0.3~1.5	1	烟能表示风向,树叶略有摇动	微波如鱼鳞状,没有浪花,一般渔船正好能使舵	0.1	0.1
2	轻风	Light breeze	1.6~3.3	2	人面感觉有风,树叶有微响;旗子开始飘动,高的草开始摇动	子波波长尚短,但波形显著,波峰光亮但不破裂;渔船张帆时,可随风移行每小时1~2海里	0.2	0.3
3	微风	Gentle breeze	3.4~5.4	4	树叶及小枝摇动不息,旗子展开;高的草,摇动不息	子波加大,波峰开始破裂;浪沫光亮,有时可有散见的白浪花;渔船开始簸动,张帆随风移行每小时3~4海里	0.6	1.0
4	和风	Moderate breeze	5.5~7.9	7	能吹起地面灰尘和纸张,树枝摇动;高的草,呈波浪起伏	小浪,波长变长;白浪成群出现;渔船满帆时,可使船身倾于一侧	1.0	1.5
5	清劲风	Fresh breeze	8.0~10.7	9	有叶的小树摇摆,内陆的水面有子波;高的草,波浪起伏明显	中浪,具有较显著的长波形状;许多白浪形成(偶有飞沫),渔船需缩帆一部分	2.0	2.5
6	强风	Strong breeze	10.8~13.8	12	大树枝摇动,电线呼呼有声,撑伞困难;高的草,不时倾伏于地	轻度大浪开始形成;到处都有更大的白沫峰(有时有些飞沫);渔船缩帆大部分,并注意危险	3.0	4.0
7	疾风	Near gale	13.9~17.1	16	全树摇动,大树枝弯下来,迎风步行感觉不便	轻度大浪,碎浪而成白沫沿风向呈条状;渔船不再出港,在海里下锚	4.0	5.5
8	大风	Gale	17.2~20.7	19	可折毁小树枝,人迎风前行感觉阻力甚大	有中度的大浪,波长较长,波峰边缘开始破碎成飞沫片;白沫沿风向呈明显的条带;所有近海渔船都要靠港,停留不出	5.5	7.5
9	烈风	Strong gale	20.8~24.4	23	草房遭受破坏,屋瓦被掀起,大树枝可折断	狂浪,沿风向白沫呈浓密的条带状,波峰开始翻滚,飞沫可影响能见度,机帆船航行困难	7.0	10.0

续表

风力等级	名称		相当于平地 10 m 高处的风速（m/s）		陆上地物征象	海面和渔船征象	海面大概的波高（m）	
	中文	英文	范围	中数			一般	最高
10	狂风	Storm	24.5～28.4	26	树木可被吹倒，一般建筑物遭破坏	狂涛，波峰长而翻卷；白沫成片出现，沿风向呈白色浓密条带；整个海面呈白色；海面颠簸加大，有震动感，能见度受影响，机帆船航行颇危险	9.0	12.5
11	暴风	Violent storm	28.5～32.6	31	大树可被吹倒，一般建筑物遭严重破坏	异常狂涛（中小船只可一时隐没在浪后）；海面完全被沿风向吹出的白沫片所掩盖；波浪到处破成泡沫；能见度受影响，机帆船遇之极危险	11.5	16.0
12	飓风	Hurricane	>32.6	>33	陆上少见，其摧毁力极大	空中充满了白色的浪花和飞沫；海面完全变白，能见度严重受到影响	14.0	—